誤｜判

如何在喧鬧世界中篩選正確訊息，校正解讀，做出更明智的決策

Tune In

How to Make Smarter Decisions in a Noisy World

NUALA WALSH

努沃・爾許——著

鄭依如——譯

誤判 如何在喧鬧世界中篩選正確訊息，校正解讀，做出更明智的決策

Tune In: How to Make Smarter Decisions in a Noisy World

作　　者　努沃・爾許（Nuala Walsh）
譯　　者　鄭依如
責任編輯　夏于翔
特約編輯　周書宇
內頁構成　周書宇
封面美術　萬勝安

發 行 人　蘇拾平
總 編 輯　蘇拾平
副總編輯　王辰元
資深主編　夏于翔
主　　編　李明瑾
業　　務　王綬晨、邱紹溢、劉文雅
行　　銷　廖倚萱
出　　版　日出出版
　　　　　地址：231030 新北市新店區北新路三段 207-3 號 5 樓
　　　　　電話：（02）8913-1005　傳真：（02）8913-1056
發　　行　大雁出版基地
　　　　　地址：231030 新北市新店區北新路三段 207-3 號 5 樓
　　　　　電話：（02）8913-1005　傳真：（02）8913-1056
　　　　　讀者服務信箱：andbooks@andbooks.com.tw
　　　　　劃撥帳號：19983379　戶名：大雁文化事業股份有限公司
印　　刷　中原造像股份有限公司
初版一刷　2025 年 7 月
定　　價　880 元
I S B N　978-626-7714-08-9
I S B N　978-626-7714-05-8 (EPUB)

國家圖書館出版品預行編目 (CIP) 資料

誤判：如何在喧鬧世界中篩選正確訊息 , 校正解讀 , 做出更明智的決策 / 努沃 . 爾許 (Nuala Walsh) 著 ; 鄭依如譯 . -- 初版 . -- 新北市 : 日出出版 : 大雁出版基地發行 , 2025.07
560 面 ; 15x21 公分
譯自 : Tune in : how to make smarter decisions in a noisy world
ISBN 978-626-7714-08-9(平裝)

1.CST: 決策管理 2.CST: 思考

494.1　　114005161

致布萊恩·戈登，

永遠都在傾聽、永遠與我同調的了不起丈夫。

與你結褵，是我這輩子做過最明智的決定。

目錄

重點不是說了什麼，
重點是聽見了什麼。

傑佛瑞・傅萊（Jeffrey Fry）

序言

儘管這已是社會的共識，但在現今社會中最被低估的危機，不是經濟、政治、科技，甚至也不是氣候危機，而是人類的「抉擇危機」，其肇因於我們總是忽略真正重要的事情。那麼，付出了什麼代價呢？就是陰魂不散的人為錯誤，以及人類決策能力的集體下滑。

太諷刺了。在這個明明有無數個平臺可以發聲的數位世界，我們聽見的內容卻愈來愈少。**在充斥精心編排圖像的視覺世界裡，我們可以為人所見，但不一定會被聽見。**

這不是我們的錯，畢竟我們在一個對我們不利的世界裡腹背受敵。各種資訊、干擾和假訊息排山倒海而來，我們只有一點點時間能夠專注在真正重要的事情上。所以，你不能盡信自己聽見的一切。為什麼？畢竟你所聽見的內容，通常不是事情的全貌。

大部分人是根據他們看見的人，而非他們聽見的事做決定；大部分人並沒有考慮到自己選擇接收什麼聲音；大部分人不會在重要的時刻，有意識地過濾掉周圍的雜音，破譯出正確的訊號。

我們總以為自己聽見了重要的訊息，但綜觀歷史就會明白，事實並非如此。因為當你以為自己得到答案後就會停止聆聽，從而開始做出誤判。

在這個時代，我們做出的誤判比以往多太多了。話雖如此，我們還是有轉圜的餘地。我將在本書中解答，為何我們一直接收錯誤的聲音、聽不見真正重要的訊息，以及為什麼更重視所見的事物而非所聽的消息。我運用數十年來的科學證據解釋昨日的錯誤，以防止明日的錯誤發生。此外，我還會提供一套方便使用的技巧給決策者和問題解決者，以精進處於高風險情況下的判斷能力。我會點出哪些事情是最具侵略性的干擾，因為這會扭曲我們聽見或沒聽見的聲音，導致我們偏離正軌。

簡而言之，**我會幫助你限縮決策帶來的傷害，讓你做出更多的正確決定、更少的錯誤決定**。我會幫助你免於遭受後悔帶來的痛徹心扉，克服領導者無法辨別正確聲音所帶來的現代危機。本書的重點不在於聽見更多或聽得更清楚，畢竟，我們都自認是優秀的聆聽者和決策者。雖然有些人確實是，但大部分的人卻沒有這麼厲害。事實上，我們大部分人的思考方式都是非黑即白、帶有偏見，受到自身局限。即使是認真聆聽的人，其聆聽內容的效率水準也只有百分之二十五，對此，就連美國知名小說家海明威也說過「大多數人永遠都沒在聽」[1]。

然而沒有任何一款應用程式，能對付這個入侵人類心智的惡意軟體，為此，本書將教導各位重新平衡自己「看見」和「聽見」的一切，相較於理性解釋更著重於人性解釋，以求更有效率地判斷情勢。

當你開始接收正確的聲音之後，其他人就會覺得被聽見；唯有其他人覺得被聽見後，才會聽見你的聲音，而這是邁向權力、績效和繁榮的道路。

許多人理解偏見所帶來的「盲點」，但直到現在，依舊很少人明白「聾點」（deaf spots）帶來的破壞力。本書與眾不同之處，是**聚焦於我們聆聽時最常產生的偏見，這種偏見會毒害我們的日常決策**。

這本書的主要受眾是誰？

任何想要將自身決策所帶來的影響發揮到極致，並減少後悔機率的人，都可以讀這本書。本書適合所有想力爭上游，取得立竿見影的績效或避免身敗名裂的人；也適合求知若渴，冀望提升對人類行為的理解，以及補足專業技巧組合的領導者和學習者。

雖然本書無法馬上為你修正問題，但是能向你保證一件事：瞭解這一點後，你的公信力、短期和長期影響力都會有所提升。

你做出的決定遠比你想像中來得重要。在這個資訊四通八達的超連結世界，你可能會覺得自己的決定很渺小，甚至無足輕重。但身為掌權者，不管你是僱用、解雇、招待、協商、提供建議、鼓吹、教導，還是發布行政命令，每個決定都可能影響某個人的人生走向。

正確接收聲音是第一步，這樣你才能聽見重要的事，以及別人沒聽見的事。現在有太多員工、消費者、環保人士、公民、青少年和弱勢族群，認為沒有人聽見他們的聲音，而這就是為什麼抗爭行動開始興起、各個產業罷工、董事會失能、企業崩塌、品牌失去信任，醜聞、詐騙和輕生的發生率節節攀升的原因——沒有人聽見警世的鐘聲，直到警報響起。身為解決問題者，我們會假設自己行事時已掌握所有資訊，且十分理智清醒。然而事實並非如此，大多數人會忽略隱藏的王牌，亦即：**瞭解人類的行為**。人工智慧不能解決所有問題，你需要人類的智慧。

「為什麼會發生這件事？我遺漏了什麼？我為什麼沒預先料到？」理解人類行為，會讓你有能力把看似不合理的事情變得合理。對我而言，這是既必要又迷人的一件事。不過，假如人為錯誤在各個產業都有竄升的跡象，那麼機會亦是如此。《彭博社》（*Bloomberg*）憑藉無比精準的頂尖判斷力，將「行為理解」（understanding behaviour）列為下個世代最熱門的技能之一。比起各式各樣的證照，這個心理上的優勢更能幫助你做出改變人生的判斷，進而改變你和身邊之人的人生。

在這個吵雜且人人都無法正確傾聽的世界，誤聽並非你的錯，但是校正方向的選擇權在你手上。不會有人教你如何判斷。我們期待掌權者擁有判斷力，而精進判斷力的技巧將使人脫穎而出。至於精進判斷力的第一步，就是理解當下所做的決定如何受到情境影響。為此，我將帶你展開一趟旅程，讓你成為更有影響力、更受人尊敬、更與眾不同的「決策大師」，以便隨時準備好先發制人、防止可預期的錯誤，在這個誤判會伴隨機會出現的時代中乘風破浪。現在，你可以駕馭人類洞察力這個被低估的超能力，活出最好的人生，同時引領他人走上同樣的道路。

你會得到什麼收穫？

關於這本書，我是從三個方向進行思考：

- 為了因應**未來**的誤判，而提前準備的保險。

- 為行為照X光，解釋**過往**出現的誤判。
- **立即**提升名聲和表現的好工具。

本書共分為三篇。第一篇說明我們為何無法接收正確資訊，聽見的比以往更少。我會探索誤判問題的本質、規模和成因，解釋現代高速運轉的社會為何不僅影響我們聽見的人，也影響我們做決定的方式。在這篇，我會著重強調我所謂的**錯誤三部曲**，亦即：**心理盲點**、**聾點和啞點**。

接著將以此為基礎，帶出第二篇的創新架構。我會點出在潛意識中局限我們的觀點，使我們產生偏誤的十個無形因素，包括：權力（**P**ower）、自我（**E**go）、風險（**R**isk）、身分（**I**dentity）、記憶（**M**emory）、道德（**E**thics）、時間（**T**ime）、情緒（**E**motion）、人際關係（**R**elationships）和故事（**S**tory）；可以透過「PERIMETERS」（圍牆＊）這個簡稱，記住這十個因素。事實上，我是故意選擇這個詞彙的，以此反映出人類思考時總會限縮、局限自己的天性。如果消極以待，每個因素都會成為觸發偏誤的潛在陷阱，但其實每個陷阱都是個可預測的錯誤資訊來源。

整體而言，這些陷阱包含超過七十五種心理偏誤、謬誤和效應。倘若積極應對管理，每一個因素都會成為長期和短期影響力與優勢的豐沛來源。我引用知名學者、德高望重的心理學家與獲獎無數的科學家所提出的理論，再用我親自挑選的許多故事加以描繪說明，希望你也會跟我一樣，認為這些故事既動人又有意義。

為了展現接收正確聲音的這門技藝，你們會聽見一名失業的基金經理如何建立價值十兆美元的華爾街帝國、一個家暴受害者如何搖身一變成為世界級搖滾樂巨星，以及一名富有同理心的聯邦調查局探員，如何讓凶手承認犯下多起謀殺案。你也會聽見一名登月太空人相較於得到總統表揚更想得到同僚的讚美、一名警察成功拯救被綁架十八年的孩子，以及一名英超聯賽足球員永遠改變了政府的政策。

與此同時，你會聽見忽視正確聲音所帶來的後果，包括：一名執行長被撤銷騎士頭銜、坑殺數萬人的六百五十億美元騙局、英國史上最嚴重的誤判案件、牽涉範圍甚廣的俄羅斯奧會勾結案、矽谷公司創辦人被自己的董事會開除，以及一對夫妻藏匿史

＊編注：本書介紹的十大判斷陷阱的英文字首恰好是 perimeter(s)，perimeter(s) 的原意為周圍、邊緣、周長，而 perimeter wall 則為圍牆。為了方便讀者理解，直接譯為「圍牆」來表達內心受到圍牆局限，以致造成心理偏誤之意。

上慘無人道的納粹黨員。除此之外，還有遭到迫害的記者、被吊銷執照的醫生、體制內的性虐待、船難、逍遙法外的連環殺手，還有作弊的學者。

每個陷阱都有一個專門章節，這些章節可獨立閱讀，也可在面臨特定的兩難困境時重新讀過。話雖如此，本書無法詳細介紹所有判斷陷阱，畢竟每項相關研究都多到可以塞滿圖書館。不過，就算只理解其中一項，也能重塑心態，並提升你的技能組合。對此，我也會在各章末條列本章重點，方便讀者快速了解和尋找。

最後，為了反制這些陷阱，我會在第三篇中揭露解藥——總共十八個以科學為基礎的策略，幫助你運用我所謂的「決策摩擦力」（decision friction）。這些在經驗上得到驗證的策略，能幫助你即時放慢判斷速度、讓理性戰勝心理抗拒，防止你一如預料的因為太倉促而做出誤判。

你會遇見未來的自己：一個充滿信心，能夠解決問題的決策大師，可以熟練地提升自己的判斷力，選擇接收重要的聲音、排除其他雜音，以此保有影響力和權力。

我想傳達的訊息非常清楚，當你開始接收時，你將脫穎而出，不會遺漏、吃虧或脫節。我知道光靠一本書還不足以抵銷決策風險，但我希望這本書足以在你必須做出重要決定時，刺激你開始接收正確的聲音。本書只是個開始。

前言

披上偽裝的魔鬼

我不是客觀環境下的產物；
我是我個人選擇的產物。

美國管理學大師　史蒂芬・柯維（Stephen Covey）

我們所做的決定，源自於我們身旁的同伴、我們的個性、客觀環境和情境；但與此同時，我們經常低估了心智的內在情境。即使是成就非凡的人，也有可能對偏誤視而不見、對決策陷阱充耳不聞、在重要的情況下沉默不語。

諷刺的是，即便是擁有史上最偉大嗓音的人，也有可能接收不到真正重要的聲音。

少一點對話

在田納西州和阿拉巴馬州之間，有一座名為圖珀洛（Tupelo）的小鎮。

這是個藍領階級的貧窮小鎮，大多是黑人社區。一九三五年，一個白人男孩出生在老薩提羅路（Old Satillo Road）三百零六號，一棟三百平方英尺、只有兩房的屋子裡。這棟屋子沒有管線系統、沒有電力，是他辛勤工作、信仰虔誠的父母花了一百八十美元建造而成。我站在小小的屋子裡望向屋外的廁所時，忍不住感到諷刺，因為整棟屋子的大小，甚至比不上那個年輕人日後價值十萬兩千五百美元豪宅的客廳。他十三歲時，全家人搬遷至曼菲斯（Memphis）以追求更好的生活。這個害羞的乖孩子在中學裡是邊緣人，經常遭到欺負。畢業後，他白天開卡車賺錢，到了晚上，則踏上足以改變他一生的音樂朝聖之旅。

他不曾受過正規訓練，但靠著聽別人演奏自學吉他，歌唱音域更是少見的兩個半八度。他總是懷抱實驗精神，在表演中融合福音音樂、流行樂、藍調和鄉村音樂。深受從小接觸的黑人社群的歌唱方式所影響，他的音樂實驗漸漸跨越了種族的藩籬。

他於一九五七年說過：「我聽起來不像任何人。」

他的舞步也不像任何人！

一踏上舞臺，他的羞赧和拘謹就消失殆盡。他扣人心弦的表演，如一道熾熱激昂的閃電劈下。他的稀世才華、令人慾火中燒的外型和柔滑的南方嗓音，讓他不論到哪裡，觀眾無不為他傾倒。他打破類別的框架，「既非男性亦非女性，不是黑人或白人，不是搖滾也不是鄉村。[1]」他在臺上咆哮、熱舞，扭動臀部、雙唇顫抖，母親們都害怕他這個「披上偽裝的魔鬼」。

他在藝術上的決策大獲成功。一九五五年，這位樸素的十九歲男孩把卡車換成了凱迪拉克，存到自己人生的第一個一百萬，與胎死腹中、埋葬在貧民墓園的雙胞胎哥哥可說是雲泥之別[2]。接下來的三十年，「貓王」艾維斯・亞倫・普里斯萊（Elvis Aaron Presley）啟發好幾世代的歌迷，永遠改變了音樂產業。他擁有十八首冠軍單曲，成為史上最成功的單曲銷售歌手，就連麥克・傑克森（Michael Jackson）、瑪丹娜（Madonna Ciccone）和泰勒絲（Taylor Swift）都難以望其項背[3]。

即使音樂產業不斷改變，他的歌聲依然經得起時間的考驗。美國藍調音樂家比比金（BB King）曾說：「對我來說，他們稱他為『搖滾樂之王』一點也沒錯。」

貓王的傳記作者彼得・葛瑞尼克（Peter Guralnick）如此描述他：「他是那個時代中的超凡人物。他的威力之大……可說是吹散了他那個世代的種種藩籬。」但是，脆弱的不安全感、自命不凡的心態和狹隘的眼界，經常伴隨成功而來，如此飛快的竄紅讓艾維斯難以招架，他因此吹散了另一個東西——他自己[4]。

做出判斷時最重要的決定性因素，就是當下的情境，亦即：內在心態和外在環境。一九五七年，也就是推出〈監獄搖滾〉（Jailhouse Rock）的同一年，心理學家司馬賀（Herbert Simon）提出**有限理性**（bounded rationality）的概念，意指我們的觀點會在潛意識中受到過往經驗、出身背景、教育和社交圈的限制。換言之，理性思考受限於客觀環境和條件。因此，如果想理解其他人的決定，就必須了解他們身處的情境。一九九〇年，我以學生的身分，與現在的丈夫初次造訪雅園（Graceland）。我漫步穿過以音樂為主題打造的大門時，並沒有完全理解決策當下的情境所造成的影響。直到數十年之後，我才明白。

我們身邊的人和我們的社會關係，會影響我們在人生和職涯中所做的決定。誠如美國太空人巴茲・艾德林（Buzz Aldrin）所寫：「給我看你的朋友，我便能給你看你的未來。」

貓王身邊那個作繭自縛的小圈圈「曼菲斯黑手黨」（Memphis Mafia），縱容領導者每一次衝動的心血來潮，總是急著平息他那出了名的易怒壞脾氣。二十年來，這個隨叫隨到的小團體所得到的獎賞，不只是價值不斐的禮物，還有極盡享樂的生活方式。「他是很大方的人，他會為你做任何事。但是他彷彿坐在雲霄飛車上。」他的摯友查理・

哈吉（Charlie Hodge）如此評論。身為有強迫症的完美主義者，艾維斯病態的過度消費行為，幾乎可說是毫無責任感；他簽過的支票，可能比送給粉絲的簽名還多！

領導者身邊圍繞著阿諛奉承者、狂熱崇拜者和爭寵邀功者，可說是司空見慣。但是這樣很危險。真理之聲，每天都被忽略。畢竟，很少人會攻擊對自己好的人。

離開舞臺、遠離鎂光燈後，艾維斯躲在自己的私人避風港裡，享受雅園圍牆內的安全空間。他有時會躲在黑漆漆的臥室裡好幾個星期，與世隔絕，把現實生活拒於門外。他獨處時，他的自我孤立便不斷餵養著最深沉的不安全感。這與世隔絕的泡泡，導致他的視野變得更為狹隘。

不論是狀態日正當中，還是感到理想破滅、灰心喪志和心理疲乏，**你的狀態都會影響你的決定**。對此，葛瑞尼克的觀察是，艾維斯「從來沒有明白和接受做出決策時得承受的負擔和壓力」。

他不需要。這位歌壇巨星將商業和健康相關的決策，全權交給信任的顧問，以及為他決定和打理一切的人；他聘請沒有接受正規訓練的父親為他的會計師；他把排解職場壓力、害怕失敗和夜間演出令人筋疲力竭作為藉口，合理化他長年以來服用處方藥物、減肥藥和療癒食物的行為。

許多人會把「做決定的權力」交到其他人手中，儘管這甚至不是對他最有利的選擇。數十年來，他始終把自己的商業帝國全權交給一個業餘經紀人掌管。起初還在賺錢、總是叼著一根雪茄的「上校」帕克（Parker）洽談了好幾筆滿足自身私欲的生意。貓王的母親葛拉迪絲・普里斯萊（Gladys Presley）不信任上校，她說：「他本人就是魔鬼。」然而，心懷感激的艾維斯，他的看法卻不盡相同，他在電報中表示自己「把他當做父親一樣」敬愛[5]。

艾維斯在一九六〇年代退伍歸來後，並未達成自己轉型成為正經演員的目標。演了三十一部以陽光、沙灘、比基尼為主題的好萊塢電影後，他滿心渴望接下更有分量的角色。「這些電影確實讓我的事業一成不變……只有一件事比看爛電影更糟，就是演出爛電影。」[6]但是好萊塢給他的酬勞是當歌手的三倍，粉絲們也很享受他演出的電影。於是，在沒有人讀過劇本，也沒有人堅持達到品質要求的情況下，經紀人就和客戶天真地簽下合約。

鴻運當頭的時候，誰會停下腳步思考、質疑或調查呢？

大部分的職業生涯都會有高低起伏。隨著披頭四等強勁對手的出現，他的唱片銷量開始下滑。不過，一九六八年，他在電視節目中以撼動人心的表現東山再起，成了他事業的轉捩點。《紐約時報》（*New York Times*）的搖滾樂評人寫道：「看見一個迷失自己的人找到回家的路，可以感受到一股魔力。」[7] 但是這個機會轉瞬即逝。儘管他坐擁五架私人飛機，巡演的雄心壯志依然無疾而終。他在一九七三年的記者會上說：「我想去歐洲……去日本……除了服役之外，我從來沒有出過國。」

這位超級巨星，未能成功推翻操縱了他一生的那個熟悉的聲音。儘管擁有無與倫比的權力和特權，這位有史以來最偉大的歌手，卻沒有足夠強硬或頻繁的發聲，讓其他人聽見他的心聲。

他為什麼不自己掌控一切呢？

貓王的前妻普莉西拉（Priscilla）猜測，是因為那份不合理的愚忠，還有「無力起身反抗上校……為自己的人生負責」。名為貧窮的鬼魅，似乎始終如影隨形。比起給自己找麻煩，對問題充耳不聞是更簡單的作法，尤其是在銀行存款不斷上升的時候。他老早便簽下與魔鬼的交易，才能為揮霍無度的生活提供資金。

在宛如踏上高速跑步機的人生中，反省和重新思考都是奢侈品。艾維斯承認：「生活的步調很快，我就是慢不下來。」[8] 舞臺上活力四射的演出，映照出他的決策風格。所有人都會精心編排自己的形象，但漸漸地，鮮明的特徵會成為沉重的冠冕。「形象是一回事，實際上的人是另一回事。但要活成那個形象非常困難。」艾維斯曾如此抱怨[9]。普莉西拉解釋：「大眾希望他完美無瑕，媒體卻毫不留情地放大他的缺點。」在現代的數位世界，這幾乎沒有改變。

搖滾樂之王就像是以顧客為本的品牌，專注接收觀眾的聲音。他沉迷在歌迷無條件的肯定中無法自拔，遠遠勝過他的忠誠與父愛。儘管他篤信上帝、夜讀聖經，最終結果依然是雙重標準和風流成性。

他在一九七三年面臨離婚和破產，不得不賣掉全部六百五十首歌曲的版權，而最後的成交價十分難看，是音樂史上公認最糟糕的一筆買賣。接下來是讓他筋疲力盡的巡演，總共一百六十八場演出。全速運轉的瘋狂循環，加劇了他現有的健康問題，以及積重難返的安非他命成癮症。

當全世界呼喊著渴望聽見艾維斯的聲音時，他又聽見了誰的聲音？
是不是出現太多聲音，讓他無法聽見正確的那個？
難道他的自尊心真的強烈到使他產生**充耳不聞症候群**（deaf ear syndrome），不理會相反意見嗎？

儘管他擁有過著美好人生的權力，還有重新解讀歌曲的精湛技巧，他卻無法在最重要的時刻解讀危險的徵兆或聽從建議。他身邊的逢迎諂媚者，也沒有聽見他的聲音。他曾寫道：「我感覺好孤單……我不知道能向誰傾訴，或向誰求助了。[10]」

他生命中的女人一個接著一個離開他。她們控制不了他，他也控制不了自己。

執行長、名人、詞曲創作人和成功人士，經常感到孤立無援。極具爭議的英國女性主義歌手辛妮・歐康諾（Sinéad O'Connor）精準描述了巡演時的孤寂感：「我身邊有很多人，但是沒人看得見我……我也看不見自己。[11]」

傳奇美國網球名將約翰・馬克安諾（John McEnroe）也有相同感受：「網球選手生涯中大部分的時候，都是一個人在球場上。不論情況好壞，都只有你一個人——這有時候真的很嚇人。[12]」

站在頂端時，唯一的路便是往下走。以艾維斯來說，他在電影膠片上梳著光亮油頭、有著美國原住民切羅基人俊美高顴骨的完美形象，出現了裂痕。「看起來很好，不代表感覺很好。[13]」他找不到人生的意義，因此緊抓著數字命理學與天文學尋求答案。一九七六年，慢性憂鬱症的徵兆開始出現。他告訴製作人：「我已經開始厭倦當艾維斯・普里斯萊了。[14]」他的至交傑瑞・席林（Jerry Schilling）察覺到「他有一股悲傷，一股寂寞感。他想填補一個無法填補的空缺」[15]。儘管過勞又負擔過重，他依然將支付薪水給多達三十九人的團隊視為首要之務。貓王為什麼不校正方向？他會說「有太多人仰賴我過活。我有太多責任要扛。我已經陷得太深，離不開了」。

如同許多掌權者，面對沒沒無聞的恐懼、極端地作繭自縛，以及日漸減少的銀行存款，都會讓理性觀點愈來愈萎縮。〈猜疑之心〉（Suspicious Minds）的歌詞「我們困在陷阱裡，我走不出去」，竟然一語成讖。

高速運轉的生活方式，再加上或明智或誤入歧途的決定，終於讓這難得一見的曠世奇才付出代價，走向衰亡。一九七七年，最後一丁點熾熱的能量被上天奪走，世界痛失一位傳奇。

搖滾樂之王驟逝。

至關重要的時刻

寫完這本書之後，我忍不住想在相隔四十年之後重新走訪貓王的故居雅園。我想把人類的決策過程，或許甚至還有我自己的人生，放進情境中。我再次在丈夫的陪同下，穿越以音樂為主題打造的大門，發現我更加瞭解了時光的倉促、遺產的價值，以及情境、性格和同伴足以對我們的決策造成顛覆。

我不是超級死忠的搖滾樂迷，但是看見曠世奇才英年早逝、充滿我整個童年的嗓音永遠消失，我依然感受到一股無以名狀的惋惜。之所以如此，或許也是因為我在投資管理界奮鬥的三十餘年間，見過不少如日中天的同事因為接收錯誤的聲音、倉促做出誤判，導致他們太早誤了自己的一生或自毀前程，所以感到更加唏噓。

我跟許多人一樣，為了在男性主導的產業中爬上高階主管之位，在名為野心的聖壇上獻祭不少。身為停不下來的工作狂，我的眼界局限在辦公室內——那裡就像是我的雅園。

我熱愛工作，我累積的哩程數已經多到可以繞行太陽。我有幸得到千金難買的好機會，採訪過好幾位總統，並曾與登月太空人共進晚餐；我見過英雄和反派、好萊塢傳奇明星、王室成員和奧運冠軍。稍後在本書中，我也會分享其中幾則故事。

然而當我猶如井底之蛙般，汲汲營營於下一個勳章或虛榮頭銜時，我並沒有總是在至關重要的時刻解讀訊號、破譯隱藏的訊息，或是聆聽正確的聲音。我有時是處於「充耳不聞」的狀態——這是在我職業生涯早期、想做正確的事而非便宜行事時，一位在業界德高望重的前輩告訴我的話。

此刻，在擺脫大企業你死我活的競爭後，我有了反思的餘裕。身為參與董事會、在大學演講、為績優股公司提供諮詢的行為科學家，**我更加深刻體會到：選擇性接收聲音是被過度低估的強大力量，而「關閉接收聲音」則是相當普遍的判斷力殺手。**

不論你是巨星、外科醫生、家長或水電工，都不會有人想看見自己的決策損害自身或他人的利益。但是，這種事卻經常發生。

目前沒有任何一個演算法能預防我們誤判，這是一種道德責任，必須由你一肩扛起。誠如貓王的摯友傑瑞·席林所言，「只有艾維斯能拯救艾維斯」[16]。

他如流星般短暫的演藝生涯，或許本有截然不同的結局。在這個人人都在瘋狂討好他人的世界裡，你做得出更好的選擇嗎？你會提出問題並質疑答案嗎？或者接收其他聲音？我們希望，自己都做得到。

我無法評斷對錯，因為我們無法預期人類的行為，但可以預期偏誤的發生。

我在本書中主張，我們都會在不知不覺中掉進相似的權力、情感、自我、身分和人際關係陷阱，以致我們糟蹋機會、阻礙我們活出最精采的人生。不論我們的年齡、頭銜、才華、收入或出身背景，我們在自己的國度中都不是至高無上的存在。

我們會重蹈覆轍；我們會低估過度與衝動帶來的風險，只接受表面上的資訊；我們崇尚工作而非家庭，崇尚金錢而非道德，為今天而活卻不思考明天。

我們仰賴眼見，而非耳聞。我們聽見假新聞、仇恨言論與恭維之詞，聽不見真相、細微差別與矛盾之聲。

我們吸收錯誤的資訊，而非破譯資訊中蘊含的意義。我們忽視良知、智慧和歷史的聲音，並只聽見群眾的歡呼喝彩、粉絲的溢美之言和短視近利的獎賞。

接收不一樣的聲音與採用其他解讀方式，能夠幫助我們發現警訊嗎？也許可以。但事實上，我們可以從歷史和科學中學習，而這正是本書的宗旨。

艾維斯的警世故事並非特例。能夠左右決策的因素中，藏著我們所有人都會遭遇的判斷陷阱。為什麼？因為那是會讓我們誤入歧途的人為陷阱。

在本書中，我整理出十大誤判陷阱，而每個陷阱的嚴重程度和影響力各有不同。每一個陷阱在我們的日常生活中似乎都顯而易見，甚至一點也不陌生，但正因為我們很熟悉，這些陷阱才會對我們的決策過程產生難以察覺的影響。因此，這些陷阱都可能成為危險的干擾，導致我們的決策偏離正軌。

你可以捫心自問，在思考該如何做出高風險決策時，下列這些因素可能會如何影響你的決定：

- 權力（**P**ower）：對偶像、權威人士或專家的推崇。
- 自我（**E**go）：過度重視自己、忽略他人想法的程度。
- 風險（**R**isk）：對刺激有多麼渴望，以及多麼無法容忍質疑。
- 身分（**I**dentity）：展現形象和打動他人的渴望。
- 記憶（**M**emory）：準確回想資訊的能力。
- 道德（**E**thics）：抗拒欲望或違法犯罪的能力。
- 時間（**T**ime）：想活在從前、現在或未來。
- 情緒（**E**motion）：克制衝動和過分行為的能力。
- 人際關係（**R**elationships）：是否有從眾的傾向。
- 故事（**S**tory）：是否會將他人的敘事視為事實。

如果你與多數人一樣，你會對這些情況感到熟悉。這些「圍牆」（PERIMETERS）

陷阱背後都是好幾個心理盲點、聾點和啞點，導致我們接收不到能幫助自己做出高影響力決策和成果的訊號。

儘管有違社會共識，我依然堅信這個世代最被低估的危機，不是經濟、政治、網路，甚至也不是氣候危機，而是人類的決策危機，以及聽見真正重要資訊的能力。

你做出的決定，遠比你想像的來得重要。

你就像是法庭上至關重要的第十二位陪審員，決定了其他人的人生走向，而其他人則仰仗你做出正確的選擇。這頂沉甸甸的冠冕承載著釐清何為正確、公平、必要或合理的期許。不論你是家喻戶曉的人物、主審、醫生、裁判、律師、交易員、法官或家長，這份期許永遠都存在。

身為決策者，你當然會做出許多正確的決定，然而一旦發生錯誤，往往會帶來不成比例的損害。大量的研究無不將災害歸咎於人為錯誤。百分之九十四的道路意外、百分之八十八的網路攻擊，以及百分之八十的航空事故，皆源自於人為錯誤[17,18]，而醫療誤診，甚至是美國的第四大死因[19]。除此之外，人為錯誤亦會造成邪教崇拜、騙局、醜聞、誤判以及非常多的問題，不勝枚舉。

人為錯誤，始於忽視真正重要的聲音，例如：沒有聽見消費者、員工、選民、病患、非主流者或少數族群的聲音。這就是企業和政府如此不受信任的原因，也解釋了抗議行動興起、國家愈來愈兩極化、新創公司崩塌和併購案失敗的原因。

理解原因並非為了學術用途，也不是為了打發時間。為了企業永續、經濟生活和領導層產生的影響，我們必須理解原因。

令人惋惜的是，會計師或稽核員不會將人類決策風險這項因素，納入試算表、設想情境或系統之中。我們一直忽視人類決策風險的重要性，直到為時已晚。目前沒有任何公式能計算心理學風險，然而忽視的代價是龐大到無法估算的。不論是在商業、運動、醫學、法律界或政府單位，都需要更大的平臺來應對這個風險。

未能接收正確的聲音，是誰也躲不過的判斷力殺手。總會有人付出代價，而那個代價就是人為錯誤，以及集體的決策能力下滑。

你會付出那個代價，其他人亦同。

智力、財富、地位和職業，都無法完全保護我們免於人為錯誤，不論犯錯的人是登山者、記者、連環殺手、學生、創業投資人、億萬富翁、治療師還是流氓交易員。儘管專業人士做出了許多好的判斷，我們依然會在本書中探究他們做出的誤判——一個人可以既聰明絕頂，又愚蠢至極。

那麼，我們為什麼會接收不到重要的聲音，又該如何預防？成功的關鍵在於放慢腳步，且放慢的時間要夠長，才能選擇聽見**正確**的聲音。你要聽的不是所有聲音、第一個聲音、最資深的聲音，甚至也不是最大的聲音，而是在那個情境下正確的聲音。

儘管人工智慧擁有許多優勢，但目前仍然沒有程式碼能做出絕對不令人後悔的判斷。大約有八成的領導者承認，他們掌管的組織並不擅長做決策，且其中超過半數的決策一點效用也沒有[20]。

一份為期十年的研究發現，四成五的執行長候選人都曾經為造成他們飯碗不保或嚴重破壞生意的決策災難負起責任[21]。難怪，根據麥肯錫企管顧問公司（McKinsey）的評估，**決策錯誤**這項因素每年平均會讓全球五百強企業（《財富雜誌》（*Fortune*）所評比）損失兩億五千萬美元。這就是為什麼磨練判斷技巧變得無比重要的原因。

在這個嘈雜的世界，誤判不全然是你的錯，但是你絕對能選擇做出更好的判斷。

你人生的原聲帶

最重要也最難回答的問題，就是如何解決誤判的難題。人們都想要得到一個單純的解釋，事情卻沒有這麼簡單。人類的行為不是一條直線，而是非常複雜、有著各式各樣糾纏不清的動機，還有超過兩百個理論和名詞解釋我們為什麼會「充耳不聞」。我們每天大約會做出三萬五千個決策，其中百分之九十五是在無意識的情況下做出的。

話雖如此，改變的機會依舊存在。

人類是可預測的，而可預測的事就表示可以預防。這就是我為什麼列出十八個經過科學證實的解決方法，以幫助你們提升重新解讀的能力，並培養「傾聽商數」（sonic Intelligence，簡稱聽商），其解決方法包括：二階思考（second-order questioning）、機率思維（probabilistic thinking）、輕推理論（nudge）、重新包裝、正負面思考，以及我稱之為「決策摩擦力」的技巧。

在本書中，你們將學會如何精準微調重新解讀和判斷的技巧，以便在為時已晚前，預防危機的發生。為所有決策難題做出診斷，能幫助你節省時間、更快過濾掉錯誤資訊，做出更有影響力的決策。

我由衷希望更多決策者，不論是全球領導者、政策制定者、企業家、胸懷大志的專業人士，尤其是我自己的晚輩都能明白，理解人類行為能幫助我們不留遺憾和悔恨地在這個世界上生存。

貓王艾維斯這個出生在圖珀洛的害羞男孩，他的人生哲理很簡單：「事實就如太陽。你可以暫時阻擋陽光，但太陽不會消失。」如果他放慢腳步的時間夠長，足以讓他重新解讀重要的聲音，他的人生結局，或許就會有所不同。

他的故事就是我們的故事。他付出了慘痛的代價，而你們不必步上他的後塵。他的故事反映出明智的判斷有多麼重要，以及本書的關鍵主題：

- 在這個高速運轉、視覺化、資料導向、兩極化又忽視正確聲音的世界，我們愈來愈難以做出良好的判斷。
- 理解人類行為，以及區分邏輯思考與心理效應，可以將認知上的累贅轉化為資產；這是被聽見與不被聽見、保有權力與失去權力之間的差別。
- 在做出結論前先意識到聾點的存在，便能重新平衡自己的所見與所聞，而要做到這一點，只需要花幾秒鐘的時間推理、反思和重新解讀。

不論你想要高檔辦公室、勳章還是賓士車，最明智的做法就是明白該聽誰的話，以及別聽誰的話。你可以問問自己，假如沒做出正確決定，那麼還有誰會受苦？

接收正確的聲音可能會徹底改變你的表現，也可以讓你前程似錦、加速提升你的聲望，從此改善你的人生。我會讓你更容易聽見正確的聲音、更難聽見錯誤的聲音，如此一來，你更有可能聽見其他人的聲音，與此同時，其他人也會聽見你。由於不能盡信你聽見的消息來源，所以重新評估傳遞消息者，並立刻充滿自信地重新解讀訊息，就是你最大的保障。

本書將為每一個想活出最棒的人生，同時豐富他人生命的人，塑造他們的人生故事。我誠摯地相信，當你們更加理解人類行為之後，便能達成這個目標。我能做出的保證不多，但有一件事是肯定的：就是讀完本書之後，你可以對這個行為學上的洞見有更多的理解。

欲達到你心目中定義的成功，取決於能否**選擇**接收真正重要的聲音，並排除其餘的雜音。倘若忽視人類行為的風險會讓你誤了一生，那麼，理解人類行為的風險就能改變你的一生。

現在就開始接收正確的聲音吧！

第一篇

嘈雜世界中的誤判

傾聽呢喃，就不會聽見尖叫。

美洲原住民切羅基族（Cherokee）諺語

你聽見的一切並非都有價值，有價值的資訊也未必會被聽見。決策，並不是憑空做出來的。我們能否接收到最息息相關的聲音，取決於我們身處的情境。儘管二十一世紀擁有各種先進技術，但是這個步調飛快、資料導向又高度視覺化的世界，卻深深影響著我們的思考方式和我們聽見的內容，最終影響我們做出的決定。

雖然現代科技提供我們比以往更多的發聲平臺，但衝突、競爭和相互矛盾的聲音卻占據了大部分的頻道。儘管社會上有愈來愈多人要求傾聽消費者、員工、股東、選民和邊緣群體的聲音，但我們接收正確聲音的能力卻受到嚴重的破壞。

不計其數的頻道全年無休地播送訊息。通知和動態消息轟炸心智，以致我們無法暫停足夠長的時間來破譯資訊，決定哪些消息對我們最有幫助。我們只能在充斥數位噪音、過量資訊和假消息的高速運轉生態系統中做出判斷。

結果呢？就是大多數人聽見的聲音比以往更少，因而感覺自己更少被人聽見。除此之外，如果你不聽其他人的聲音，你的訊息被聽見的機會也會降低。

要想掌控我們做出決策的情境，就必須瞭解決策如何受到一系列的因素影響，例如：文化、氣候、性格與同伴。我認為，情境會與認知結合，進而型塑成我們的解讀，而這是做出判斷前至關重要的一步，決定了決策的品質；同時，這也決定了我們的收穫或後悔程度，誠如下圖所示。

忙碌的決策者往往忽視解讀的重要性——他們沒有解讀的意圖。然而，殷鑑不遠，跳過解讀這個步驟，可能會害死人民、士兵、乘客、囚犯、病人和產品。只要想想看大屠殺暴行或遭到錯誤解讀的軍令就能明白了。或者，想想看機長聽錯飛航管制員的指令、醫生誤診不常見的疾病、企業忽略消費者的喜好，或者政治人物罔顧內亂會發生什麼事。

外在情境與內在認知的交互作用，就是第一篇三個章節的重點。

第一章說明外在的錯誤消息來源，將如何導致我們加速做出錯誤的判斷。

第二章探究內部的來源如何加快我們做出誤判的

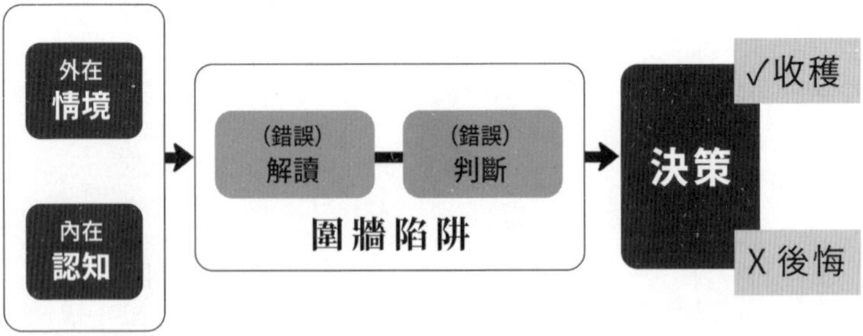

速度，也就是錯誤三部曲——心理盲點、聾點和啞點。我特別點出造成錯誤三部曲的關鍵因素，亦即：動機性推理（motivated reasoning）和充耳不聞症候群。

在第三章中，我會套用圍牆效應說明情境和認知的交互作用，是如何導致局限、帶有偏見和非黑即白的判斷。你們會發現書中不乏商業、法律、醫療、科技、媒體和政治界所犯下的負面案例，可見專業人士做出誤判是多麼稀鬆平常的事。

首先，讓我們從外在的資訊來源開始。

第1章

錯誤傾聽、錯誤資訊和錯誤判斷

沒有什麼比顯而易見的事實更能欺騙人[1]。

英國偵探小說家　亞瑟・柯南・道爾（Arthur Conan Doyle）

「無法接收到正確的聲音」可用來解釋很多現象，例如：這說明了最偉大的藝術家和最聰明的專業人士，為何會受騙上當；為何監管單位沒有察覺到龐氏騙局，情報機構遺漏了可能存在恐怖分子的警告；這是董事會持續失能、併購案毀壞價值、新創公司崩塌的原因；這也是為什麼全球的受害者會被詐騙犯騙走好幾兆美元，而企業每年被詐欺的金額，則高達利潤的百分之五[2]。

掌權者如果無法接收到正確的聲音，後果更是不堪設想。生意、職業和國家，都會建立在虛實參半、影射話語和錯誤想法之上。

所有人都想被聽見，這股渴望刻劃在我們的基因中。詩人以此為詩；音樂家以此為曲。碧昂絲（Beyoncé）引吭高歌：「你聽得見我嗎？」樂壇先驅人物辛妮．歐康諾曾在醫院牆上寫滿：「我只是想被聽見。[3]」

正如你渴望被顧客、同事和股東聽見，他們也渴望讓你聽見。但是在很多情況下，他們都沒有。

在現在這個嘈雜的世界，許多員工都覺得自己沒有被聽見——確實，很多人都沒有被聽見。舉例來說，當Google、迪士尼（Disney）、亞馬遜（Amazon）和其他企業罔顧社會正義的呼籲，員工便會發起集體出走和罷工；疫情過後，不計其數的企業都因重返工作崗位的政策未考量員工需求，遭到千夫所指。

綜觀歷史，許多企業忽略吹哨者的存在，例如：安隆（Enron）、療診公司（Theranos）、波音（Boeing）、福斯汽車（Volkswagen）等，不勝枚舉。雖然公司管理會受到審視，但倘若有受託義務的董事會不仔細聆聽說出來的話，或沒說出口的話，他們就不知道該問哪些問題。**在嘈雜的世界裡，聽懂弦外之音是大大受到低估的技能**。

儘管「傾聽」是成為領導者的入門知識，消費者還是覺得自己沒有被聽見，其結果就是忠誠度逐漸削弱。近年來，麥肯錫企管顧問公司發現，消費者比起以往更願意換掉常用的品牌[4]。

好幾世代的弱勢群體，都覺得自己不被聽見。為什麼？我們不會傾聽與眾不同、意見相左或與自己不盡相同的人。我們反而會向熟悉的內團體靠攏，從而逐漸限縮了自己的世界觀。因此，假如政策制定者忽視人權疑慮，抗議、暴動和社會運動就會因應而生。看看阿拉伯之春（Arab Spring）或自由西藏（Free Tibet）運動就知道了。商業世界也秉持同樣原則。就連百事可樂（Pepsi）都因為被譴責對敏感政治議題「充耳不聞」，輕忽「黑人的命也是命」（Black Lives Matter）運動的重要性，而不得不撤下與坎達兒．珍娜（Kendall Jenner）合作的廣告。

在日常匆忙的決策過程中，我們經常倉促地做出判斷，以致過早下結論，甚至得出錯誤的結論。我們會打斷其他人篤定的說法，卻不會打斷自己的臆測。這種讓自己充耳不聞的情境會大幅增加被欺騙、干擾和矇騙的風險——誠如心理學家所言：「基因讓槍上膛，而環境扣下扳機。」

在本章，我將說明外在的錯誤資訊來源會對我們的決策產生什麼影響；換言之，我們做出決策的環境（外在情境）會影響我們的決策（內在認知）。在紛雜的噪音中，我們聽不見自己思考的聲音。確切來說，有四個因素會潛移默化地從本質上形塑我們的判斷，引導我們以非黑即白、短視近利的方式思考：

一、步調飛快、緊張慌亂的生活型態會加劇短視近利的心態。

二、過多資料會干擾心智，壓得我們喘不過氣。

三、視覺刺激增加我們看見的畫面，卻減少我們聽見的資訊。

四、兩極化的系統和結構，將非黑即白的觀點深植在我們的腦海中。

我將這四個因素畫成次頁下方的示意圖。簡言之，這些因素會減少我們的時間、注意力和耐性，讓我們難以重新解讀最重要的資訊和對話，其結果就是誤聽別人說的話，或者錯誤猜測別人沒說出口的話。我們會錯誤解讀自以為別人說的話，而不是重新解讀別人真正說的話，以致我們倉促做出誤判，犯下可預期的人為錯誤。

董事會、領導者、監管單位、家長和政策制定者不會故意做出誤判，是錯誤傾聽讓人更難明白應該留意什麼人或什麼事，而我們會為此付出財務、名譽，甚至社會代價。美國作家丹・平克（Dan Pink）的一百萬名網路粉絲，將「不認真聽」票選為最惱人特質的第一名。

現在，就來看看步調快速的世界，是如何限縮了我們接收正確聲音的意願和能力。

一、高速運轉的世界

我們住在一個有即食料理、即時付款、速效止痛藥和速成減肥的世界。社群媒體使用者為了得到立即的認可與回饋而發文。毫無耐心的投資人想要快速得到回報。一九四〇年代，在紐約證券交易所的投資組合平均持有時間是七年，而時至今日則是五個月出頭。

新冠肺炎疫情期間，幾百萬個市井小民在簡單易上手的羅賓漢平臺（Robinhood）上，開通當日沖銷的交易帳號。平臺以半遊戲式的操作方式著稱，廣告打得十分響亮。

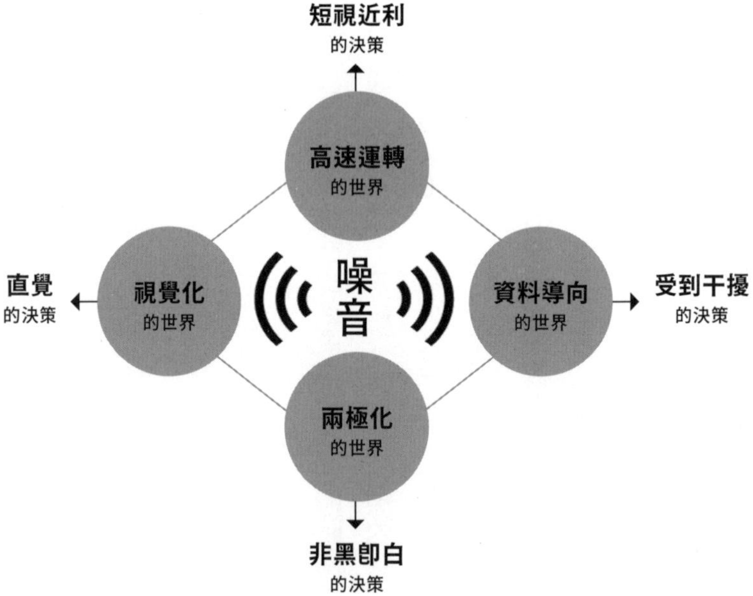

一名來自伊利諾州的二十歲學生亞歷山大・柯恩斯（Alexander Kearns）為了償清貸款，於是註冊了帳號。二〇二〇年六月十一日星期四，他看見自己的帳戶餘額是負七十三萬零一百六十五美元。不過，那是誤導他的數字，他的帳戶餘額並非負數。交易結果直到星期一早上才會確定。

亞歷山大因為不熟悉投資交易的運作機制，因此做了最糟糕的倉促誤判——在隔天早上自盡身亡。他留下一段話，問道：「一個沒有收入的二十歲年輕人，該如何得到將近一百萬美元的資金槓桿？」[5] 他對複雜的投資工具並不熟悉，承認自己對此「毫無頭緒」[6]。

在誤解情勢又承受壓力的情況下，他錯誤解讀了資料。他的視野縮小到十分危險的地步。現代這個步調快速的生態體系，提升了做出快步調決策的機率。但這實在是太諷刺了。我們一方面付很多錢給專業人士，請他們做出經過深思熟慮的決策，一方面又讚許迅速回覆、獎勵快速的解決方式。

企業的體制和架構在無意識中催生了全年無休、飛快運轉的文化，以及所有決策都迫在眉睫的錯覺。員工被迫吞下高速運轉的工作型態，因為幹勁十足的產業需要馬不停蹄地取得快速勝利。律師、顧問和治療師的收費是以分鐘計算，而不是一小時或一天；運動員以百分之一秒之差贏得獎牌。就連戰鬥機飛行員也必須在四十秒內打贏空戰[7]。

商業書籍指出贏家的適應速度比輸家快、員工必須爭鬥才能晉升、耐力持久的人會得到獎賞。難怪，行政主管們的目標都是「五十歲前退休」、「搶得先機」或「一年內增加兩倍銷售」。一份為期十年針對一萬七千名高階主管的研究發現，相較於好的決策，他們甚至認為迅速的決策更能帶來成功[8]。那些可以「更早、更快、更堅定地」做出決策的人，其成為高績效執行長的機率是十二倍。

滴答、滴答。「想快點，就找聯邦快遞。」（Think Fast, Think FedEx）這樣的訊息比比皆是。法拉利（Ferrari）的座右銘是「比快更快」（Faster than Fast）。威訊通訊（Verizon）說「以生命的速度移動」。黑莓公司（BlackBerry）稱「所有值得做的事情，都值得快速地做」。就連貓王的座右銘也是「迅速做好該做的事」。

這些訊息不停地在潛意識中鞏固了必須迅速決策的情境，鼓勵我們在快車道上生存。與此相對，則是美國明星梅．蕙絲（Mae West）的座右銘：「所有值得做的事情，都值得慢慢做。」

速速決策？慢慢決策？

你上次做出重大決策的過程是什麼？你是憑著直覺快速做出決定？還是經過深思熟慮慢慢得出結論，也許還列出了優缺點清單或運用演算法？

諾貝爾獎得主、以色列裔美國心理學家丹尼爾・康納曼（Daniel Kahneman），解釋了人類兩套認知系統的運作方式。[9] 快速、自動化的模式是系統一；速度較慢、深思熟慮的模式是系統二。當人類進行理性思考時會在潛意識中選擇當中一種系統思考。

舉例而言，泡咖啡、運動或通勤上班時，會運用直覺化的系統一；要做高風險、高花費或資本密集的決策時，則會運用按部就班的系統二。然而，兩套系統都容易出錯。系統一做出的直覺決定，可能會導致你嚴重走偏。試著想想熱情如火的韻事、不合時宜的評論和易怒的壞脾氣，就會瞭解了！儘管系統二讓我們思慮周到，還是會發生誤判和失職行為。想想看安隆的假帳戶或中央公園五人案這類司法鬧劇，就能明白，誤判還是會發生。

因此在做決定時，務必注意三件事情：

一、我們是**先感情用事才理性思考**。訣竅在於控制住情緒衝動，直到能理性思考。

二、做決定時，永遠都要考量到**情境、文化和價值觀**。

三、**沒有哪一種思考模式比另一種好**。雖然直覺能幫助你挑選油漆顏色（我喜歡藍色），甚至讓你產生習慣（我總是選藍色），卻會讓你在選擇房屋時缺乏效率（我喜歡，但我買不起）。

當解決問題者直接跳到結論而不是反思時，問題就會發生。在一份研究中，八十位心理學家只用五分鐘的時間對病患做臨床評估，而不是採取更謹慎仔細的評估[10]。我泡一杯咖啡都不只五分鐘了！雖然專家有時確實能給出立即的診斷，但是，迅速決策通常仍是高速社會和短期思維的產物。

機不可失

你有多常不經驗證、不解讀內容，就將其他人提供的資訊照單全收？我們大部分的人皆會如此。在注重短期思維的世界，我們會過度信任訊息和傳播訊息的人。

在《哈佛商業評論》（*Harvard Business Review*）的一篇文章中，杜克大學教授多利・克拉克（Dorie Clark）比較兩份研究，一份研究指出百分之九十七的領導者聲稱自己重視長期、有策略的解決方式，但是另一份研究指出，百分之九十六的領導者承認自己都在忙著火速解決問題，沒時間制定策略。這是常見的兩難。

目光長遠、高瞻遠矚的人和解決問題的人，都會得到企業的表揚——他們有四倍的機會被認定是潛力無窮的人才。此外，也有六倍的機會成為有效率的領導者。

雖然做出與策略、人際關係、投資、教育，甚至是動物保育相關的決策時必須高瞻遠矚，然而現今的趨勢卻是注重當下，加劇了短視近利的思考方式。這表示在現代社會，愈來愈少人抱持長期主義了。

你是不是會快速閱讀、快速約會？你是不是只會瀏覽標題，只抓重點、不看細節？從日常溝通到書籍、電影、社群媒體聊天和投資期限，所有事情都變得愈來愈短、愈來愈快。雖然沒什麼人願意花力氣慢慢品味普魯斯特式（Proustian）一百萬字的小說巨著，但是過度精簡的句子，確實會失去文字必要的豐富色彩。現代通訊方式向化約主義（reductionist）靠攏，全都是兩百八十字的片段、口號和摘要。

就連好萊塢的場景都在縮水。相較於一九七〇年代，現代編劇創作的劇本變得更加簡短[11]；Netflix推出每一集時長更短、更容易消化的迷你影集，而我們都心懷感激，廢寢忘食地追劇！這樣的模式滿足了我們渴望新內容的衝動。

暢銷書的平均頁數也減少了。二〇二一年，只有百分之三十八的書超過四百頁，比前十年少了三分之一[12]。現在，比較薄的書能在暢銷排行榜上多待兩個星期。此外，時間有限的讀者還可以在 Blinkist 應用程式上找到書籍摘要。

漸漸地，各個公司就必須為這些快速、短視近利的選擇付出壽命的代價。一九五八年，標普五百指數公司的平均壽命是六十一年，而現在只有十八年。麥肯錫企管顧問公司預估到了二〇二七年，百分之七十五的標普五百指數公司將不復存在。**當然，反思並不能保證可以抵銷掉偏誤，但大量的證據在在說明，嚴謹的理性思考能產出更明智的決定。**

在充滿干擾和資訊的數位世界，我們更難達到必不可少的專注度——這是影響我們認知的關鍵因素。

二、資料導向的世界

來自英格蘭布萊德福（Bradford）的三十二歲男子崔佛・柏德索（Trevor Birdsall）開玩笑地說，他那害羞的朋友嚇壞了所有住在北邊的女性。但其實這並不是玩笑。兩人在紅燈區尋花問柳時，他的朋友消失了很長一段時間，之後吹噓自己打了好幾個妓女，而且沒有付錢。

柏德索不知道該不該相信他。隨著媒體開始爭相報導約克郡開膛手（Yorkshire Ripper），他的疑心日漸增加。「我當時心想，這些事可能有關連。」[13]

最後，他選擇向警方通風報信。截至那個時間點，警方已經收集了超過三萬條證詞、二十五萬個名字，還有數百萬個汽車車牌。警方被各式各樣的資料干擾，因此儘管柏德索的朋友「在三個地區被人目擊」，且五年內被偵訊了九次，警方還是忽視了柏德索的舉報[14]。雖然柏德索已經報警，還是有更多女性慘遭毒手。他的朋友彼得・蘇克利夫（Peter Sutcliffe）在一個汽車檢查站被抓到後，坦承自己犯下十三起謀殺案。約克開膛手將罪行歸咎於上帝的聲音。

有時候，正確的聲音並沒有及時被聽見。勞倫斯・拜福德警探（Lawrence Byford）在一九八一年的案件報告中總結道：「未經處理的資料堆積如山，因此未能將相關資訊的關鍵之處連結在一起。」[15]現代的資訊海嘯無意中產生的結果，就是資訊過量、受到干擾、無法專心的心智，於是我們無法接收到正確的聲音。

資料與負荷過量的心智

負荷過量是新的常態。微軟公司（Microsoft）發現，百分之六十八的員工不受干擾的專注時間不足，而百分之六十四的員工說他們沒有足夠的時間完成工作[16]。這一點也不令人意外。現代的員工能夠取得豐富的資訊，卻經常被簡訊聲、鈴聲和通知聲打斷。每隔十二分鐘，就有六十億人要滑一下手機。根據卡內基美隆大學的研究，意料之外的打斷會導致工作表現降低兩成[17]。我們無法聽見自己思考的聲音。

我們淹沒在從早到晚不停灌注、傾倒在我們身上的資料中。這十年間，資料的數量增加了三十二倍，所有資料都在爭奪我們的注意力。儘管如此，我們還是不斷捲動頁面、瀏覽、尋找更多資料。零售商占滿你的收件匣、LinkedIn 愛好者邀請你訂閱數百份電子報、同事傳給你高達一百頁的簡報資料！

我們的大腦應付不了。我們濃縮和提煉資訊的能力並沒有因此擴張，反而萎縮了。對此，誠如美國統計學家和作家奈特・席佛（Nate Silver）所言：「必須擁有科學知識和自我知識，才能從雜音中區別出訊息。[18]」

想要破譯訊息，發現巧合、矛盾或不一致之處，真的太困難了。反之，我們只會禮貌地點點頭，接受那些資料表面上的意思。開源人工智慧工具和 ChatGPT 的普及，使得更多人會相信表面上的錯誤資訊，導致錯誤資訊偽裝成事實。換言之，只接受表面上的資料，會產生資料有價值的錯覺。

在這樣的漩渦中，我們理所當然會認為得到更多資料就能做出更好的決策。但是過多的資料，可能會誤導我們想像出根本不存在的模式與關聯。

奧勒岡大學教授保羅．斯洛維奇（Paul Slovic）發現，使用八十八個變數所得到的預測，並不比使用五個變數所做出的預測精準[19]。隨著資料愈多而增加的是信心，而非精準度[20]。就像金錢一樣，資料更多不會讓你更快樂、更聰明或更精準。更多資料只會帶給你慰藉，就像是第二盒哈根達斯冰淇淋。然而，現實就是如果吃下第三盒，你可能會生病！

預測技術更是幫倒忙！Grammarly、ChatGPT 和 Gmail 可以幫我們寫信、寫完句子和自動填寫表單；應用程式會推薦我們看什麼電影、光顧什麼餐廳，甚至是跟誰結婚。我們為什麼還要為自己思考？**當太多或太少的資料限制我們理性思考的能力時，我們的認知就會受到影響，以致只能在受限範圍內做出理性的決策**。當心智受到這種限制時，就無法抵擋**圍牆效應**（PERIMETERS Effect）——換言之，這十個因素中的任何一個，都會在潛意識中局限我們的理性思考。

資料與受到干擾的心靈

如果資料量超出你的負荷，你就不可能專心做出好決策。有些人會不假思索地說出腦中浮現的第一個想法，不論那是否準確、適當或嚇人。FTX創辦人山姆·班克曼—佛萊德（Sam Bankman-Fried）便是如此。

他的加密貨幣交易平臺崩塌時，就因為恐慌而開始採用系統一思維。他告訴媒體「自己忙於工作應接不暇，又有太多其他專案讓他分心，因此無法注意到在公司內部逐漸醞釀的風暴」。他坦承：「我沒有剩下足夠的腦力理解正在發生的每一件事。」他後來告訴法院，他的目標是信箱裡一次不要累積超過六萬封未讀郵件——但是他最近一直失敗。干擾會破壞理性思考，進而觸發聾點，導致我們聽不見理性之聲。

分心，會對決策結果產生不同程度的影響。舉例來說，你在生日當天的分心程度如何？你會做出更好還是更糟的決策？一份針對四萬七千四百八十九名外科醫師的研究，分析了他們執行的九十八萬八百七十六次急救處置，發現病患在外科醫師生日當天的死亡率明顯更高[21]。

沒有一個人能免疫。

英國廣播公司報導演員亞歷・鮑德溫（Alec Baldwin）在電影《魯斯特》（*Rust*）片場受訓時，因為使用手機而分心，特別是訓練師當時正在說明演員絕對不能用道具槍對準別人[22]。鮑德溫之後便誤開道具槍，不小心殺死一名女攝影師。

第八十九屆奧斯卡頒獎典禮頒發最佳影片時，普華永道會計事務所（PwC）交給頒獎人錯誤的信封。真是太尷尬了！他們將一切歸咎於「人為錯誤」。《浮華世界》（*Vanity Fair*）表示工作人員在幾秒鐘前還在轉發明星的照片，猜測他可能因此分心了。這是令人難堪的失誤，但所幸沒有人因此喪命。

這個世界的步調快速，難怪所有人的專注力都在縮水，不只是你而已。倫敦國王學院的注意力研究中心（Centre for Attention Studies）發現，百分之四十九的成人覺得自己能專注的時間愈來愈短[23]。工作的時候，我們想著跑步；跑步的時候，我們想著工作。我們無法放鬆或專心。誠如心理學家司馬賀所言，太過豐沛的資料讓我們的注意力變得貧乏。

現在的社群媒體使用者，甚至連留言討論熱門話題的時間都縮短了。丹麥物理學家和網路注意力專家蘇恩・萊曼（Sune Lehmann），分析了X平臺（前推特）上的前五十大熱門話題。二〇一三年，平均的討論延續時間為十七點五小時；到了二〇一六年則下滑到十一點九小時[24]；至於現在應該縮得更短了。熱門話題退燒得很快，因為我們的心智都轉而去接收下一件新事物了。

誠如諾貝爾文學獎得主安德烈・紀德（André Gide）所言：「所有事情都早已說過，但是因為沒有人聽進去，我們只好從頭來過。」

資料與無法專注的心靈

美國加州大學資訊學教授葛洛莉亞・馬克（Gloria Mark）發現，不論年齡或職業為何，現代人每三分鐘就會轉移一次注意力[25]。截至二〇二一年，專注於螢幕畫面的平均時間已從十年前的七十四秒降低至四十七秒[26]。你可能會想「並沒有差很多啊」。不過，如果職場上的每一個細節都至關重要，那麼每一秒的猶豫都可能產生天翻地覆的變化。讓我們回顧一下那個投入了大量資金，至今仍讓美國太空總署工程師耿耿於懷的計畫。

一九九八年，斥資一億兩千五百萬美元的火星氣候探測者號（Mars Climate Orbiter）發射，滿懷收集大氣組成資料的雄心壯志。這是一項前所未見的創新科技。飛行十個月後，火星氣候探測者號在進入大氣層時突然消失。地面控制中心與太空船的通訊陷入一片死寂。

發生什麼事？一頭霧水的技術人員不明白。

事實上，這也歸咎於人為錯誤。

打造太空船的承包商洛克希德馬汀（Lockheed Martin）公司，他們的軟體使用英制單位，但噴射推進實驗室（JPL）卻是用公制單位鎖定太空船在太空中的位置。因為洛克希德的工程師沒有將度量單位轉換為公制，以致在兩個系統之間無法溝通的情況下，使得資料錯誤問題變得更嚴峻。高風險計畫的龐大規模與壓力，讓人們沒能注意到一個微小但至關重要、原本只需要花幾秒就能解決的小細節。

英國作家兼記者約翰·海利（Johann Hari）表示，無法專注的問題日益嚴重，幾乎快演變成社會危機[27]。他提出幾個導致無法專注的總體因素，例如：消耗時間與精力的演算法、社群媒體平臺、不健康的飲食、汙染、壓力和睡眠不足。舉例來說，美國的國家睡眠基金會（National Sleep Foundation）指出，這一百年來，平均睡眠時間下降了百分之二十，而這樣處於殭屍般神智不清的狀態，讓我們更難以抵禦人為錯誤。我們會無法遵循標準規章和流程，與此同時，閱讀商品標籤、安全說明或附屬細則時，則會漏看重要的資訊。

專業人士睡眠不足，可能會導致他們沒注意到法律合約、目眩神迷的廣告、法院卷宗或推銷宣傳中的資訊缺漏。他們可能會引用快速簡易的資料而非歷史資料，或是將表面上的說法誤以為是真正的動機。在狂亂或喘不過氣的狀態下，我們會愈來愈依賴簡便的**捷思法**（heuristic）來化繁為簡，但捷思法本身就存在偏誤。

我們仰賴所見之事和所見之人來讓生活變得單純。為什麼？做出判斷太難了，我們喜歡簡單一點。因此，我們看到什麼就接受什麼，尤其在這個視覺化世界更是如此。

三、視覺化的世界

二〇〇七年一月十二日早晨，一名年輕的小提琴家在華盛頓特區地鐵站演奏巴哈（Johann Sebastian Bach）的〈夏康舞曲〉（Chaconne）。四十三分鐘內，總共一千零九十七名公務員從他身邊經過，只有七個通勤族停下腳步聆聽這位戴著棒球帽的小提琴家演奏。他只賺了三十二元十七分美金，他的觀察是：

> 我很驚訝這麼多人完全沒有注意我，彷彿我是透明人。因為我可是製造出一大堆噪音呢！

只有一名女性認出他是舉世聞名的美國小提琴家約夏．貝爾（Joshua Bell）。就在前一天，他在波士頓的交響音樂廳演奏一七一三年製造、價值三百五十萬美元的史特拉底瓦里小提琴，演奏會門票要價好幾百美元[28]。

人們認為事物在不同的情境中會有不同的意義。Podcast 節目「隱密大腦」（Hidden Brain）的主持人尚卡爾．費丹坦姆（Shankar Vedantam）提出：「你們的心智不同，你們的耳朵不同，你們聽見的音樂也不同。[29]」

換言之，不論你聽的是客戶抱怨還是孩童許願，即使你專注傾聽，外在環境也會改變你聽見的事物與聽見的方式。比起所聞之事，我們更仰賴所見之物，但是你所聞永遠不是全貌。

智慧型手機、電視、抖音和 Instagram 中成千上萬的影像，過度刺激我們的大腦。雖然這些內容可以幫助和滿足我們，但問題是，我們會認定自己所見之物比所聞之事更可靠。舉例而言，品牌認為線上評論等同現實世界的風評，因為數位資訊在我們生活中占了非常大一部分。但是研究卻發現聊天室、部落格和熱門影片，其實只占了整體口碑的百分之七[30]。為什麼？社群媒體上對於品牌的評論與回饋主要是以視覺呈現，而非聽覺。也就是說，我們忘記了面對面口頭討論的分量。假設亞馬遜的產品讓我們大失所望或欣喜若狂，我們會馬上告訴別人，而不是先打字留言。

我們也信任自己看到的一切，然後形成有瑕疵的決策依據。還記得外表看起來很老氣的蘇珊．波爾（Susan Boyle），她如何用渾厚的嗓音驚豔《英國達人秀》的觀眾和評審嗎？這就是為什麼數百萬名電視觀眾很享受見證人們在《美國好聲音》（The Voice）實境秀節目中克服這類先入為主的偏見；這就是為什麼有些公司會隱藏履歷上的個人資訊，管弦樂團會採用圍幕甄選。

我們總以為自己能公正地評估策略、情勢和陌生人，但實際上往往相反。

誰不會對候選人、鄰居或 Instagram 的自介產生先入為主的偏見呢？誰不會在展開對話前，先打量一下陌生人呢？誰不會在會議上聽別人報告前，先快速瀏覽一下投影片呢？我們會根據縮圖挑選電影，用封面判斷一本書。

想像一下有人給你看一張照片，上面有三個微笑的人。照片中的男子用手摟著一名年輕女子的腰，一個年紀較長的女人在旁邊看著，看起來就像一般的派對照片，但事實並非如此。那個男人是安德魯王子，那個女人是社交名流吉絲蓮・麥斯威爾（Ghislaine Maxwell），因為販運未成年少女而被定罪。照片是靜止的，但是對照片的解讀會隨著情境和時間改變。你看見的是派對照片、經過編修的照片？還是庭審中的證物？箇中差別便是解讀的方式。

眼見爲憑

即便擁有專業技能，專家也還是會馬上相信自己所見的事物[31]。

荷蘭藝術評論家，亦是鑽研一六六〇年代和荷蘭畫家維梅爾（Johannes Vermeer）的專家亞伯拉罕・布雷迪烏斯（Abraham Bredius），他八十二歲時，因為看見《以馬忤斯的晚餐》（*Christ at Emmaus*）一畫太過感動，而沒有察覺那是贗品——這是漢・凡・米格倫（Han Van Meegeren）繪製的複製品，最後以上百萬元賣出。評論家都未能提出最顯而易見的問題。為什麼短短時間內，有這麼多維梅爾的稀世之作出現在市場上？人們後來發現，那幅複製畫出現在希特勒（Adolf Hitler）的副手赫爾曼・戈林（Hermann

Göring）的辦公室裡。

過度仰賴視覺是普遍的現象。有些人聲稱自己目擊幽浮和超自然現象；虔誠的信徒發誓自己看見聖母瑪利亞的雕像在流淚；工作繁重的分析師只看了一眼就總結圓餅圖和圖表的資訊。《每日鏡報》（*Daily Mirror*）的編輯皮爾斯・摩根（Piers Morgan）被英軍虐待伊拉克囚犯的假照片欺騙。他因為急需頭條新聞而變得盲目，再加上難以辨別片面事實，因此很可能只看見他想看到的樣子。

我們在壓力之下，通常會信任自己看見的畫面，而非解讀我們聽見的話語。我們也會對神態舉止產生錯誤的判斷。有罪的人看起來通常很不老實，沒錯吧？有些人則是會看起來毫無悔意。

萬一第十二名陪審員也這麼想呢？很多人確實這麼想。而無辜的人便會付出代價。美國心理學家艾柏特・麥拉賓（Albert Mehrabian）的「七—三八—五五原則」（7–38–55 rule）指出，我們與人對話時產生的影響力，百分之五十五來自視覺上的肢體語言，百分之三十八來自語調，百分之七來自話語。換句話說，其他人回想你說的話時，只有百分之七是你說話的內容，百分之九十三都是你說話的方式。

視覺資訊主導和不解讀資訊所造成的其中一個現象，就是刻板印象。一份針對二十二萬兩千八百三十八名來福車（Lyft）司機的研究指出，在佛羅里達州，黑人駕駛被警察攔下來的機率比白人駕駛高出百分之二十四到三十三，即便他們的車速其實都一樣。除此之外，黑人駕駛還可能會多付百分之二十三到三十四的罰金[32]。這並不表示佛羅里達州的黑人都會超速行駛，這表示他們有被歧視的問題。

不只佛羅里達州有這個問題，而是全世界。正義雖然不以貌取人，但是也不公平。人類本能上會過度倚重感官，尤其注重視覺勝過聽覺。紐約大學心理學家艾蜜莉·芭絲苔（Emily Balcetis）詢問學生，他們最不想失去哪一種感官。

你會選哪一個呢？超過七成的人都選擇保留視力。換言之，百分之七十的人都願意犧牲聽力、嗅覺或味覺。

誠如佛羅里達駕駛約夏·貝爾、皮爾斯·摩根和亞伯拉罕·布雷迪烏斯的例子，第一印象就是帶有偏見的快照，而且這個快照通常都是錯的。

一見鍾情

我們傾情於所見之物。究竟影像和第一印象，為什麼會主導我們對資訊的解讀呢？

答案在三個領域中：物理、神經科學和教育。

首先談談物理。你會先看見閃電，再聽見雷聲。球迷先看見進球，才聽見震耳欲聾的歡呼聲。亞歷．鮑德溫先看見閃光，才聽見致命的槍聲。每秒三百四十公尺的音速，比每秒三億公尺的光速慢很多。

接下來要考量的是神經科學。我們大腦處理資料的能力有限，但是人們依然渴求大腦帶來的不實安全感。阿波羅十一號太空人麥可．柯林斯（Michael Collins）曾感嘆：「我的眼睛看見的畫面，超出了我的大腦能吸收或評估的總量，或許可以說這是一種遺憾。」[33] 我們大腦處理影像的速度，比處理文字還快[34]。麻省理工學院的神經科學家估計，大腦處理影像只需要花十三毫秒，比你讀這個句子的速度還快[35]。

第三，教育也在其中扮演了重要角色。在一九二〇年代，心理學家提出三種學習方式，包括：視覺、聽覺和運動感覺。絕大多數的人是透過視覺影像和圖片學習；有些人透過聆聽學習，而有一小部分的人是透過手作活動學習。

儘管聆聽是維持生計和事業的必要技能，但學校課程對此的重視程度卻存在著猶如隕石坑般的巨大鴻溝。對人類的理解亦是如此。誠如伊隆．馬斯克（Elon Musk）的推文所言：「所有人年輕時都應該要學習認知偏誤。」

學校課程著重於閱讀，而非閱讀行為。老師強調聆聽對話，而非解讀動機。老師會給予認同自己觀點、可以背誦課文的學生獎勵，而非獨立思考的學生。所以孩童學會的是其他人的曲調，而非創作自己的曲調。領導者強調聆聽消費者、股東和市場的聲音，卻同時忽視令人不快的評論、惱人的唱反調者和對自己不利的監管機構，更不會去傾聽刺耳或批評的聲音。換言之，**我們會接收與自己同調的聲音，而不會接收與自己不同調的聲音。**

對此，我們可以多多向音樂家學習如何高度投入地聆聽。看看日本音樂教育家鈴木鎮一的作法，他是透過密集聆聽來教導音樂，而非傳統的視譜教學。從一九五〇年代開始，便有上萬名小提琴家採用鈴木教學法，也就是循序漸進、重複、解讀和記憶。莫札特七歲的時候，聽見一個音就能說出音名。聆聽是他做出判斷的超能力。那也可以是你的超能力。

儘管我們有能力透過仔細聆聽和重新解讀做出可靠的判斷，視覺的主導卻會讓我們忽視重要的資訊，造成心理學上的聾點。另一個會誤導我們判斷的外在因素，是現代世界的兩極分化，這個現象反映在分裂的政治立場、宗教，甚至是運動上，這導致我們的思考方式變得兩極化，非黑即白。

四、兩極化的世界：他們與我們

有一則古老寓言故事是這樣的：邊塞有一位務農老翁的馬不見了，鄰居都很同情他：「那真是太糟糕了。」老翁卻說：「究竟是福是禍呢？這很難說。」幾天後，那匹馬帶著另外七匹馬回來了。鄰居們喜出望外，對他說：「真是太好了！」但老翁只是聳聳肩說道：「究竟是福是禍呢？這很難說。」

隔天，老翁的兒子騎著新來的馬出門，結果摔斷了腿。鄰居們紛紛表示同情：「真是太倒霉了。」老翁也同樣只是聳聳肩。一個星期後，軍隊來到村莊裡徵召年輕男子上戰場。他們看見老翁兒子的斷腿，便離開了。鄰居們倒抽一口氣說道：「你兒子真是太幸運了！」老翁卻說：「究竟是福是禍呢？這很難說。」

我們的思考總是很兩極。

二〇二二年九月，較不出名的特拉斯（Liz Truss）接續強生（Boris Johnson）成為新任英國首相。兩天後，伊莉莎白二世女王逝世。特拉斯一夜之間成為全球矚目焦點，數十億名觀眾聽她發言。她的就職演說表達了對成長的承諾：「我會採取行動……我有實現目標的決心。」[36]但問題就出在這裡。

不到一個星期，特拉斯政府便公布一項預算案，卻因為可能造成經濟衰退而遭到撻伐。作為柴契爾主義的堅定擁護者，特拉斯執意推行這項激進政策，無視國際貨幣基金（International Monetary Fund）的警告。在內閣面前，她展現出「無所不能」的樣子[37]。她秉持兩極化的思維，拒絕聆聽常理之聲。這項政策重擊房貸市場、導致英鎊暴跌，逼迫英國央行購買六百五十億英鎊債券紓困。

如此倉促的溝通和未能得到政黨支持，都是最終導致慘重損失的新手錯誤。特拉斯的眼界太過狹隘，忽視了她率領六千七百萬位公民的重責大任。這肇因於好幾個偏誤。《金融時報》（*Financial Times*）報導，她的座右銘是極端的「不做大事就回家」[38]。事實上，民眾也確實讓她回家了——她只就任短短四十四天。

大劃分時代：非黑即白的判斷

我們如同寓言故事描寫的一般，會將選項縮減為「二選一」。政策是好或壞、是對或錯、是正面還是負面？我放假時要去羅馬還是巴黎？我們會狹隘地將選項縮減為贏或輸，但這樣是不對的。非黑即白的二元化分類，深植於劃分階層的體制和結構中。

市場商人將消費者區分為X世代、Y世代或Z世代；同事是運動派或學術派、內向或外向、潛力高或潛力低；市場受到管制或不受管制，人力具備技能或沒有技能。就連牛奶也分成低脂和全脂。

莎士比亞（Shakespeare）筆下的哈姆雷特（Hamlet）曾說：「世上事物本無善惡之分，是思想使然。」**這種一分為二的思考方式，會否定掉兩個極端之間微妙的差異與細節**。並不是所有事情都能分門別類放進小箱子裡，畢竟我們的喜好是流動的。雖然扁平化的分類很合理，但如果我們的社會充斥過度簡化的分類、分組或選擇，會導致我們無法橫向思考。舉例而言，現在常用的五分制員工績效評分制度中的固定類別，就會讓偷懶的經理因此不全盤考量各方各面的回饋。萬一員工表現不好是情有可原，而非自身問題呢？人才便會因此受到忽視，導致公司失去寶貴的智慧資產。

有策略地運用兩極化思維，能促使組織或社會遵守規定。舉例來說，九一一事件發生後，時任美國總統小布希（George W. Bush）希望全國團結一心，對抗共同敵人，他宣布：「如果不與我們站在同一陣線，就是支持恐怖分子。」這便是假二分法（false dichotomy）。二元化的心態，會產生所有情勢都是非黑即白的印象。二元化的心態會讓人以管窺天。

世界不是扁平的。冥頑不靈的心態會加劇危險的宗教、運動或政治分化。「不要就拉倒」的態度，讓這個問題雪上加霜。前英國首相特拉斯就是個很有說服力的例子，她讓我們明白為了達成目標而剛愎自用，以及不願意反省或校正方向，會徹底摧毀一個人的眼界。

不願意反省

倫敦國王學院所做的注意力研究指出，百分之四十七的受訪者表示「深度思考」已經過時了[39]。這是可以理解的，畢竟思考十分累人。這就是為什麼大多數人寧可直接快速做決定，也不願意認真地深思熟慮。心理學家丹尼爾・康納曼說：「要人類思考就像要貓游泳一樣，他們做得到，只是不想做。[40]」他說得一點也沒錯。

在這個嘈雜的世界，身心都筋疲力盡的情況下，這種不甘願是可以理解的，而這就是**疲勞效應**（fatigue effect）。諷刺的是，我們卻喜歡保持活躍和忙碌。小心別太極端了！一份研究發現，百分之六十四的男性受試者寧可給自己輕微的電擊，也不願意保持無所事事的狀態十五分鐘[41]。其中一個達到異常值的受試者，甚至電擊了自己一百九十次。

以足球為例，守門員撲救罰球時也會選擇往左或往右撲，而這叫做**行動偏誤**（action bias）。也就是，我們一定得做點什麼，因為毫無作為顯然會減少幸福感。麥特・齊林索斯（Matt Killingsworth）博士與哈佛大學教授丹・吉爾伯特（Dan Gilbert），用智慧型手機請受試者自我陳述何為幸福。他們的結論是「漫無目的的心智不會幸福」，而他們發表的論文也以此為題[42]。

這一點對判斷力造成的難題是：當我們在活動時，無法傾聽和重新解讀聽見的資訊或詢問「是不是少了什麼？」就連我們在聆聽時，研究也顯示我們的聆聽效率只有百分之二十五[43]。這之間存在百分之七十五的落差。

我們明明真心想聽別人說話，為什麼還會發生這種事呢？神經科學再次給我們解答。我們大腦處理資料的速度，比說話最快的人快四倍。這種速度很難跟上。

為了達成平衡，這個視覺化、資料過量和充滿干擾的世界，引領我們以更狹隘的方式思考——用飛快的速度捲動頁面、瀏覽、做出總結，以致我們少聽見了很多重要資訊。話雖如此，我們還是有辦法接收到正確的資訊。你問出一個問題後，會等多久才開口追問對方的答案？教師通常只等不到一秒。沒有耐心的人等待的時間甚至更短！

教育家瑪麗・巴德・羅威（Mary Budd Rowe）想知道，較長的等待與思考時間，是否會提升學童的回答水準。結果她發現暫停三秒鐘，可以讓學童的反思增加三到七倍。除此之外，還會讓學童更樂意傾聽和採取批判思考[44]。

我們從中學到什麼道理？**每一秒的解讀都很重要。**

一九七〇年代，艾文・托佛勒（Alvin Toffler）在《未來的衝擊》（*Future Shock*，直譯）一書中預測，人類未來採取的防禦機制是「將世界簡化成符合我們偏見的樣子」。他說得一點都沒錯。為了瞭解這個世界，我們會簡化複雜的事情，用小例子概括全部。各式各樣的心智錯誤成為判斷力殺手，阻止你聽見理性之聲。為了應對錯誤三部曲，我們必須過濾出重要的資訊，這就是下一章的重點。

本章重點

- 聰明與否不在於你認識誰或知道什麼，而是你如何思考。
- 情境會形塑我們對情勢、陌生人和策略的判斷。現代生活無法幫助我們聽見真正重要的聲音，而是給了我們不接收聲音的藉口。

- 情境與認知結合，導致我們以非黑即白、充滿偏誤和受到局限的方式思考、傾聽和行動。
- 四個相互關聯的因素會加劇誤判的風險：

❶ 步調快速的世界：追求快速不僅讓我們的思維更短視近利，也導致我們的注意力更零碎、狹隘。

❷ 資訊排山倒海而來的世界：太多聲音和令人分心的干擾，讓我們難以從雜音中偵測到正確的訊號。

❸ 兩極化的世界：人們抱持非黑即白的觀點判斷事情。世界充滿了複雜細節，而非單調或扁平。最明智的解讀方式是立體思考。

❹ 視覺化的世界：我們仰賴所見之物，而非所聞之事。為什麼？神經科學、物理學、教育和數位化世界解釋了原因。

- 人類不喜歡持續不斷地反思，而是喜歡方便的捷徑。但每多一秒的反思，都能對抗決策風險。

- 演算法無法取代人類的判斷力，如今這種判斷力比以往任何時候都更為珍貴。
- 社會要求我們聽見所有聲音。在這個遠端遙控的高速世界中，所有聲音在各個情境中不盡然都是平等的。
- 訣竅在於選擇性傾聽重要的聲音，並從無用的聲音中過濾出有用的資訊。

第2章

判斷力殺手：
盲點、聾點和啞點

**在所有定義人類的方式中，
最糟糕的就是誤以爲人類是理性的動物。**

法國小說家　安納托．法朗士（Anatole France）

在希臘神話中卡珊德拉（Cassandra）因為拒絕阿波羅的求歡，阿波羅便給予她預言能力並詛咒她，讓所有人都不相信她說出的事實。有時候我們都像卡珊德拉一樣，彷彿在對一個沒人聽得見的虛空世界大喊大叫。

美國堡壘投資管理公司（Rampart Investment Management）的領導層，要求一名財金專家如法炮製紐約口紅大廈（Lipstick Building）十七樓辦公室所創造的耀眼成果。那一年是一九九九年，哈利．馬可波羅（Harry Markopolos）不到五分鐘就明白，複製伯納．馬多夫（Bernie Madoff）的獲益根本是天方夜譚，從而揭露史上最龐大的龐氏騙局。他說自己只花不到四小時，就以數學計算證明馬多夫是詐欺犯[1]。

解讀技能刻劃在馬可波羅的 DNA 中。根據他母親所述，他曾經告訴老師他的答案都是對的，是老師們的題目出錯了。馬可波羅在《不存在的績效》（*No-one Would Listen*）一書中表示，他曾向美國證券交易委員會（SEC）提出警告，應該要對這些不可思議的收益表達懷疑，但是他們無視他長達九年。他也投書《華爾街日報》（*Wall Street Journal*），但是，他們並未重視這則報導，最終不了了之。報社後來還說他「有點瘋了」[2]。

據稱馬多夫管理了六十億美元的資產，「是其他已知對沖基金的三倍」，市場卻沒有任何反應，這便是預警情況不對勁的刺耳訊號。坐擁豐厚報酬的華爾街投資人，以貪婪之聲取代常理之聲。他們將這些猶如胡迪尼（Houdini）魔術般的收益，合理化成為「完美的市場時機」。

馬可波羅告訴《衛報》（*Guardian*）記者：「這種風險報酬率在人類史上前所未見。」[3]假如要讓馬多夫的策略成為現實，他在芝加哥選擇權交易所（Chicago Board Options Exchange）的選擇權，必須超過現有的組合。馬可波羅根據十四年來的資料，提出了二十九個警訊，試圖證實的確有問題存在。二〇〇五年，他寄了一份二十一頁的備忘錄至波士頓證券交易委員會，指出「全世界最龐大的對沖基金是一場騙局」。波士頓再將案件送至紐約。二〇〇七年，證券交易委員會約談馬多夫與對沖基金主要投資者菲費德格林威治集團（Fairfield Greenwich Group），卻「查無詐欺證據」。監管單位相信投資界巨擘的聲音，不相信一個自稱為專家的書呆子。

在關鍵的時刻，沒人聽見至關重要的聲音。

一年後，這場六百五十億美元的龐氏騙局轟然崩塌。數百萬名投資者損失畢生積蓄。馬可波羅在二〇〇九年，將他的故事告訴美國眾議院[4]。這次，終於有人聽見他的聲音。究竟，造成我們忽視正確聲音的元凶，是情境、認知，還是兩者皆是？

前一章講述了外在情境如何致使我們的判斷偏離正軌，而這一章將探討內在心態如何破壞我們的判斷力。你讀到的任何一樁醜聞，或你遭遇的任何一個選擇兩難，都可以追溯到一連串的偏誤，而這些偏誤會加快或減緩我們做出倉促誤判的速度。

你們可能有聽過一種偏誤叫**盲點**，但是應該較少聽說**聾點**，甚至是**啞點**。一九六九年，為了幫助治療師解讀行為和提升決策能力，奧地利精神分析學家魯道夫・艾克斯坦（Rudolf Ekstein）建議，將治療師的所見所聞與患者所說的話整合起來，最後他得出以下三種分類[5]：

- 盲點（無法看見問題）
- 聾點（無法精準聽見）
- 啞點（無法明智地發言）

每一個心理現象都會導致我們錯誤判斷所見、所聞和所言之事。我稱之為「錯誤三部曲」，如下圖所示。

錯誤三部曲可能會成為錯誤資訊的來源，進而影響我們的思考方式，而這讓我想到一句格言：「非禮勿視、非禮勿聽、非禮勿言。」艾克斯坦並沒有執著於單一或扁平的視角，他的立體觀點是做出明確判斷的核心。

在本章中，我將探討錯誤三部曲的本質，並說明聾點將如何導致不計其數的重

大錯誤，從錯誤判決到履歷不實、騙局、作弊、聯邦調查局忽視警告和飛行員失誤。

我想傳達的訊息很簡單：**你所見並非全貌，你所聞並非全貌，你所言也並非全貌。**即便是最聰明的領導者和掌權者，也會像證券交易委員會一樣落入盲點陷阱，只看見自己想看的事物。我們就從這一點開始。

盲點：你所見並非全貌

在美國加州的布倫特伍德（Brentwood），一名美豔動人的三十四歲模特兒告訴警察和她的親友，她害怕前夫一生氣就變得暴力的火爆脾氣。一九八九年元旦，她歇斯底里地打電話向洛杉磯警察局報警。警察抵達時，她穿著運動褲和內衣在花園裡哭喊著：「他會殺了我！」[6] 但警察並沒有依循章程逮捕她的丈夫。

五年後，一九九四年六月十三日，警方發現一名遭人割斷喉嚨、渾身是血的女性死者。妮可・布朗・辛普森（Nicole Brown Simpson）就倒在她當初報警的花園中，旁邊還有一個叫羅納・高曼（Ron Goldman）的男服務生，身中二十二刀。他們太晚才解讀出她的前夫——美式足球名人堂球星OJ辛普森的行為。警方見過她身上的瘀青，聽過她傾訴擔憂，但從未採取任何實質行動。

《洛杉磯時報》（*Los Angeles Times*）報導：「一九八九年的意外發生之前，警方曾多次接到妮可的報案前往洛金漢路（Rockingham），大約七到八次。但每一次被告都沒有被逮捕，也沒有留下任何紀錄。」[7] 警察體制內長久以來都存在稱兄道弟、互利互惠和崇拜名人的文化。警察受制於辛普森的名人光環，因此他們雖然聽見了，卻沒有真正聽進去。

盲點並非什麼新症狀。根據美國心理學會（American Psychological Association）的定義，**盲點是對特定面向的行為、個性缺乏洞察力或警覺心**。因為認知到感受或動機可能會讓人感到痛苦，因此盲點成為一種防禦機制，幫助我們「免於察覺受到壓抑的衝動或回憶」[8]。

我參與「無罪計畫」（Innocence Project）組織的工作時，有幸見到幾位最終獲得平反的冤獄受害者。二〇〇一年時，泰曼．希克斯（Termaine Hicks）在巷子裡發現一名遭到強暴的女子。他正準備伸手拿電話求救時，賓州警方抵達。他們以為他要掏槍，因此從背後朝他開了三槍。受害者並沒有指認希克斯是強暴犯，但警察因為非黑即白的思考模式，一口咬定他是強暴犯。

警察此時的態度，與面對有錢的辛普森時截然不同，他們是認為一個平凡的有色人種鐵定與犯罪有關嗎？他們是不是過早做出結論，認為希克斯有罪，或者，只是擔心自己對手無寸鐵的黑人開了槍？

希克斯在監獄裡浪費了十九年的人生[9]。經過漫長的法庭戰爭，他總算無罪獲釋。我聽他親口訴說，他得知上訴成功那一天的情形，真的十分動人。

> 有人聽見我的聲音了。這種感覺，就像是給某人的瓶中信擱淺在一座島上。

他並未心懷怨懟，而是泰然自若地談起自己無罪獲釋的心情：「經過這麼長時間的抗戰後，就不知道該如何鬆懈了。」如果二元化的思考走到極端，兩極化思維便能點燃仇恨犯罪與歧視之火。對此，我們稍後再回來談。

美國心理學家艾蜜莉・普羅寧（Emily Pronin）提出，瞭解偏見能幫助我們解釋行為[10]。我們會根據個性和信念解讀情勢，但是解讀也會受到文化、情境和同伴的影響。

獲得諾貝爾獎肯定的美國經濟學家理查・塞勒（Richard Thaler），提出了**理應不相干因素**（supposedly irrelevant factors）的概念[11]。他指出**非理性的因素**，例如：社會規範、心情、天氣或說法，**都會影響行為**。舉例而言，你可能會單純因為肚子餓，就更嚴厲地批評其他人的工作，或者單純因為天氣很好就亂花錢。這些影響因素看似無關，其實並非真的無關。

有些人認為自己不會受到任何偏見影響。或許你也這麼想？事實上，九成的人認為自己比大部分的人更不容易受到偏見影響[12]，百分之七十一的鑑識科學家也這麼想[13]。前英國 KPMG 會計師事務所主席比爾・麥可（Bill Michael）告訴員工，「根本沒有隱性偏見這種東西」，這個概念就是「徹頭徹尾的胡說八道」。他後來叫因疫情而飽受壓力的員工「不准抱怨」，因此遭到開除[14]。我想，比起承認自己的心理狀態受到干擾，認定供應鏈或數位處理程序受到擾亂會更簡單。自欺欺人也容易多了。

儘管數十年來有不少證據證明偏見存在，這些偏見還是會導致人們無法發現或接受偏見。這就是**偏見悖論**（paradox of bias）。如果你沒注意到問題，又該如何制止問題發生？沒有任何演算法或應用程式能確保你做出毫無偏見的判斷。假如真的有，那個幸運開發商的股價鐵定會一飛沖天！

聰明或專業的人，也無法保證自己能接收所有重要聲音、準確無誤地解讀資料，或避開造成**不注意視盲**（inattentional blindness）的源頭。但倘若真做到了，或許就能拯救你的職業生涯。

不注意視盲

在這個充斥各式各樣刺激，導致注意力受限的世界，所有人都有極高可能產生刻板印象或受到干擾。諷刺的是，我們實在太忙碌了，以致無法注意哪些資訊是有用或重要的，所以會緊抓著已知的事物不放，將其奉為真理。

心理學家康納曼將這種「你所見即為全貌」（what-you-see-is-all-there-is）的想法，稱為「WYSIATI效應」[15]。換句話說，就是你認為自己的觀點精確無誤，但其實那僅限於你所知的事物，而你所知的一切只來自你的感知和經驗。這與司馬賀的有限理性概念不謀而合。

如果全神貫注於眼前的事物，就會遺漏額外的細節。就像是只看見雅園，而沒看見車道上的粉紅凱迪拉克；就像是只見樹而不見林。這是因為過度關注單一細節所造成的一種不注意視盲。我初次學到這個概念是在一堂高階主管課程上，內容是哈佛大學的丹·西蒙斯（Dan Simons）和克里斯·查布利斯（Chris Chabris）教授那場令人難以忘懷的實驗。你可以前往 www.invisiblegorilla.com. 看看，有一次免費測驗機會。

講師給全班看兩組人傳籃球的影片，其中，一組人穿黑色上衣，另一組人穿白色上衣。我們的任務是計算白衣隊伍的傳球次數。不需要任何技巧，只要觀察就好。我算出來是六次——次數顯然一點也不重要。

我因為忙著計算，根本沒發現有一名身著黑色大猩猩布偶裝的學生穿插在眾人之間，還對著鏡頭搥胸，整個過程長達九秒。真的沒看見！

講師問我們看見什麼。大部分人都說沒什麼特別的。什麼大猩猩？所有半信半疑的人（包括我！）都想再看一次影片。真的有大猩猩[16]。這場實驗說明了當我們過度專注時會錯過多少事情。

從此之後，我便能在簡單的小事上注意到這一點，例如，在新冠疫情封城期間與丈夫玩四子棋（Connect Four）的時候。遊戲的唯一目標就是把四顆紅色或藍色的棋子連成一線。你專心致志地研究連接藍色棋子的策略時，就不會注意到對手的紅色棋子正一步步邁向勝利。這是輸家的藉口！

不注意視盲現象，不只在遊戲中一目了然。

第二次世界大戰期間，英國媒體報導了皇家空軍試驗飛行員「貓眼」約翰・康寧漢（John "Cats Eyes" Cunningham）的英勇事蹟，他在夜間擊落的敵機數量輝煌無比。報紙上最顯眼的欄位刊登了他在室內戴著墨鏡的照片，有聲有色地轉述他熱愛吃紅蘿蔔的故事，解釋著他天賦異稟的夜視能力。這是刻意為之的誤導。康寧漢的飛機裝了最新型空用攔截雷達。德國人相信他們看見的報導，因此始終沒有產生懷疑。

我想以康納曼的概念為基礎，提出「你所聞並非全貌」——這句話強調的是聾點，而非盲點。我們對自己聽見的消息有十足的把握。聾點導致我們無法接收有價值的資料點、動機、線索、趨勢、標籤和訊號。根據人資專家保羅・卡彭尼亞（Paul Kaponya）所言，這些心理學上的聾點「破壞了我們觀察和領悟有違我們信念之事的能力」[17]。換言之，所有事情永遠都存在另一種解讀方式。

聾點：你所聞並非全貌

一項與美國歌手兼演員平・克勞斯貝（Bing Crosby）有關的研究，掌握了「你所聞並非全貌」的精髓[18]。荷蘭研究人員告訴受試者，他們即將聆聽的白噪音錄音中穿插了經典名曲〈白色聖誕節〉，聽見的話就按下按鈕。其實那段錄音中根本沒有這首歌，但三分之一的受試者還是在聽錄音時按下按鈕。

為什麼呢？他們**預期**自己會聽見。在壓力下容易產生輕微的幻覺，而這是在現代嘈雜世界中經常出現的症狀。我們所聽見的不總是事實，我們也不能總是相信自己聽見的資訊，但是我們經常如此。

然而，有時事實就在我們能聽見的範圍內，我們卻沒聽見。克里斯・塔倫特（Chris Tarrant）是益智問答節目《誰想成為百萬富翁》（Who Wants to Be a Millionaire）的資深主持人，坐在緊張的參賽者查爾斯・英格倫（Charles Ingram）少校身邊。回答完十五個問題後，英格倫抱回一百萬英鎊的大獎。他並沒有開心地手舞足蹈、開香檳慶祝，反而是被人聽見他在後臺與妻子激烈爭吵。心生疑慮的製作團隊之後分析了錄音帶，發現英格倫作弊，他的妻子和另一名參賽者聽見正確答案時，會用咳嗽聲提示他。

正如同我沒看見大猩猩，塔倫特也沒聽見就在他聽力範圍內發生的事。

不注意失聰

不注意視盲有個近親，叫做**不注意失聰**（inattentional deafness）[19]。雖然學術界認為不注意失聰與工作量過大有關，但其實遠不只如此。你沒聽見一些事情，是因為你的注意力在其他事情上。一份倫敦大學學院的報告指出，專注使用視覺會導致我們「失聰」，因為聲音和畫面必須共享有限的神經資源[20]。

舉例而言，如果你正在閱讀，或許就無法聽見電話鈴聲；如果你正在逛免稅店，就無法聽見瑞安航空（Ryanair）的最後登機廣播。這種過度專注有時很危險，尤其當你是外科醫師，卻沒察覺儀器嗶嗶作響，或者你是公車司機，卻因為分心而沒聽見震天價響的警笛或喇叭聲。

在視覺化的世界裡，火災警報、求救呼聲、微波完成的「叮」和狗吠聲，都會消失在背景中。這就是為什麼電視節目製作人要用高分貝轟炸廣告，才能驚醒觀眾，進而攫住他們的注意力。**不注意失聰、心理學聾點，皆與不專注傾聽息息相關**。

有時候，我們是故意不接收聲音的。我們會故意不聽吹牛、無聊言語、抱怨和批評，還有對我們大吼、威脅或說教的人。我們不想接收壞消息、沉悶的講者、安全示範、與自己想法矛盾的建議、伴侶的嘮叨和顧客的牢騷。

但是有策略地選擇性接收這些聲音，其實對我們很有益處。吹牛的人能讓你明白時下流行趨勢，無聊的講者可能會透露癌症的解藥。就算是區區一個愛發牢騷的顧客，也可能在社群媒體上摧毀你的名聲。

行為違背我們自身的最佳利益並非新現象。早在西元前兩千五百年，iPads、iPhones 和 iRobot 尚未問世時，柏拉圖就提出了「akrasia」一詞，意指人類的自制力欠佳[21]。解決這個問題的訣竅，就在於有策略地選擇性聆聽正確的聲音。

不注意失聰可能會導致刑事、企業和商業上的惡果。一九七〇年代，有兩位發明家（分別是比利時伯爵和他的義大利同事），找上法國國有石油公司億而富（Elf Aquitaine）的高階主管。他們宣稱自己發明出一種革命性方法，可以探測海床下的石油。由於缺乏專屬原油供應來源，億而富公司正承受著龐大的商業壓力。兩位發明家以保護專利為藉口，阻止科學家出席會議，並在會議中展示了可以從地面上「嗅」到原油的飛機，聲稱這能取代需要投入昂貴成本的開採過程。

他們順利簽下合約。接下來四年，政府為這項最高機密計畫投資了將近兩億美元[22]。但這一切都是騙局。測試失敗，他們沒有探測到任何原油。億而富高層的**預期**，可能是憑藉策略拯救公司和恢復獲利的榮耀，而非實行合理的嗅聞測試。

我們感到不確定或承受壓力時，鮮少會質疑已經提出的解決方案，這個情況符合圍牆效應。接受最簡單方便的答案容易多了。

誤判總是在潛意識中發生。常見的聽覺偏誤會促使我們接收或不接收一些聲音，例如：良知、群眾、騙子或偶像的聲音。

某些偏誤會加劇充耳不聞的症狀，尤其是在情緒的催化下。舉例來說，我們會聽見自己希望成真的事情（一廂情願式聆聽〔wishful hearing〕）；否認我們無法接受的消息（鴕鳥心態〔ostrich effect〕）；依據我們對傳遞消息者的觀感而選擇接受或反駁（信使效應〔messenger effect〕）。關於這三點，我們在第十一章會更深入討論。

有兩個常見的偏誤總是會加劇聾點，相當值得我們細究，分別是**預設為真**（default to truth）和**確認偏誤**（confirmation bias）。

預設為真：相信你聽見的一切

我們有時候會不加以思索就接受一件事情表面上的樣子。

如果你的伴侶說「這樣行不通」，這是一種警告，還是你們關係終結的訊號？你有多常重新解讀某些人總是在公司加班到很晚的行為？他們是做事雜亂無章、愛拍馬屁、野心勃勃、對伴侶不忠，還是不想回家？如果你的上司提出「想直接聽你回報工作」，他究竟是事必躬親、想深入了解你的表現，還是在盤算著要開除你？從來不與你交談的鄰居是個性古怪、內向，還是因為參加了證人保護計畫？

商業世界處處隱藏動機，你所聞鮮少是全貌。因此，尋找其他解讀方式很重要。重新解讀看似沒有問題的說法，是在這個社會打滾的明智作法，卻經常為人忽略。

為什麼我們會預設他人是可以相信的呢？這是出於冷漠、無知，還是方便？

美國學者提姆・萊文（Tim Levine）已經研究欺騙行為二十年，他以**預設為真理論**解釋為何人類會本能地忽視可疑和異常行為的警訊。他主張，我們擁有認定事物為真的偏誤，且無法設想最糟糕的情況。這就是為什麼陪審團很難判定殺害親生子女的父母有罪；也是為什麼會減輕親密伴侶謀殺案的罪責，判定為「激情犯罪」而非預謀犯罪。這種事情太令人不敢置信了。這就是學術界所說的「家庭犯罪減刑」。

假設其他人百分之百誠實，會導致我們難以招架欺騙與聾點——不論是履歷造假、裝病，或以錯誤資料為基礎的研究，即便是備受肯定的教授，也可能產生聾點。

一份二〇一二年的研究指出，比起在正式表格下方簽名，在上方簽名可以提升百分之十點二五的誠實度，其作用等同於讓簽署者發誓，讓簽署者產生榮譽感，減少作弊的可能性。這個觀點是根據幾份研究所提出的，其中一份資料來源是汽車保險資料。這項由哈佛大學和杜克大學的五名專家所做的研究，稱得上是頂級水準，更是十分吸引人的行銷研究發現，於是，各個政府部門和企業都採行了這個廣為流傳的觀點。

二〇二〇年，獨立研究人員發現無法重現這項廣為流傳的研究結果，原因是，研究樣本未確實隨機分配——這真是尷尬的兩難。

該怎麼辦？二〇一二年那份研究的作者們對於是否要撤回論文，無法達成共識。其中一名研究人員麥斯・貝澤曼教授（Max Bazerman）想撤回論文，但表決時並未得到其他人支持。在他的著作《共謀》（*Complicit*，直譯）中，他說自己對汽車保險資料提出疑問，儘管他只得到模稜兩可的回答，還是預設那份資料為真，並繼續進行研究。二〇二一年八月，一篇撼動學術界的部落格文章證實了那份汽車保險資料是偽造的。一篇測試誠實度的研究竟涉及造假，這實在是太諷刺了。

汽車保險研究的主持人、曾出書探討不誠實議題的杜克大學教授丹・艾瑞利（Dan Ariely），成為千夫所指的對象。

他曾寫過一段文字：「我們的作弊行為會適可而止，好讓自己維持還算是誠實的形象。」[23]他嚴正否認自己有錯。

貝澤曼責怪自己。

> 我懷疑資料有問題，也向其他共同作者提出我的懷疑。我接受了他們表面上的回答，相信他們，但我應該做的事是繼續追尋更好的答案。

貝澤曼不應該自責。我們何嘗不是每天都只接受事物表面上的樣子？一份針對兩百零六份研究，涵蓋兩萬四千四百八十三名法官的分析指出，人們察覺欺騙行為的機率只略微超過五成。

諷刺的是，在同一年內，二〇一二年那份研究的另一位作者，也被指控造假資料，其特聘職位也因此不保。

儘管學術界「不發表則死亡」的壓力龐大，但假如要做出健全且經得起驗證的研究成果，**二階思考**還是必不可少的技巧。因為現實就是，大部分的人都是表現差勁的測謊儀。不信的話，問問那一大堆被伴侶背叛的人吧！

你所聞從來不是全貌

伯納．馬多夫說，倘若監管機構連絡過他的交易對手，他們「就會察覺」[24]。沒人質疑他的判斷令他十分震驚，對他來說「沒被逮到十分神奇……證券交易委員會從未想過這是龐氏騙局」。

公關高手操作輿論、員工逢迎諂媚、汲汲營營者誇大其辭、靈媒相信自己能與亡者溝通。問題在於，聰明人似乎比大多數人更容易信任他人，因此他們更難以逃脫騙局、身分盜竊和受到不肖人士操控的陷阱。

你能察覺謊言嗎？你是不是太信任他人了？或者總是被愚人節玩笑唬住？

在嘈雜的世界，如果你因為筋疲力盡而無法接收到正確的聲音和破譯資料，自然很容易受騙。

我們很容易接收和聽見自己喜歡、尊敬或覺得有趣的人所言。我們很難察覺濫好人老闆、虎視眈眈的戀童癖者、混淆視聽的資料，或油嘴滑舌的候選人。

舉例而言，就連獵人頭顧問都很難正確破譯應徵者的所有回答。這種現象一部分可用**月暈效應**（halo effect）解釋。《財富雜誌》揭露了多名位高權重的執行長都曾誇大自己的履歷[25]，比如，億萬富翁大衛・葛芬（David Geffen）說自己假造加州大學洛杉磯分校學歷，是為了得到威廉莫里斯經紀公司（William Morris Agency）收發室的工作。「必須大學畢業才能當經紀人，就是一件很白癡的事……我為了得到工作而撒謊有什麼問題嗎？不論如何都沒有問題。」

容易上當的可不只有學者、獵人頭顧問和選民。愛丁堡公爵夫人尚未與愛德華王子成婚、還在當公關公司主管時，曾被假的沙烏地阿拉伯王子欺騙，掉進《世界新聞報》（*News of the World*）記者的陷阱。記者用這個圈套錄下她說政治人物壞話、批評租稅政策，還有可能濫用王室關係的行為。事件曝光後她被迫辭職，並「對自己的判斷感到十分懊悔」[26]。你所聞並非全貌。

除此之外，容易相信他人的醫生也會被自己的眼睛和耳朵欺騙。比如代理型孟喬森症候群（Munchausen syndrome by proxy）照顧者，他們會謊稱照顧對象疾病纏身。麗莎・海登・強森（Lisa Hayden Johnson）的兒子沒有生病，她卻編造兒子重病的故事，登上電視節目，甚至得到前英國首相布萊爾（Tony Blair）頒發的勇敢兒童獎（Children of Courage Award）。

你所聞鮮少是全貌。如果表現顯得很可疑，那通常是真的可疑。即便表現看似正常，也可能值得懷疑了！

我們不必老是疑神疑鬼，但每多一秒的解讀都很重要，尤其是我們信任和欣賞的人所說的話。

美國特勤局的分析發現，在三十七件校園槍擊案中，有三十一起案件的凶手事前至少向一個人透露過行凶計畫[27]。即便是受過精密訓練的專家，也會忽視這些訊號。憂心忡忡的民眾曾向聯邦調查局舉報尼可拉斯・克魯茲（Nikolas Cruz）的暴力傾向，但他們卻並未繼續調查。二〇一八年情人節當天，佛羅里達州派克蘭的校園屠殺事件，造成十七人死亡。

其他案件的凶手，則是先警告了伴侶。以華盛頓州的十五歲學生傑倫・佛萊柏格（Jaylen Fryberg）為例，他在午餐時間朝四名同學的頭部開槍。行凶之前，他傳了照片和訊息給前女友。「拜託你說服我放下這件事和手中的槍。」對方沒有回應，他又傳訊息：「好吧，那就別來參加我的葬禮了。」佛萊柏格隔天繼續傳訊息：「我決定好日期了。希望你不會因為沒跟我說話而後悔……你完全不知道我在說什麼。但是你會知道的……砰砰我死了。」[28]他最後自戕身亡。

根據預設為真理論，我們不相信極端的宣稱會成真。

在壓力龐大的職場，我們很容易遺漏線索。一名建設公司的老闆指示兩名員工在他位於芝加哥的住房下方挖掘溝渠。聽起來滿合理的，真的嗎？兩名工人挖好溝渠，還撒了石灰粉防止惡臭。

這是做什麼用的？他們沒有過問，老闆也從來沒有解釋。

在房屋下方的地基夾層中，連環殺手約翰．韋恩．蓋西（John Wayne Gacy）埋藏了二十九具屍體。蓋西的看法是「如果他們不知道下面有什麼，那就太笨了」[29]。他的員工只接受了表面上的指示，即使蓋西將失蹤同事的車送給他們，他們也不疑有他。這就是**不注意失聰**。

然而，容易受騙的人並不是沒有希望。接受過測謊訓練的警察和調查人員，其辨別謊言的效率可以達到六成至八成[30]。我們不能光是猜測和懷疑，而是必須有意識地停止尋找支持自身觀點的資料。為此，現在就來談談所有偏誤之母——確認偏誤。

確認偏誤：驗證自己聽見的一切

美國小說家麥可・彼得森（Michael Peterson）在二〇〇一年被指控殺害妻子凱瑟琳。她頭部嚴重受創，死在北卡羅來納家中的樓梯底部。彼得森的態度是「試著說服別人相信我的清白是浪費時間」[31]。有鑒於確認偏誤，他說得一點都沒錯。這解釋了他為何最後採取「艾福德認罪」（Alford Plea），也就是承認檢方證據足以證明他有罪，但堅稱自己是清白的。

那麼，究竟什麼是確認偏誤？

如同第一印象，**最早做出的結論難以撼動**。想法一旦進入你的腦海中，從此便安心定居。不論是關於政治、競爭對手、運動、市場，還是候選人，人類身為「認知吝嗇鬼」（cognitive miser），我們不想動太多腦筋，所以會用篩選之後得到的資訊來合理化我們的信念；比起對立的論點，我們更容易接受支持自己的論點，而這便會加劇確認偏誤。

改變立場是不太可能的。誰想讓自己看起來軟弱、愚笨或錯誤呢？我們可不會。其結果就是計畫超支、市場崩潰、競爭者被擊垮，以及由糟糕的主席掌管董事會；在極端的情況下便會導致戰爭，例如，烏克蘭和俄羅斯，或中東各國的戰爭。

這種心理上的小問題十分常見，不只在戰情室中，也會出現在手術室、董事會會議室、新聞編輯室、聊天室、教室和法庭。一份研究顯示，百分之八十九的陪審員都宣稱自己深入討論事實、尊重其他陪審員，也有仔細聆聽證詞。但另一份研究指出，只有百分之二十四的陪審員會在為期數週或數月的庭審期間改變想法[32]。也就是說，即便證據非常多，但百分之七十六的陪審員會堅持自己的直覺；絲毫未察覺一開始就形成的定見，將影響我們對後續資訊的理解。

這會是陪審團集體審議時間很短暫的原因嗎？舉例來說，彼得森案的陪審團花了四天才做出裁決，而OJ辛普森案的陪審團只花了四個小時。順帶一提，如果你有興趣知道，金氏世界紀錄最快的陪審團審議時間是一分鐘，最終宣布一名紐西蘭的大麻種植者無罪！當然，也可以說陪審員在深入討論細節並仔細聆聽證詞後，仍然維持原本的立場。不過，更有可能的情況是確認偏誤在作祟。陪審員在潛意識中以法庭上呈交的證據確認自己對有罪或無罪的假設，而不是客觀地考量證據本身。正如我們無法讓球永遠停在空中，人類也無法永遠暫緩自己的判斷。

現在，來談一談十八歲的英國保姆路易絲・伍德沃（Louise Woodward）的案件。

合理化你所聽見的一切

伍德沃被指控二級謀殺罪，被害者是八個月大的馬修・伊彭（Matthew Eappen）。她的辯護律師是無罪計畫發起人，也是OJ辛普森的辯護律師巴瑞・謝克（Barry Scheck），其採取的辯護策略是承認謀殺罪或不認罪。事實上，這項策略直接排除了過失殺人罪的選項。

這場轟動各界的審判在美國麻薩諸塞州展開，伍德沃的形象是個因為在被告席上嘻皮笑臉而被抨擊的英國人。她隨興的舉止無法讓陪審團保持客觀。

派翠克・巴恩斯醫生（Patrick Barnes）作證，伊彭是死於「典型」的嬰兒搖晃症候群，而不是先前受的傷。人權律師克萊夫・史戴福・史密斯（Clive Stafford Smith）認為這項理論有爭議。「這是英國神經科醫師諾曼・嘉斯凱契（Norman Guthkelch）……一九七二年提出的假說……根本沒有事實基礎。[33]」儘管如此，伍德沃最後還是被判刑十五年。後來，伍德沃被宣判無罪。上訴審理時，西勒・佐伯（Hiller Zobel）法官以全新的思路解讀事實。他聽見其他人沒聽見的：「被告行為當下的狀態應該是混亂、缺乏經驗、懊惱、不成熟，或許還帶點怒氣，但是並不帶有惡意。」佐伯法官將裁決減輕為非自願過失殺人。巴恩斯醫生事後對自己的心理僵化感到很懊悔，他承認「指向嬰兒搖晃症候群的徵兆讓我們產生偏誤，因此不願意相信其他說法」。

與這起案件產生共鳴的，是二〇〇七年在美國西雅圖的學生亞曼達．諾克斯（Amanda Knox）的爭議案件。義大利陪審團判定她在佩魯賈（Perugia）殺害二十一歲的梅瑞迪絲．柯契兒（Meredith Kercher），而判決依據是間接證據、祕密戀情和荒淫放蕩的指控。陪審團幾乎沒有考慮到那些論點充滿推論、影射或前後不一，且充斥著過度自信的看法、刻板印象和彷彿真相的錯覺。

我們執著於還沒找到的消息，而非我們不知道的資訊。如果不用新證據更新自己的信念，就會繼續用沒有驗證過的固有方式推論。你會接受檢察官、布道者、鄰居或上司告訴你的消息，尤其是那些對你有利、正合你意的消息。如果這妨礙了組織的決策過程，就是個急需解決的龐大問題。

組織的固執心態

確認偏誤在每一個層級都十分常見。科學家和學者會挑選能證明他們假說正確的研究，而不會選擇證明自己錯誤的研究——甚至不會尋找哪裡可能出錯。這就是我們預設的心態。高階主管往往會對自己的觀點深信不疑，固執己見。你或許已經見識過一二！而我當然見過。

我們來看看前雅虎（Yahoo）執行長瑪麗莎·梅爾（Marissa Mayer）的例子。她在二〇一二年至二〇一七年的任職期間，收購了五十三間科技公司，但最終有五十二間公司倒閉。什麼時候應該重新思考自己堅信的觀點？

雅虎誤判情勢的紀錄可追溯到一九九八年，他們當時拒絕以十億美元收購Google。你們想想看！二〇〇二年，雅虎提議以三十億美元收購，但是Google要求五十億美元。

四年後，臉書準備以十億美元賣給雅虎，但是雅虎在最後關頭壓低價格；備感羞辱的馬克·祖克伯（Mark Zuckerberg）因此拒絕與雅虎交易。二〇〇八年，微軟提議以四百四十六億美元收購雅虎，卻遭到拒絕。二〇一七年梅爾離開後，雅虎以四十五億美元的低價賣給威訊通訊，是微軟開價的十分之一[34]。

如果我們聽見的證據能確認我們的心理模式，那何必改變信念？如果你認為伴侶不忠，任何一個看起來鬼鬼祟祟的行動都會證實你的看法。如果你認定房價會上漲，又何必準備應對房市崩盤？在網路上，可以找到各種充分的證據支持每一種看法。聰明的人也能更快找到令人信服的理由。

一九九三年，時任英國首相布萊爾相信了控訴伊拉克擁有大規模毀滅性武器的證據，因此在「做出這輩子最艱難、最重大、最痛苦」的決定後，他選擇與美國肩並肩。事後，面對伊拉克戰爭調查人員的批評，他回應：「我感到的悲傷、後悔與歉意超乎你們的想像。」[35]不過，他說完旋即合理化自己的作法，表示「那並非錯誤決策」。

另外，陰謀論主義者、大屠殺否認說支持者和政治宣傳者，則會展現極端的確認偏誤。

另一個例子是電臺主播艾利克斯．瓊斯（Alex Jones），他宣稱二〇一二年的桑迪胡克小學（Sandy Hook）槍擊案是場騙局，即便那場悲劇造成二十六人死亡。科技會協助錯誤資訊的傳播，在 YouTube 的推薦下，瓊斯的「資訊戰」（InfoWars）網站上的影片瀏覽次數高達一百五十億次[36]。

他的汙衊延續了十年，家長被稱作「危機演員」，甚至有人褻瀆罹難孩童的墳墓。瓊斯最後被判支付十億美元的賠償金[37]。他將一切歸咎於自己的「精神病」，卻又公開表示「自己已經說夠抱歉了」。

每一個「瘋狂」故事都有人聽得進去。這是個血淋淋的例子，提醒我們，所聞不能盡信。

有一點可以記住，那就是聆聽之於工作表現的影響高達百分之四十[38]。

如果你是眾所皆知的好聆聽者，那麼別人通常也會認為你是優秀的領導者。在一九五七年的經典著作《你在聆聽嗎？》（*Are You Listening?*，直譯）一書中，作者洛夫・尼可斯（Ralph Nichols）預估一般人的工作有四成是與聆聽相關，高階主管則會達到八成。接收資訊明明會影響我們的薪水，我們卻無法接收正確的聲音。為什麼？因為確認偏誤和預設為真是心理聾點，導致我們在充滿錯誤資訊的環境中充耳不聞，阻止我們改變立場。不論是銀行家或建築工人、咖啡師或調酒師、製帽師或百萬富翁，無人能倖免。

你可以留意一下，你的家人或同事有沒有出現這樣的情況。結果會令你驚訝。

盲點和聾點不會單獨影響我們的判斷，而是會以錯誤三部曲的形式出現。第三個現象就是心理學啞點。換言之，就是如果人們選擇自我緘默，你便無法聽見他們的聲音，而這會導致傳遞和接收訊息的人都得到錯誤資訊，看不清整個局勢。接下來，我們就來討論啞點。

啞點：你所言並非全貌

一句十五世紀的英文諺語貫穿我的童年：「小孩子少說話。」（Children should be seen and not heard.）我和四個姊妹從來不贊同，而且在現在這個注重自我表達的行動主義時代，應該沒什麼人聽過這句話了。不過根據艾克斯坦所言，這會成為心理學聾點，以及沒辦法和沒意願開口的緣由。

你可能在任何地方喪失你的聲音，例如：職場、酒吧、俱樂部、健身房或告解室。

宗教醜聞

數萬名天真無辜的孩童遭到天主教神父性侵，他們選擇自我緘默，或者是因為遭到權力人士的恐嚇而沉默。對於沒遭遇過這種事的人而言，很難理解為什麼家長沒有察覺警訊，又或者被害者為什麼時隔數年後才發聲。

重點在於情境。

在信奉天主教的愛爾蘭，神父數十年來不僅是象徵性人物，更是半神般的存在。天主教修會負責經營小學、安寧照護機構、寄宿學校和療養院。教區神父的地位媲美使徒，是受人尊敬、充滿神性的仁者形象。足以影響政府政策的教會，嚴格禁止墮胎、離婚、同性婚姻和節育。在那個年代，單身女子在午夜過後參加舞會是罪孽，而女性被視為上帝的生育容器——這解釋了我祖母為什麼有十二個姊妹！

教區神父家戶訪查的隆重程度，好比王室參訪。教民必須擦亮最精緻的餐具，將房屋打掃得一塵不染，用鋪上蕾絲襯紙的盤子盛裝吉百利（Cadbury）手指巧克力。母親穿上最體面的洋裝，孩子則像乖巧的小天使端坐著。由於發過貧窮願，所以神父必須一直節儉度日，直到愛戴他的教民提供他「一點小東西」，而他們會送的可不只有尊美醇（Jameson）威士忌！

發願禁慾表示禁止從事任何性行為，這就是為什麼愛爾蘭教民在一九九二年得知艾蒙・凱西主教（Eamonn Casey）有孩子時，感到震驚無比。這種不檢點的行為，只是冰山一角。隨著上百名成年人揭露自己童年時期遭到性侵的往事，大主教拼命遮掩的醜聞才流傳開來。我遇過一名青少女，她曾遭數名神父性侵，他們還給了她一些錢「讓她去接受治療」，而她最後把那筆錢存下來，作為孩子的教育基金。

服從文化根深蒂固。人們對真相充耳不聞，以致聲音被壓制，甚至連梵諦岡的初學期神職人員，都被建議「多聽一點、什麼都看，但什麼都別說」[39]。**所有人的袖手旁觀成為常態**。由於對教會的愚忠，所以犯錯的神父都得到保護，只會轉調到其他教區。儘管如此，虔誠的天主教徒仍會在九點準時出席星期天的彌撒。

然而，這就像是為沸騰的燒水壺蓋上蓋子。有些公眾人物憑藉他們的地位發動改革。一九九二年，歌手兼詞曲創作人辛妮·歐康諾對天主教會否認性侵暴行感到失望透頂，因而撕毀教宗若望保祿二世的照片。保守的愛爾蘭還沒準備好聆聽真相。她因為褻瀆神職人員而遭到醜化、威脅和奚落，如果是在現代，她會因為勇氣和剛毅而受到讚揚。其他音樂人說：「她只是做她自己就受到騷擾。」[40]

她只是希望大家聽見她的聲音。可惜的是，某些時候，我們的聲音要在死後才會被人聽見。她過世後的幾天，《告示牌雜誌》（*Billboard*）報導她的作品播放量提升了百分之兩千八百八十五。

沉默之聲

人們會以很多種方式保持沉默。想想看求職者、同事或約會對象突然搞消失這種怯懦的行為。忽視信件或電話不僅是不專業的舉止，還經常會適得其反。

員工保持沉默或隱瞞不當行為時，啞點就會開始增生。我在針對吹哨行動的研究中，詢問員工假設發現霸凌行為，其中百分之九十一的憤怒員工表示他們有意挺身而出。但是幾分鐘後，只有百分之九的員工會點進吹哨行動網站尋求幫助[41]。

我找出數十種複雜的情境、性格、文化和企業因素，解釋員工們何以保持沉默——即便他們明白這件事傷害了許多人。歸根究柢就是害怕遭到懲罰、對補救制度信心不足，以及想要避免遭到指責。除此之外，我們也畏懼自己的地位或自尊心受到威脅。那些令人避之唯恐不及的吹哨者，他們的「職涯或生活可能會遭受嚴重後果」[42]。吹哨者會被貼上不忠誠、不滿一切和危險的標籤。一份澳洲的研究指出，百分之八十二的吹哨者遭到過度騷擾、百分之六十的人失去工作、百分之十七的人失去房子，還有百分之十的人意圖輕生[43]。

各大品牌都公開宣稱希望員工通報不當行為，但他們真的想知道嗎？安隆公司的夏倫・華金斯（Sherron Watkins）以為自己會因為揭露公司的「貪腐文化」而受到感激，結果卻是她自己一階階被降級，最終被公司放逐。

你不能盡信自己聽見的一切。

我們目睹錯誤行為發生時會預期待他人介入嗎？很多人確實這麼想，而這就叫**旁觀者效應**（bystander effect）。美國賓州州立大學美式足球教練傑瑞・山達斯基（Jerry Sandusky）性侵十名男學生，法院判定四十五項罪名成立，這還不包括他對養子的惡行。校方得知他性侵男學生時，他們選擇粉飾太平；其中，包括賓州州立大學校長葛蘭姆・史班尼（Graham Spanier），他沒有通報這件事。他是想分散責任，還是做了自保的選擇？他事後感嘆：「我對於自己沒有更謹慎地介入感到深深地懊悔。」[44]

他的誤判摧毀了許多生命，讓賓州州立大學付了六千萬美元的賠償金。

朝空無一人的世界尖叫

十九世紀美國政治家費德烈克・道格拉斯（Frederick Douglass）曾說：「壓制言論自由是雙倍的錯誤。此舉侵害聽者的權利，也侵害說者的權利。」[45]

在共產主義國家，直言不諱的公民會遭到嚴厲的懲罰。二〇二〇年，企業家任志強批評習近平主席在疫情期間的領導，更譏諷他是「剝光了衣服也要堅持當皇帝的小丑」。真勇敢！還是該說他愚蠢？任志強的言論震撼了面積九百五十六萬兩千九百一十平方公里的中國。他之後被指控賄賂和違反黨紀，被判刑十八年，當局指責他「醜化黨和國家形象」，給他貼上「不忠誠、不老實」的標籤[46]。一年後，前網球女雙世界球后彭帥，在微博上發了一千六百字長文，指控遭到國務院前副總理張高麗性侵，而她低估了這則發文引起的軒然大波。她的帳號立即遭到審查，而她則消失了。

儘管網壇運用自身的力量發表聲明，各國為了保障她的安全而紛紛聲援力挺，她之後卻撤回自己的指控，說一切只是「誤會」。在國際網球總會（ITF）的支持下，國際女子網球協會（WTA）宣布暫停所有在中國舉行的賽事。美國也採取類似行動，抵制二〇二二年北京冬季奧運會。之後，一如所有人預測，彭帥宣布退休。

不只共產主義國家會壓抑人民的聲音。在中東各國，儘管他們宣稱性別平等，但是根據《紐約客》（*New Yorker*）報導，杜拜王室仍有幾名女性成員嘗試逃跑[47]。

在英國，顧資（Coutts）私人銀行決定關閉一名直言不諱的政治人物的帳戶，因為他的觀點「令人無法容忍」，而且「迎合種族主義者」。資深執行長艾莉森・羅斯（Alison Rose）則為此丟掉工作，必須繳納七百六十萬英鎊賠償金。

接收正確資訊的人可以建立名聲，接收不到的人則身敗名裂。不開口的人也是姑息養奸，是縱容領導層不公與貪腐的共犯。

對自己不利的聲音

然而，勇敢發聲不一定保證會有人聽見，如同馬可波羅和其他軍方、航空業、菸草業、化學工業吹哨者的經歷。這些大組織太常對真相充耳不聞了，有些組織甚至大量使用保密協議作為讓人閉嘴的工具。為什麼？因為真相對他們不利，且代價高昂。

二〇一一年，波音公司遭遇強勁的對手——燃油效率更好的空中巴士 A330neo 機型。波音的因應對策是重新設計 737 MAX 機型的引擎，他們開發出一套在特定情況下運作的軟體，但是軟體沒有失效保險裝置。波音做出的結論是，這次的調整不需要通知機師，也不用進行昂貴的額外訓練。儘管如此，員工還是對測試失敗、工廠環境和人力短缺問題感到擔憂[48]。

憂心忡忡的員工艾德・皮爾森（Ed Pierson）警告過波音高層和美國聯邦航空總署（FAA）其工廠環境的問題，「獅子航空空難前警告一次，衣索比亞航空空難前又警告一次」。有一次，一名美國聯邦航空總署的人員聽見「十三名工程師、一名機師和四名經理」對新設計是否能達到目標提出質疑，但是美國聯邦航空總署無視警告，依然給新引擎發放認證。不注意失聽與拒絕妥協，付出的是三百四十六名乘客與機組人員的性命。

你可能會問：充耳不聞是性別或個性問題嗎？個性影響的是誰的聲音最先被聽見——通常是外向的人，但個性不會決定是誰挺身而出。我的實驗研究證實，吹哨者並沒有顯著的個性差異。性別亦是如此，男性挺身而出的機率並沒有比女性高。

這些例子，只顯示了一小部分接收錯誤聲音所導致的損害。話雖如此，保持沉默仍然可以作為做好事的策略工具。

具有感染力的聲音

達賴喇嘛相信「沉默有時就是最好的回答」。在某些領域，沉默確實是一種美德。

舉例來說，佛教和特拉普教派僧侶都要遵守戒律，保持緘默，信徒必須沉默才能潛心禱告。民眾靜默一分鐘以表尊敬。一九九六年開始，美國學生便發起「沉默日」活動，以此為 LGBTQ+ 族群發聲。另外，經過 Zoom 視訊會議或小孩吵鬧的連環轟炸後，大部分的家長都渴望沉默之聲！

在嘈雜的世界裡，沉默讓人們得以暫停，並接收到創意的聲音。貝多芬在耳聾之後寫下第九號交響曲，他聽不見任何音符，也聽不見其他人的干擾。對此，作家歐贊．瓦羅（Ozan Varol）寫道：

> 他聽見得愈少，原創性就愈高。他耳聾之後，便聽不見那個時代的音樂趨勢，因此不會受到他們的影響。聽不見其他作曲家的音樂後，他才開始完全接收自己的創造力[49]。

在商業界，精明的業務員、招募專員和談判專家，會有策略地運用沉默這項利器。他們知道應徵者或買家需要時間思考他們的提議。

令人不自在的沉默，也會讓人透露超過自己想說的內容。我認識一個很精明的人資主管，就是這方面的佼佼者。同理，蘋果公司（Apple）執行長提姆．庫克（Tim

Cook）很擅長故意拉長停頓；亞馬遜創辦人傑夫・貝佐斯（Jeff Bezos）開會時會先讓團隊保持沉默，聚精會神地研究報告。

聲音是有感染力的，可以對你有利或不利。艾莉莎・米蘭諾（Alyssa Milano）在X平臺和臉書上，鼓勵曾遭受性侵害或性騷擾的粉絲勇敢發聲，不到二十四小時，就有百分之四十五的美國臉書使用者使用了「#Metoo」標籤。哈維・溫斯坦（Harvey Weinstein）的性騷擾醜聞爆發後，八十名女性發聲揭露他的惡行[50]。在對英國DJ和戀童癖吉米・薩維爾爵士（Jimmy Savile）展開調查後，倫敦警察廳表示有五百名女性前來作證指控[51]。演員比爾・寇斯比（Bill Cosby）、饒舌歌手勞凱利（R. Kelly）、福斯電視臺主持人比爾・歐萊利（Bill O'Reilly）、美國體操隊隊醫賴瑞・納薩爾（Larry Nassar）等人遭到調查後，也產生類似的效應。

然而，這種感染力也可能受到誤導。

六年多來，演員凱文・史貝西（Kevin Spacey）面臨九項性侵害指控，最終，英國和美國的法院都判他無罪。宣讀判決時，他哭了。他的故事讓我想起，「英國貓王」克里夫・李察（Cliff Richard）曾被指控於數十年前犯下性侵案，最後並未被起訴。

英國喜劇演員羅素・布蘭德（Russell Brand）的事件也出現急於做出判斷的情形，

執法單位尚未確定他的犯罪事實，眾人便開始與他劃清界線和譴責他。有太多人因為媒體的譴責和審判，導致公眾形象一落千丈。

用你的聲音挑戰多數意見，往往能帶來回報。二〇〇〇年代初期，英格蘭足球總會（FA）準備以七億八千九百萬英鎊的預算重建溫布利球場。由於資源競爭激烈，川特河畔波頓（Burton-upon-Trent）有一片三百三十英畝的用地面臨被放棄的危機。董事會提議將該計畫擱置，並向一百二十名理事會成員報告。儘管理事會對投資決策並無實質表決權，但當其中兩位成員慷慨激昂地為保留這塊用地發聲時，董事會因此重新審視了該項決定。

這並不容易。改變想法意味著你要放棄那種「我才是對的」所帶來的愉悅感，而這會傷害你的自尊。英格蘭足球總會斥資一億五百萬英鎊，現在擁有了歐洲數一數二龐大的足球中心——聖喬治公園球場（St George’s Park）。感染力不僅能促進社會正義，也能成為商業成功的跳板。

得到他人的認可永遠不嫌晚。在他們勇敢發聲挽救國家級地標的二十年後，英格蘭足球總會主席黛比・休伊特（Debbie Hewitt MBE）在一場理事會會議中，公開表揚他們的成就，將兩人拚命挽救的聖喬治公園球場的相片裱框送給他們——這是值得讚許的人性領導方式。

接收正確的聲音，可以打擊心理學盲點、聾點和啞點。下一章將說明內在和外在的錯誤資訊來源，如何結合成為圍牆效應。

本章重點

- 你不能盡信自己聽見的一切。錯誤三部曲讓我們在心理學上，對別人所說、暗示或所指的一切變得盲目、失聰和啞口無言。
- 如果我們不相信偏見，就無法發現偏見；這就是偏見悖論。
- 你所見並非全貌。實質和象徵意義上的盲點，會過度強調我們看見的一切。最大的錯誤在於沒有暫停下來破譯資訊。

- 你所聞並非全貌。聾點，會放大誤聽、無法接收或沒有聽見的可能性。某些偏誤會加劇狹隘思考和不注意失聰的現象，包括：

  ❶ 預設為真：我們難以察覺欺騙，因此會無視看起來不可能的事、拒絕相信最壞的情況，以及認為其他人都是好人。我們無法想像超出我們經驗之外的事。

  ❷ 確認偏誤：如果我們只驗證自認為清楚知道的事，而非探索我們不知道的事，那麼所驗證到的其實就是錯誤的想法。

- 你所言並非全貌。若我們選擇沉默，別人就聽不見我們的聲音，此時就會產生啞點。發聲並不保證別人一定會聽見我們的聲音；就像有太多的卡珊德拉（希臘神話人物）朝空無一人的世界尖叫。
- 恐懼，促使我們在缺乏心理安全感的組織和體制中保持沉默。
- 運用發聲的感染力，就能駕馭商業和社會，成為改變之聲，不要只當其他人的回音。如果想被人聽見，就必須先接收和聽見他人的聲音。
- 所謂好的判斷力就是選擇性聆聽，以重新平衡所見和所聞之事。

第3章

你不能盡信自己聽見的一切

聽不見音樂的人，會認為那些跳舞的人瘋了。

德國哲學家　弗德里希・尼采（Friedrich Nietzsche）

位於南美洲蓋亞那（Guyana）瓊斯鎮的人民聖殿（Peoples Temple），一名男子遺體旁邊的門上，掛了一張預示凶兆的標語。上面寫著：「忘記歷史之人注定重蹈覆轍。」那是一九七八年十一月十八日，全世界永遠不會忘記的一天。

為什麼上百名美國人願意拋棄家人、移居熱帶雨林，還願意追隨一個陌生人走上絕路？他們為什麼對吉姆・瓊斯（Jim Jones）的救世主情結視而不見、充耳不聞？瓊斯效法不少發動大屠殺的獨裁者，他們為什麼都沒發現他的用詞與那些獨裁者有多相似？當下的情勢、他們的個性和心態有什麼樣的特點，才讓他們每一個人都擁有相同的烏托邦夢想？是什麼原因讓三百零四名母親遵循「父親」的指示，餵孩子喝下摻了氰化物的葡萄果汁？

深受平權運動吸引的嬉皮史丹佛律師提姆・史托恩（Tim Stoen），自願在瓊斯的教會服務。身為反越戰抗議時期的社會正義激進分子，他很快便接受了人民聖殿的理念。在十多年的時間裡，史托恩成為瓊斯信賴的得力助手。

漸漸地，史托恩開始對於人民聖殿邪教般的宣傳洗腦方式，以及對人權的侵犯踐踏感到失望，因而選擇叛逃。由於他簽下一份切結書，承認六歲兒子的父親是瓊斯，因此他只能被迫拋下兒子離開。他對這個「糟糕的決定」懊悔得不可自拔，後續所有爭取監護權的行動全以失敗告終。

史托恩和其他瓊斯鎮居民的家屬公開表達擔憂。他們向舊金山最高法院提出警告，揭露瓊斯是個「偏執的自大狂」，還有他為了讓信徒聽話而毒打、死亡威脅、要求獻身、策劃攻擊的行為。然而，所有人都對他們的警告充耳不聞，只有一人例外。

李歐・萊恩（Leo Ryan）眾議員被他們說服，決定實際走訪一趟。起初，一切看似都很正常，代表團成員還接受招待欣賞音樂表演。但是沒過多久，便有人偷偷前來找議員求助，其中包括十五歲的湯姆・伯格（Thom Bogue）[1]。伯格痛恨受到限制的群居生活，他一開始並沒有意識到自殺演練活動「白夜」所蘊含的意義。他重新思考話中的含義後，逃跑的決心更加堅定。

瓊斯對萊恩率團來訪感到怒不可遏，他覺得自己的掌控正一點一滴的崩塌。萊恩帶著十六名叛逃者前往機場，但是在路上與四名國家廣播公司（NBC）的工作人員遭到殘忍暗殺。準備登機時伯格聽見槍聲，便迅速逃進叢林中。幾個小時後，九百零九名美國人「為了革命」而集體自殺，展現他們對瓊斯的聲音不可動搖的忠誠。

集體自殺開始時，有些瓊斯鎮居民躲了起來，其他人則接受命運。其中一名核心信徒克莉絲汀・米勒（Christine Miller）不斷祈求讓孩子們活命[2]，而瓊斯一句堂而皇之的「沒有我，生命就沒有意義」讓她最後只能沉默。他說服眾人：「我是你們這輩子最好的朋友。」

瓊斯生命的最後時刻充滿憤恨。「提姆・史托恩沒有仇恨的對象了。」他拒絕拯救史托恩的兒子。「對我來說，他跟這裡其他孩子沒有兩樣。」他接著下達死亡指令：「把裝了綠C（氰化物）的水缸拿來，大人們就可以開始了。」

這一切是怎麼發生的？人類不喜歡這種「不明白其他人為何做出某種決定」的感受，尤其是那些超出自己世界觀或思考準則的決定。我們不明白，所以只能推測。瓊斯呼籲他的信徒要死得有尊嚴、死得無所畏懼，但都是徒勞無功。在後來發現的「死亡錄音帶」中，可以聽見驚慌失措的追隨者歇斯底里的尖叫。

瓊斯鎮居民的誤判，可以歸因於**情境與認知的結合**，以及**同儕效應**。我們是依據自己身處的環境、相處的人，以及腦中聽見的聲音來做出決定，而這決定了我們眼界的寬度與界線。

瓊斯運用了多種常見的偏誤，達到至高無上的掌控能力。史丹佛大學心理學教授菲利普・津巴多表示：「中情局也不得不承認，瓊斯成功做到他們未能在 MK-Ultra 計畫達成的目標——對人類心智的終極掌控。[3]」他的追隨者接受自己聽見的一切，整個群體的反應為自己帶來了社會認同與心理支持，讓他們更相信自己的決定是正確的。在至關重要的時刻，他們沒有聽見最重要的聲音。

當你反思這件事時，可能會坐在內心的小法庭裡想著：「我不會做這種事。」你可能會覺得自己比較像幡然醒悟的史托恩，而不是對信徒說教的瓊斯或他的追隨者；

你可能會認為他們只是另一群迷失的靈魂。然而，事實是你們之間的共通點，可能比你想像的還要多。

我們都是如此。你有多常選擇聆聽錯誤的聲音，或者不願意改變心意？

提姆．史托恩在至關重要的時刻接收到良知的聲音。他起初讓瓊斯的鼓吹宣傳深植於心，之後儘管面臨極高風險，他還是從中破譯出了相互衝突的訊息。他重新解讀領導者的指令，還包括他自己在內所有共謀者的言論後，他多年來的信仰粉碎殆盡。

在前一章，我解釋了錯誤三部曲如何妨礙我們聽見真正重要的聲音。瓊斯鎮邪教事件的例子，展現了人類如何過度看重自己推崇的信使、聽不見隱藏的意識形態，以及在發現挑戰信念有多難受之後，選擇自我緘默。在這一章，我將說明每一個圍牆陷阱將如何導致我們產生偏誤，從而限縮我們的視野。我會引用動機性推理和充耳不聞症候群的觀念，提倡「重新解讀」這門技藝的重要性。為什麼？因為你所聽見的只是一部分的面貌。

很少有事件、對話、聲明、悲劇、醜聞或故事，可以用簡單幾句話解釋。為了說明這一點，現在我們就來仔細探索圍牆效應如何在瓊斯鎮事件中發揮的影響力。

圍牆效應

我們不能總是相信自己聽見的消息。我們的判斷是由內在和外在的因素所組成。心理存疑、承受壓力或受到嚴格審查時會有幾個我們無法察覺的因素，致使我們開始狹隘思考，限制我們真正聽見的資訊，而這些因素就是：權力、自我、風險、身分、記憶、道德、時間、情緒、人際關係和故事；這些因素集合起來，就是我稱的「圍牆陷阱」。其中幾種陷阱會出現在大部分的日常情境中。**所謂的圍牆效應，就是指這些陷阱限縮了你的視野，阻礙你做出最好的判斷。**現在，回過頭看看瓊斯鎮事件中的所有圍牆陷阱。

假設你和大部分人一樣，那麼你或許也曾被有**權力**、威嚴和權威感的人所散發的魅力給吸引。瓊斯鎮的信徒都滿腔熱血地放棄了自己獨立的聲音，甘願為瓊斯做牛做馬。而這群敬慕他的人，餵養了他自身的信念，還有他過度膨脹的**自我**。瓊斯是一個只聽得見自己聲音的自戀狂，自詡為守護他人的先知，吹噓著自己的勇氣、仁慈和愛。「我希望你們成為像我這樣，或是更偉大的存在。」

他的追隨者在追尋正確道路的過程中，也同樣過度自信。鮮少人察覺舉家遷移至蓋亞那叢林可能帶來的巨大**風險**。或許是完美世界的理想說動了他們，他們無視次優結果存在的可能，遑論家破人亡的結果。

如同所有團體的會員身分，身為瓊斯鎮的一員，讓他們充滿深厚的**身分**認同，擁有共同的社群和目標。這些與世隔絕的人在這座聖殿得到接納與包容，以及精神上的獎勵。而信徒給予的回饋是財務——至少三十名虔誠的信徒簽字轉讓他們的房產！渴望歸屬感的強烈欲望，淹沒了理性評估的能力。一個緊密的內團體就此形成。任何被逮到想叛逃的人都會遭到羞辱，例如：一位母親甚至公開要求處死自己的兒子——這就是瓊斯的死忠信徒。

漸漸地，信徒們忘記了外面的生活是什麼樣子。陽光、沙灘與棕櫚樹的**記憶**逐漸褪色。反覆

責怪痛斥那些想干涉的外來者，增強了他們與外界的疏離與隔閡。有位成員曾說：「我想抓住我那所謂的爸爸和姊姊，用剪刀把他們捅死，用垃圾處理機把他們一塊一塊分解。」

瓊斯光亮的頭髮、瀟灑迷人的外型和充滿魅力的作風，擄獲了無數信徒。他的兒子史蒂芬（Jim Jr. Stephan）解釋：「像我爸那種人會找出你渴望的事物，然後展現給你看。」他利用了人性的弱點。

我們仰賴所見之物，而非所聞之事。你的判斷，會受到所見之人或所見之事影響嗎？我們知道事實就是如此。

人民聖殿打著社會改革的旗幟，從而合理化了成員對宗教宣傳或虐待產生的**道德**（Ethical）疑慮。瓊斯很有可能在道德上與現實世界脫節，並相信他的善行許可了他的終極計畫。另外，這個群體形成的**時間**點也十分耐人尋味。在那個時代，人們尋求個人改變，因此會直覺地回應訊息和傳遞訊息者。畢竟，我們會在需要的時候聽見自己需要的聲音。當有人通報此處的性虐待和肢體虐待情況時，美國政府並沒有接收到這個聲音，之後才展開調查，但為時已晚。

一九七〇年代的反越戰運動激起民眾的**情緒**，也就是對政府的憤怒，以及恐懼南方繼續受到吉姆克勞法（Jim Crow Law）的壓抑。以黑人為大宗的信眾希冀更美好的未來，因此接收了瓊斯這位狂熱布道者的聲音。他們無法預測自己的滅亡。

緊密相連的**人際關係**鞏固了信徒的凝聚力。團體迷思限縮了質疑的聲音，群眾的聲音促使每個人都服從領導者的話語、遵循指令，服下氰化物。這驗證了社會心理學家羅伯特・席爾迪尼（Robert Cialdini）廣為人知的**社會認同理論**（theory of social proof）——事後證明，羊群很容易預測。他們的信念根深蒂固、屹立不搖，無法容忍任何其他事實。

瓊斯的兒子史帝芬說：「某種程度來說，我們都渴望有所歸屬。」瓊斯宛如一位百老匯演員，他是擅長打動人心的演說家，能夠以扣人心弦的**故事**說服被他擄獲的追隨者，相信他至高無上的理論。他精心編排的治療奇蹟戲碼，完美支撐起這套論述。

在這個龐大的邪教組織中，每一個圍牆陷阱都十分強而有力。沒有一個陷阱得為這樁悲劇負起全責，但是每一個陷阱都在領導者和追隨者身上觸發緊密關聯的錯覺、謬論和偏誤。任何一種組合都會產生**力量相乘效應**（force multiplier effect），影響每一個個人與集體的判斷。

一個情境中可能會同時出現多種偏誤，讓我們難以辨識個別的偏誤，導致更嚴重的後果。

情境也同樣很重要。

成員原本或許能重新解讀自己的處境，但是蓋亞那的叢林成為實質和心理上的圍牆。這令人想起貓王雅園內以及任何職場內的狹隘環境。

假設人民聖殿留在舊金山，沒有遷移據點到蓋亞那，還會發生這樣的慘劇嗎？遺世獨立的叢林聚落成為膠水，更鞏固了他們的從眾行為——這是糟糕至極的情境，更是判斷力的地獄。當然，大城市附近也發生過邪教自殺事件，例如：一九九七年的天堂之門（Heaven's Gate）自殺事件，就是發生在聖地牙哥郊區。群體心理與生理上的與世隔絕加劇了他們的行為，以及組織規範的力道。

此外，另一個必須考量的關鍵因素「動機性聆聽」，則是會導致人們無法做出理性判斷。

動機性誤聽

所謂的動機性推理，是指人們只聽自己想聽的。那些對企業、政府、基本教義派、宗教或激進極右翼組織包裝過的宣傳鼓吹深信不疑的人，的確是如此。這個心理學詞彙也可以轉化為動機性聆聽。

以一九七九年一份對死刑看法的研究為例，對死刑採取相反態度的兩組人，在實驗中閱讀兩份編造的報告，一份認為死刑是有效的威懾措施，另一份報告則持反對意見。兩組人都要評估報告的可信度。你覺得哪一組人會改變立場？事實上，兩組人都沒有。兩組人的態度南轅北轍，同時他們都對自己的立場更加堅定不移[4]。

資料總是會告訴你，你想聽的故事。英國經濟學家羅納德·寇斯（Ronald Coase）曾說：「假如你對資料嚴刑拷問夠久，它就會承認一切。」[5]

以色列心理學家齊娃·康達（Ziva Kunda）主張，我們之所以會得出對自己有利的結論，是因為我們相信比起其他人，自己的觀點感覺更可信[6]。康達給兩組人看同一篇文章，說明咖啡因可能會增加乳房囊腫增生的風險。大部分的人都認為文章內容很可信，只有一組除外，那就是——咖啡重度飲用者。一點也不意外！喝咖啡的人有誤聽該項事實的動機。

在某些情況下，想要被愚弄是愚蠢的行為。

我們會篩選出適當的資訊以合理化自己的信念，不論是市場預測、政治選舉、家庭規劃或策略選擇。就像確認偏誤一樣，我們更傾向於在腦中尋找支持自身立場的論點，而不是相反的觀點。這就是為什麼高階主管經常複製策略，而非重新創造。為什麼？人們害怕自己看起來軟弱、愚笨或做錯事。

因此，人們會漸漸開始不接收聲音，例如，波士頓和紐約的美國證券交易委員會高層，不聽馬可波羅九年來針對馬多夫所反覆提出的警告，只有一名員工試著幫助他。忽視違法事件、兒童吸毒或老闆謀劃重組公司的警訊，也是一樣的道理。

如果你習慣性忽略積極解讀資料的行為，你每做一個決定，你的心理圍牆就會愈縮愈小，而且你絲毫不會察覺。這就像是溫水煮青蛙的寓言，如果水是一點一點慢慢加熱，青蛙就不會感覺到自己正在活生生被煮熟。如果你在生活中從未注意心理學上的聾點，就有可能像是溫水裡的青蛙一樣——做出誤判、無法校準，遺漏那些逐漸削弱你影響力的徵兆。

美國心理學家安妮·杜克（Annie Duke）認為「有兩件事會決定你的人生：一是運氣，二是你的決策品質」，她說得沒錯。

第一項我們無法掌控，第二項則是被低估的優勢，且仰賴我們聽見正確資訊的能力。所以，需要明智地解讀。

充耳不聞症候群

當組織無視有人呈報、察覺或實際上的缺點時，研究人員將這種現象稱為「充耳不聞症候群」[7]。這個現象最明顯的例子，就是想逢低買進的私募股權投資公司，以及在市場上尋覓下一個馬克・庫班（Mark Cuban）或李察・布蘭森（Richard Branson）的創業投資人。二〇一〇年，有人深信 WeWork 的共同創辦人亞當・紐曼（Adam Neumann）就是他們尋覓的對象。這位患有讀寫障礙的企業家，在二十二歲前因為四處搬家住過十三棟房子。

根據《華爾街日報》的報導，謙虛的紐曼曾發出豪語，表示想成為以色列總理，又說想當「世界總統」，更想成為首位兆元富翁。在他想建立第一個實體社交網路的願景背後，充斥著龍舌蘭派對、吸食毒品和不當行為。「我們在這裡是為了改變世界……不是這種等級的事我不感興趣。」[8]

他是熠熠生輝的明日之星，二〇一八年獲選為《時代雜誌》（*Time*）最有影響力的人物之一。二〇一九年，紐曼的事業已經跨足二十九個國家，擁有驚人的五百二十八個據點，這是值得誇口的成就。好鬥的 WeWork 與對手削價競爭，據傳在擴張期間每小時就損失二十一萬九千美元。公司的規定詭異。他的妻子是純素食者，因此員工不僅過勞，還被禁止用餐費吃葷食[9]。難怪他們的人員流動率高得嚇人。

管理能力低落的WeWork董事會，同意了幾億美元的投資案，他們因此得到這間紙牌屋公司的褒獎。紐曼並未從兼容並蓄的角度運用資金，而是投資各種毫無關聯的創業項目，例如，造浪泳池和健身房。創業投資人解讀錯誤，將他的有勇無謀誤以為是運籌帷幄。有位前投資人告訴記者：「基本上，我們選擇了故意無知和貪婪，而不是承認這一切顯然瘋狂至極。」[10]

上市前，摩根士丹利（Morgan Stanley）預估WeWork的價值達到九百六十億美元；摩根大通（JP Morgan）的預估是一千零二十億美元。投資人最終看穿了所有華麗的障眼法。首次公開發行取消，隨之而來的是針對「過度炒作策略與誤導言論」的官司。最終付出代價的是投資人、員工和供應商。

在至關重要的時刻，投資人無視警告，接受紐曼肆無忌憚的誇大與不切實際的承諾。有人告訴《紐約客》撰稿人查爾斯．杜希格（Charles Duhigg）：「銀行家看見的只有高額報酬，所以他們只對亞當說他愛聽的話。」[11]

其中一名資產大失血的投資人，是軟銀（SoftBank）創辦人、日本億萬富翁孫正義。二〇一六年，孫正義因為遲到，所以只花了短短十二分鐘參觀 WeWork 的環境，之後便決定投資四十四億美元[12]。他被這位有品味的企業家吸引，最終導致他加上後續的投資，估計總共損失兩百三十億美元[13]。

根據路透社的報導，孫正義事後承認自己判斷失準。「孫正義說他高估了紐曼的能力，對企業管理不佳等問題視而不見，還說他早就應該明白。[14]」

雪上加霜的是，軟銀還投資了一億美元給另一間即將一敗塗地的公司——FTX。不過，孫正義的紀錄上也有光彩奪目的一筆，就是投資馬雲的阿里巴巴公司兩千萬美元。「我尋找的不是公司，而是創辦人。[15]」與絕大多數的投資人相同，創業投資人也是幾家歡樂幾家愁。

此外，他們也對自己挖掘人才的直覺感到自豪。就像布雷迪烏斯偽造的維梅爾作品，WeWork 的失敗和軟銀成敗參半的判斷，一部分是源於癡心妄想，其中還包含了專業人士的錯誤解讀與動機性聆聽。這些例子說明了，決策大師必須更有意識地解讀資訊，尤其是在高風險的情況下。

不見得是如此：解讀資訊的技藝

在一次失敗的武裝搶劫案中，英國警方抓到一名目不識丁的十八歲少年。他們要求他的同伴交出手中的槍。少年對他的朋友大喊：「快點，槍！」他的意思是「快把槍交給他」還是「快點開槍」呢？不太清楚。他的朋友最後開槍殺死一名警察。青少年被以教唆殺人罪起訴。那是一九五三年，德瑞克．班利（Derek Bentley）成為英國最後一位被處以絞刑的罪犯。然而，做出這個倉促誤判後，法院花了四十五年的時間才還給已故的班利公道，撤銷他的所有罪名。

聽見的是要求和平的指示？還是教唆暴力行為的指令？差別就在於解讀方式。

我們總以為其他人明白我們的意思。上次有人對你出言不遜是什麼時候？你是對此惱羞成怒、悶悶不樂，還是與那個人斷絕聯絡，事後才發現對方不是那個意思，甚至不是針對你？有多少傷痕和鬥毆，是因為誤解而產生的？我發現多數的情況是有人覺得被冒犯，但對方根本沒有那個意思。**耳朵會欺騙我們**。我們的心會聽見別人的無心之語，我們會把評論想成是最糟糕的意思，或者誤解其他人的語調，與此同時，被害妄想更會火上澆油。

不過有時候，已經沒有必要破譯訊息，例如，瓊斯在催促信徒時說的：「我們不要讓他們奪走我們的生命，我們要自己奉獻生命。」話雖如此，在嘈雜的現代世界、在高風險的情境和感情用事的時刻裡，破譯訊息是明智之舉。

試想一下在法庭上，法官對陪審團的口頭指示應該是十分清晰的，然而倫敦大學學院教授雪柔・湯瑪斯（Cheryl Thomas）分析後發現，雖然絕大多數的陪審員都認為自己明白法官的指示，但實際上只有百分之三十一的人能回想起兩個核心問題。不過如果寫下來，回想起來的比例會提升至百分之四十七，這表示比起所聽見的資訊，陪審員更能理解看見的資訊。

要當準確無誤的第十二位陪審員並不容易。無論在任何情況下，被動傾聽和主動傾聽都與解讀資訊不一樣。當然，我們很想信任畫大餅的政治人物、互相鼓勵的同事、向上帝祈禱的神父，或舌粲蓮花的推銷員。但是，在高風險的情勢中，我們聆聽之後必須重新評估和重新解讀，才能做出判斷。誠如偉大的俄羅斯作曲家伊果・史特拉汶斯基（Igor Stravinsky）所言：「傾聽是要花力氣的，只是聽見聲音並不值得一提。鴨子也聽得見聲音。」換言之，**解讀很重要。**

前美國總統雷根（Ronald Reagan）呼籲以「信任，但要核實」的態度，與俄羅斯談判裁減核武。我們不必老是疑神疑鬼，但是我認為「不信任，且要核實」才是更適當的作法。

解讀在理論中是一小步，在實務上卻是一大步。此時，就要採取二階思考：思考時超越我們認為自己已知的事物，到達我們通常不會想到的層次。進行二階思考時，我們需要不斷問自己「接下來呢？」，才能繼續探究到第二階段和第三階段。這樣，你會發現新點子很快就隨之而來。

想要應對嘈雜世界持續不斷的干擾，還要克服心智有限的能力，這真的需要高超的技巧，但也是讓你真正脫穎而出的關鍵。

解讀資訊是以情緒為基礎。每一個令人不安的情境，都能以正面或負面的言語**重新包裝**，然後再度推銷東西給你或讓你感到自在一點。我們以最多人會感到焦慮的「公開發言」為例。許多科學家都發現，倘若將「緊張」重新包裝成為提升表現的刺激來源，便能減少焦慮。美國羅徹斯特大學的心理學家傑米．傑米森（Jamie Jamieson）表示：「目標是改變你對焦慮的解讀方式，而不是壓抑焦慮。[16]」關於這點，在討論編排敘事時，我們再詳細說明介紹。

預測行為會產生的影響力非常重要。但是一階思考還不夠；採取二階思考後，你不僅會考量到直接產生的結果，還會考量到連鎖反應和連帶損害。伊朗作家卡嫚．柯朱利（Kamand Kojouri）的建議是「別被文字愚弄，傾聽文字背後的聲音」。這一點，許多專業人士都做得很好。音樂人非常善於接收正確的聲音，重新詮釋編曲，在舊旋律中聽見全新的曲調。舉例而言，巴布．狄倫（Bob Dylan）的三百五十七首歌中，有三百五十二首被人翻唱。每一天，記者、警探、情報員、分析師和治療師，都要在新聞編輯室、警察局、戰情室和諮詢辦公室中縝密地重新解讀資訊，而這是他們的工作。

有些研究發現，女性特別擅長在得出結論前察覺微妙的差異。同樣地，也有其他研究指出女性容易渴望他人喜歡自己，以致可能比較難以收斂情感。不過，世界並不是非黑即白，而且很容易產生分岔。總之，不論性別或專業為何，精準解讀和評估的能力，都可能受到文化差異和語言等因素破壞。

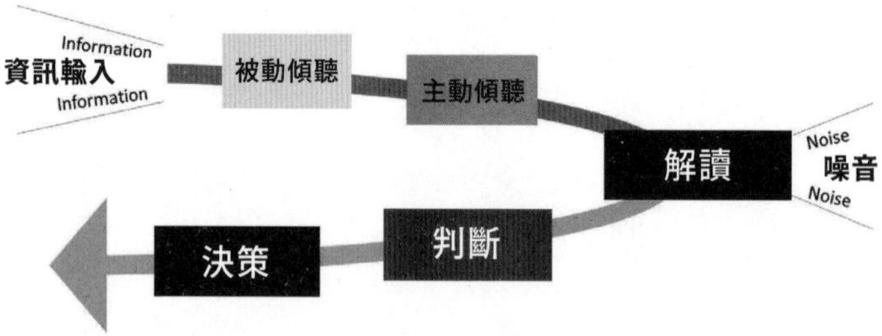

翻譯過程中的遺漏：破譯細微差異

如果兩個人聽見同樣的尖叫、言論、用語或對話，他們可能會因為當下的情境、資訊來源和世界觀，而做出截然不同的解讀。

想想看同樣一句「Get on the floor」（開始跳舞、趴下），由DJ、消防員或銀行搶匪說出口，意思會相差多少。試想一下「我要你」這三個字從老闆、戀人或指揮官口中說出，意思會相差多少。在土耳其、美國的塔拉赫西（Tallahassee）或西藏說同一句話，意思會改變嗎？不論在什麼情況下，溝通都不容易，但是當你感到不勝其擾、情緒激動或分心時，就不能盡信你認為自己聽見的聲音。**環境很重要。**

語言的演變，讓解讀和翻譯變得更加困難。舉例來說，第一次世界大戰時，英國心理學家查爾斯·邁爾斯（Charles Myers）用「槍彈震驚症」（shellshock）指稱我們現在所謂的創傷後壓力症候群[17]。

二〇二二年，牛津辭典新增六百五十個詞彙，包括「絕地武士」（Jedi）、「無手機恐懼症」（nomophobia）和「輕鬆簡單」（easy-breezy）[18]。二〇二三年的年度網路單字是「Rizz」，意指對人放電的魅力。你能解讀這些詞彙嗎？

除此之外，解讀也是因人而異。即使是「perimeter」這個詞，也會產生差異。美國太空總署的太空人可能會想到地球的周長，腦中浮現從太空中看地球的畫面；數學老師聽到，想到的會是平面形狀的周長；至於我們大部分的人，想到的會是邊界上的圍牆或劃分空間的構造。

麥可·柯林斯申請太空計畫的過程展現了「解讀因人而異」的本質。他記得自己做了羅夏墨漬測驗（Rorschach inkblots），這是篩選申請人時經常運用的心理測驗。考官問他，在一張八乘十英寸的空白白紙上看見什麼。「當然，紙上有十一頭北極熊在雪堆裡交配。」考官沒有幽默感，柯林斯測驗失敗。一年後，他重新申請。他這次的說法是：「我看見我的母親和父親，我的父親稍微高大一點、更有威嚴一點，但是沒比我母親多多少。」他過關了。

不同語言的發音也是判斷力殺手。人工智慧應用程式無法辨識使用者對韓國現代汽車（Hyundai）提出的疑問，現代汽車因此拍攝廣告，澄清品牌名稱的發音。應該像美國人一樣讀「Hyun-day」、像歐洲人一樣讀「Hi-un-die」，還是像南非人一樣讀「Hoon-dai」[19]？廣告中的程式將現代汽車解讀成「夏威夷領帶」（Hawaiian Tie）商店、「高地之眼」（Highland Eye）酒吧，還有「嗨染」（High'n'Dye）髮廊，令人啼笑皆非。

不論在哪種語言中，正確解讀依然是一樁挑戰。除了發音之外，還有語調、微妙差異、影射、嘀咕、口吃和婉辭，都會讓人更難解讀話語。當然，解讀醉言醉語又是另一種截然不同的技能，最好無視對方大部分的話！

細微的文化差異會影響解讀的精準度。在《與美國人共事》（*Working with Americans*，直譯）一書中，國際商業專家艾麗森・史都華－艾倫（Allyson Stewart-Allen）注意到跨文化解讀的重要性[20]。美國人通常會採取簡單、具有明確事實的說法，例如「我們正在打仗」，英國人則會採取複雜隱晦的說法「情緒正在高漲」。唯有明白那個文化，才會知道在對話中省去或遺漏的訊息是什麼。「錯誤解讀文化，是商業或戰爭中最麻煩的罪魁禍首。有時候是不小心的，有時候是故意的。」她說得沒錯。

當然，即使擁有相同的文化背景，也會發生錯誤解讀。為了因應一九四一年的珍珠港事變和其他第二次世界大戰事件，英國和美國在一九四五年的波茨坦會議上要求日本無條件投降。日本首相發表演說時，用「默殺」（mokusatsu）一詞回應英國和美國的提議。儘管歷史學家呼籲採用更有建設性的解釋，這個詞還是普遍被解讀為「忽視」或「帶有輕視的沉默」。不久之後，時任美國總統杜魯門（Harry Truman）在廣島和長崎投下原子彈，造成二十萬名日本人喪生[21]。日本至此才投降，結束太平洋戰爭。

若說解讀翻譯是一大挑戰，解讀弦外之音又是另一項挑戰。

別相信你聽見的資訊

只會傳達而不會解讀明確的資訊，是常見的領導層問題。為什麼？因為重要的資訊存在於潛臺詞和細微差異中，例如，合約上的附屬細則。關於這點，研究人員的看法是：

> 只要有可能以不同的方式解讀資訊，偏誤就會大量出現……只要某項證據模稜兩可、存在歧異，人們通常會做出對自己有利的結論[22]。

蓋達組織九一一事件的主謀是否就是如此？根據敵方戰鬥人員審查法庭（Combatant Status Review Tribunal）報告，巴基斯坦基本教義派人士哈立德・謝克・

穆罕默德（Khalid Sheikh Mohammed）的電腦內，有劫機者的照片和詳細資料、聊天紀錄、士兵名單、奧薩瑪・賓拉登（Osama bin Laden）的來信，以及對阿拉伯大使館的恐嚇。中情局在關達那摩灣監獄（Guantanamo Bay）花了四年時間，用剝奪睡眠、直腸灌水和一百八十三次水刑等手段審問穆罕默德[23]。

穆罕默德承認二十逾年來犯下的三十一起罪行，包括：一九九三年世界貿易中心爆炸案、斬首美國記者丹尼爾・珀爾（Daniel Pearl），以及北大西洋公約組織歐洲總部、核電廠、紐約證券交易所和希斯洛機場的炸彈攻擊事件。他承認策劃案殺前美國總統柯林頓（Bill Clinton）、卡特（Jimmy Carter）和教宗若望保祿二世。

這個清單還真長！

中情局官員告訴美國廣播公司（ABC News），他是「在水刑中堅持最久的人，兩分半鐘，之後才開口」[24]。

他最終還是被擊潰了。真的嗎？你相信有一個自我耗損的士兵，能熬過四年的高強度審訊嗎？《紐約時報》指出他們不清楚這種敵方戰鬥人員的自白，有多少是合理可信的。除此之外，他也不可能用《聖經》發誓不能說謊，因為那違背他的信仰[25]。就連《美國陸軍野戰手冊》（*United States Army Field Manuals*）都警告，過度刑求「可能迫使消息來源說出所有他認為審訊者想聽的話」。你所聽見的一切，不見得是事實或你以為的意思。

這讓我想起爭議十足的瑞德審訊法（Reid technique），這種扭曲事實、暗示、隔離證人和威嚇的作法，可能會導致受審對象做出虛偽自白。百分之九十的時間都是審訊者問話，以此來突破受審對象的心防。試想看看中央公園慢跑五人強暴案，他們最後都撤回自己被強迫做出的自白；或者傑拉多．卡巴尼拉斯（Gerardo Cabanillas）的案子，警方保證如果他承認強暴罪，最終只會被判緩刑，他因此做出虛偽自白，結果蒙受二十八年牢獄之災，直到無罪計畫憑藉 DNA 證據替他平反。

你不能盡信自己聽見的一切，必須以追根究柢的心態重新解讀所有問題。進行公關訓練時，我們總是教導受訪者避開會被人「逮到」的問題，例如「你上次打老婆是什麼時候？」。任何類似「我不會」、「從來不會」或「什麼老婆」之類的回答，都會成為小報頭條。

其中一個解決辦法是**逆向思考**和**第一性原理思考**（first principles thinking），亦即剔除假設的用詞以區分蘊藏其中的概念或事實。為什麼？承受壓力，或甚至是沒有壓力時，人們都會錯誤解讀準確的資訊，而非暫停腳步重新解讀資訊。

除了存在微妙差異的語言，組織結構也可能造成錯誤解讀。

穀倉效應和同溫層效應

儘管管理學上強調「一間公司」，但不論我在哪裡工作，都會存在各個區域和部門彼此競爭的穀倉效應（Silos）。

業務、行銷和技術資訊部門，相互爭奪稀少的晉升機會、預算和榮譽。他們會爭得你死我活！這些架構本身的設計就會導致同溫層，並分化我們的思維。單位各自為政形成穀倉效應，讓所有好主意都葬送在墳墓中，因此沒有人的觀點會被聽見。內團體思維因此形成。這不僅會隱藏商業上的風險，如果不妥善處理，還會粉碎創新能力、限縮知識分享。現代人遠距工作和瘋狂開視訊會議的模式，會讓內團體根深蒂固，以致更難聽見外團體的聲音。

訊息操縱是由上往下開始的。一名人資主管曾經告訴我，規則是在董事會層級改變的。作繭自縛的高階主管會隱瞞重要資訊，通常是將精心編排過的資訊轉達給分析師、股東和董事。高階主管會隱瞞捕熊陷阱般龐大的問題，只說那些是「小問題」。

對此，人工智慧能幫上大忙。這就是為什麼分析師和投資經理，例如，荷蘭的荷寶公司（Robeco）會用演算法破譯法說會的錄音逐字稿。話音中的遲疑、微微顫抖、填補詞和選字，都能夠反映出沒說出口的話[26]。

儘管有受託義務在身，被稱為「鄉村俱樂部」的董事會，其提出的質疑仍然不夠多，而三百頁的董事會報告更是一點幫助也沒有！

實在有太多例子可以說明，不過你只需要銘記有許多資料記錄了這些管理失靈的案例，例如：福斯汽車為汽車排氣造假醜聞付出一百四十七億美元和解金、世界通訊公司（WorldCom）的會計弊案、雷諾煙草公司（RJ Reynolds）意圖淡化尼古丁成癮造成的危害，以及杜邦（DuPont）公司隨意丟棄七千一百公噸的化學廢料。

在《董事會中的災難》（*Disaster in the Boardroom*，直譯）一書中，藍道．彼得森教授（Randall Peterson）和傑利．布朗（Gerry Brown）提出六種管理失靈的模式：唯命是從、屈於次級、不平衡、旁觀、官僚和過度膨脹的董事會[27]。在每個類別的例子中，有許多董事會都只聽想聽的內容，並聽信利慾薰心、只顧自保的謀權者說的故事。

當然，有些機會主義者會利用穀倉效應的優勢，聽見別人沒聽見的消息。例如：價格扭曲和槓桿市場異常，讓交易員活躍發展。他們的工作就是發覺穀倉效應，從中獲利。他們能聽見別人沒聽見的聲音。

機會：他們聽見別人沒聽見的聲音

情報機構的任務是保護國家安全。美國聯邦調查局特別探員肯尼斯・威廉斯（Kenneth Williams）察覺亞利桑那飛行學校的可疑活動後，他做的選擇正是保護國家。一群阿拉伯飛行員想學習起飛，卻不學習降落。威廉斯重新解讀情勢，官員卻對九一一事件前提出的「鳳凰備忘錄」中的警告充耳不聞。可見，有時我們回答太多問題，卻對答案提出太少質疑。

同樣地，美國投資人麥可・貝瑞（Michael Burry）預見了不動產抵押貸款證券市場崩盤。這也是有大量資料記載的故事。一如聯邦調查局忽視了威廉斯的警告，證券交易委員會無視馬多夫的前後不一，評等機構也沒有聽進古怪的貝瑞所說的話。貝瑞並非一般認知中具有說服力的人物，機構是不是因此只專注於眼前所見，而非聽見的資訊？那些機構忽略正確的聲音，成為騙局的幫凶，好維護自身的利益。諷刺的是，貝瑞把握這個機會賺了數百萬，銀行則虧損了數百萬美元。

明智的決策者會暫停腳步接收資訊，然後與現實世界對頻。

若說重新解讀是一種技巧，精進重新解讀的技巧便是良好的時間投資。從組織的角度來看，了解如何解讀行為，可以省下數十億元的顧問費用。全世界的各個組織，每年都會花費驚人的一千六百億美元聘請顧問；同樣一筆花費，可以用來為需要的人建設許多學校、道路、醫院、橋梁，資助糧食援助和住房補貼計畫！

我們不只透過分析決定判斷的好壞，決策過程也很重要。顧問丹・洛瓦羅（Dan Lovallo）和奧利維・席波尼（Olivier Sibony）花了五年時間，評估一千零四十八個領導決策。對利潤和市占率而言最重要的是決策過程，而非事實分析——前者的重要程度是後者的六倍之多。這個過程的其中一環是情報與意圖解讀。

解讀能力低落和草率決策會造成不計其數的惡果，例如：從不靈活的變通方式，到成本高昂的召回產品、經濟損失和名譽掃地[28]。如同 WeWork、波音公司和許多人的經驗，首當其衝的通常是員工。二〇二三年十一月，WeWork 依據美國《破產法》第十一章聲請破產。錯誤解讀會造成嚴重虧損，並造成惡性循環。舉例來說，油門瑕疵導致豐田汽車損失十億美元；電池會起火的 Galaxy Note 7 手機，導致三星集團損失一百七十億美元。儘管如此，還是有很多人做了非常正確的決定。

大部分的領導者都想聽取其他人的意見，但是他們聽見的聲音太多，以致選擇多到令他們暈頭轉向。絕大多數的人會先接收，再停止接收。就像聽收音機，你無法同時收聽所有電臺，所以你會調整頻道，收聽其中幾臺。人們心存疑慮時，會緊守最熟悉的頻道。如果你從不換頻道，視野就會愈來愈狹隘，你所聽見的將逐漸成為全貌。反觀聰明的領導者會「選擇性地聆聽」利益相關人的聲音。

聆聽他人的聲音，是組織與社會中生存所需的高超技能。前英國首相邱吉爾（Sir Winston Churchill）的母親蘭道夫・邱吉爾夫人（Lady Randolph Churchill）對此的總結十分精闢：

> 如果我坐在葛萊史東（William Gladstone）旁邊用餐，離開餐廳時，我會認為他是全英格蘭最聰明的男人。但是我如果坐在迪斯瑞利（Benjamin Disraeli）旁邊，離開時就會覺得我是最聰明的女人。

接下來在第二篇，我們會見識到大量被聽見和被忽視的聲音。我們會在潛意識中接收或忽視這些聲音。唯有更謹慎、更刻意地關注我們聆聽的對象，才能提升我們解決問題和做出決策的能力，更接近我們想要的樣子與我們想成為的人。

我畫了下方的示意圖，不過這只能做為參考，因為不同的情境、時機、技術、社會規範和文化都會產生不同的影響。我們可以用這種有意思的方式，想一想我們會聽誰的話。你可以試著做出自己的光譜，這會是很有用的練習。

自從瓊斯鎮事件呈現情境會如何導致人們做出錯誤決定後，已經過了五十個年頭。提姆·史托恩和湯姆·伯格重新解讀自己的信仰，改變觀點後活了下來。史托恩承認，自己的心態是被情境所蒙蔽：

> 所有人類都要為自己的思考負責……彌賽亞不存在、大師也不存在……不論他們看起來有多麼捨己為人[29]。

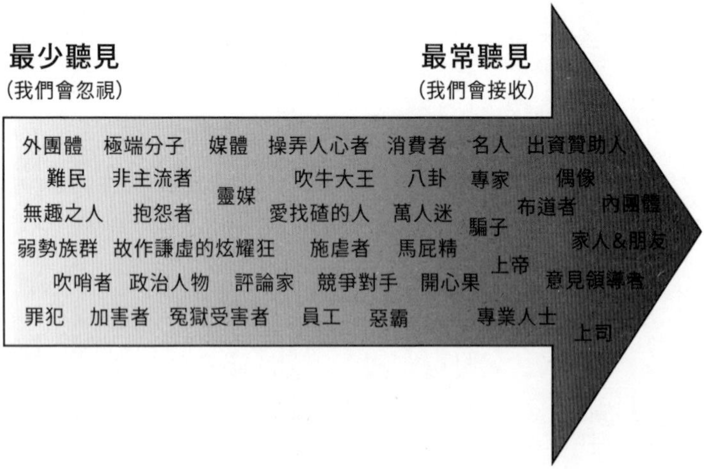

那些成員犧牲太多了。重返的社會成本太高，所以他們緊抓著現有的信念不放。決策大師現在已經就位，並且做好萬全準備，可以開始重新解讀意義、訊息和動機了。若要了解人為錯誤如何存在於所有判斷力圍牆陷阱中，就必須以你渴望擁有的權力開頭、以你選擇聆聽的故事作結，而這就是第二篇的重點。

本章重點

- 別盡信你聽見的一切，因為重要的事情不總是顯而易見。所謂的圍牆效應，指的是多種判斷陷阱限制了我們聽見的資訊，而那些陷阱源自於我們身處的環境、我們身邊的人，以及我們腦中的想法。
- 解讀，是判斷過程中不可或缺但經常被忽略的一環，亦是接收資訊與確認決策之間的重要步驟。
- 誤判不是因為傳達的資料太多，而是因為破譯的資料太少。
- 解讀之所以很重要是因為不能相信自己聽見的一切。穀倉效應、弦外之音、婉辭、發音、口音、同溫層和文化，都說明了所聞並非全貌。

- 動機性推理會降低重新解讀的可能性，引起充耳不聞症候群。我們會忽視讓自己不適的言論，聽進符合我們成見與預期的資訊。
- 我們會漸漸地開始不接收重要的聲音——別像被溫水煮的青蛙一樣。
- 機會是存在的。可以用反思推理、傾聽意圖和明智地破解偏誤，以此減緩圍牆陷阱所造成的傷害。
- 第一性原理思考可以拓展我們的視野，限縮力量相乘效應。
- 了解人類行為的複雜性，開始接收非主流、替代或意見相左的聲音，可以省下你的時間或為組織省下數百萬元。
- 選擇性聆聽相關的聲音，就像事先調好的收音機頻道。

第二篇

造成誤判的圍牆陷阱

The PERIMETERS ™ Judgement Trap

思考很困難，

這就是爲什麼多數人選擇批判。

瑞士心理學家　卡爾・榮格（Carl Jung）

美國投資家華倫・巴菲特（Warren Buffett）說他遇過一個從納粹集中營逃出來的波蘭女人。她見過太多、失去太多，所以無法輕易信任別人；她說的一番話令他永難忘懷：「我看見其他人時，我會問：『他們願意把我藏起來嗎？』」。

這是一種受到圍牆陷阱所影響的局限觀點。

我們觀看世界、評估情勢和打量他人時，都會有自己的篩選方式。這並沒有對錯之分，你判斷一個人的方式，單純是源自你看見的一切、聽見的一切和你的生活方式。

在第二篇，我們將深入探究由偏誤所引起的圍牆陷阱，強調狹隘思維會如何對判斷造成影響。說明每個陷阱時，我都會舉出三個層級的例子，包括：個人、組織和社會。每個陷阱都會限制我們的思考，以致我們無法接收正確聲音，進而產生錯誤解讀情勢、策略或陌生人的風險。

每一個陷阱都會有專門的章節討論，我們會從行為學觀點切入，解讀現代的醜聞事件和歷史上的成功案例。我們會見到各式各樣的人，他們接收了不同的聲音作為決策的資訊來源。舉例來說，如果想獲取權力，我們會重視權威人士、偶像和專家的聲音（第四章「權力陷阱」）；接收我們自己的聲音會排除其他人的聲音（第五章「自我陷阱」），還會否認真正的風險（第六章「風險陷阱」）；我們迫切渴望得到內團

圍牆陷阱

P	E	R	I	M	E	T	E	R	S
權力	自我	風險	身分	記憶	道德	時間	情緒	人際關係	故事
我們重視	我們聽見	我們埋沒	我們聽從	我們假設	我們接納	我們過度強調	我們因應	我們重視	我們吸收
權威人士、偶像和專家	我們自己的意見和想法	質疑和不確定	內團體和陌生人	精準和事實	不公平和誘惑	過去、現在或未來	直覺和衝動	主流群眾	普遍接受的論述
的聲音									
而不是聽見……									
相關與平衡的聲音。	其他人的聲音。	可能性和假希望的聲音。	內在價值或差異的聲音。	有瑕疵的事實或回憶的聲音。	誠實和良心的聲音。	觀點和長期主義的聲音。	冷靜理性的聲音。	客觀批評、質疑的聲音。	歷史或常理的聲音。

是造成我們誤判的錯誤資訊來源

體的接納（第七章「身分陷阱」），鮮少思考自己的回憶究竟是否精確（第八章「回憶陷阱」）；受到誘惑時，我們會忽視良知（第九章「道德陷阱」）；我們過度重視現在，低估未來或過去的重要性（第十章「時間陷阱」）；處於狂熱狀態時，我們會埋沒理性與邏輯（第十一章「情緒陷阱」），試圖接收群眾的聲音以尋求指引（第十二章「人際關係陷阱」），並且不會質疑最盛行的論述（第十三章「故事陷阱」）。

你可以一口氣讀完接下來的所有內容，或是一小段、一小段分次讀完。閱讀前，我鼓勵各位讀者先想好一個需做出的高風險決定，或是想要理解的過往錯誤。

Power-based Traps

第4章

權力陷阱：全速前進

我一輩子都聽我爸的話，
但在他過世前我都沒有真正聽見他的聲音。

愛爾蘭演員　蓋布瑞・拜恩（Gabriel Byrne）

「我們還沒有成熟的生態系統，沒有完全的流動起來……我們需要的是建設金融的健康系統……不能用昨天的方式去監管……中國需要很多的政策專家，而不是文件專家。」這是中國最成功的企業家、螞蟻集團和阿里巴巴共同創辦人馬雲的聲音，取自他二〇二〇年十月在外灘金融峰會發表的二十分鐘演講。

馬雲打消了他的疑慮。「今天要不要來講，坦白說我也很糾結。[1]」他繼續說道：「未來，我相信，改革是要付出犧牲的，是要付出代價的。」確實有人付出代價，就是他自己。

西方世界的閱聽人或許會將這些

話解讀為標準的領導者言論，但是在中國，批判就是褻瀆。馬雲的行為踰矩，超出了政治圍牆所能接受的範圍。幾天後，中國監管機構暫緩了螞蟻集團價值三百四十億美元的上市計畫，而這原本有機會成為「人類史上最大規模的首次公開發行」。

後來，馬雲從公眾眼前消失了將近兩年。中國讓所有人聽見自己的聲音。監管機構之後便開始制裁大型網路平臺，對螞蟻集團施壓，以完善公司管理為由要求業務整改。二〇二三年，阿里巴巴正式宣告重組，集團被拆分為六個獨立經營的集團，以削弱馬雲的權力。這個曾經價值八千億美元的公司，拱手交出自己的決策權[2]。

有件事是確定的。在不計其數的情況下，權力總是會遺失或減少。領導的第一法則就是遵循整個階級體制，明白自己在其中的位置。馬雲忘記了權力的本質，以及中國萬里長城的疆界，而這正是任志強和彭帥學到的教訓。

第一課：總是有隻更大頭的熊存在！

馬雲沒有接收到正確的聲音。在追尋或鞏固權力的過程中，於至關重要的時刻接收正確的資訊，能限制自我破壞的殺傷力。**在圍牆陷阱中，因權力而產生的偏誤其破壞力最大**，會讓人太早斷送職涯，導致事業、產業、社群和國家遭遇浩劫。

在本章不會教你如何獲得或鞏固權力，因為已經有幾千本書教過你了。我主要說明的是，若我們汲汲營營於追尋和鞏固權力，會有六種偏誤導致我們的判斷脫離正軌。事實上，直到現在，幾乎沒有人以心理學盲點的角度，討論追尋權力會如何讓人偏離正軌。舉例來說，過度癡迷於追尋權力，可能會削弱而非提升權力基礎（**焦點狹隘**〔narrow focus〕）；如果我們遵從公認的權威者的聲音（**權威偏誤**〔authority bias〕）、過度讚美他人（**月暈效應**）或對專家言聽計從（**優勝者偏誤**〔champion bias〕），就會拱手讓出權力；人們通常會以語調、音高和語速，錯誤推斷一個人的地位（**對比效應**〔contrast effect〕）。除此之外，我們還會天真地以為自己了不起的才華、努力和犧牲會得到獎賞，而做錯事的人一定會受到懲罰（**公正世界假說**〔just world hypothesis〕）。

話雖如此策略性運用權力仍然是無價之寶。現在，我們一起來探索那些在判斷過程中，或幫助我們、或阻礙我們的權力情境。

追逐權力

在電影《駭客任務》（*The Matrix*）中，尼歐問祭司：「他想要什麼？」祭司回答：「所有掌權者都想要什麼？更多權力。」當然，這件事並沒有性別差異。雖然不是所有人都渴求伴隨權力而來的困擾和責任，還是有許多汲汲營營者覬覦與權力密不可分的賞識、地位和財富。畢竟，對別人下令的感覺比等著接受命令好多了！這就是為什麼掌權者通常會比未掌權者更感到踏實滿足。

新上任領導者在你心中的地位是否特別高？研究顯示，我們會過度讚賞資深者、偶像或專家，因此以不同的方式與他們互動。

權力在每個情境中都不一樣。在某些情況下，你是掌權者，但是在其他情況下又不是。所謂有權力的人其實很廣泛，比如，可能是幫你升級飯店房間的助理、核准你貸款的銀行經理，或是把你的輪胎鎖上的交通管理員。試想一下，駕駛空軍一號的機長在飛行時，他掌握的權力是不是比美國總統還大？

誠如馬雲學到的教訓，權力總是在轉移。

我們做決策時的心態，取決於我們是正在追尋權力、鞏固權力，還是害怕失去權力。雖然不是所有人都坐在掌權的高位上，但鮮少人會想失去權力。執行長、政治人物或運動員艱辛地一步步攀上頂峰後，很少人會自願放棄[3]。權力彷彿是令人上癮的毒品。

擔心帝國崩潰的狂妄虛榮領導者會以短視近利的心態評估情勢，以致通常會做出自私又莽撞的決定。還記得川普（Donald Trump）對連任的癡迷，如何導致美國國會山莊發生暴動嗎？他接收了自我的聲音，卻無視法律和政治的理智之聲。

我們會鼓勵心懷壯志的學生、想要康復的病人、野心勃勃的企業家和渴望奪得獎牌的選手設定目標。從亞歷山大大帝到中國明朝，歷史上許多帝國都是因為心懷目標而建立，可見目標具有極大的效用、目的和價值。新冠肺炎期間，積極又明確的研發目標，促使通常要花好幾年研發的疫苗，在幾個月內取得突飛猛進的發展。然而，假如你的終極目標是增強權力基礎或步步高升，就會掉進危險的陷阱。你的心理圍牆會不斷往內縮，使你很有可能不再接收相反的證據、反面論點或良知的聲音。因此，在追逐權力的過程中，領導者經常會失去眼界，做出目光短淺的決定。

獲得權力，失去眼界

每個星期都會有新的醜聞衝上我們的螢幕。我特別想起一樁醜聞，其荒謬又不切實際的收益目標，導致職場環境變得像壓力鍋一樣。

二〇一六年，富國銀行（Wells Fargo）登上新聞頭條，原因是五千兩百名員工蓄意開設與假造了數百萬個帳戶。領導層指示他們為每名客戶開設八個帳戶。那個時候的普遍情形是，每名客戶平均持有兩個帳戶；可以申辦的帳戶為貸款、儲蓄、存款、商業或信用卡帳戶。所以為什麼要開八個帳戶？執行長約翰・史坦普夫（John Stumpf）接受參議院銀行委員會質詢時，他解釋：「八（eight）與偉大（great）押韻。[4]」呃，天啊！他被膨脹的自我蒙蔽雙眼，將責任怪罪於員工而非有毒的企業文化。

事實上，由於薪水和飯碗都岌岌可危，領導層便對壓力龐大的業務團隊、客戶權益和監管單位充耳不聞。舉行季度法說會時，史坦普夫對持續成長的業績沾沾自喜，前一年的薪酬更達到一千九百三十萬美元。這個目光狹隘的收益目標，其最終的代價是銀行付出三十億美元和解金、史坦普夫斷送職涯，以及預估達七千萬美元的追回款項和收入損失[5]。

然而七年後，重蹈覆轍的富國銀行顯然沒有學到教訓。富國銀行汽車貸款部門主管超收貸款手續費、強制執行不合理的法拍和非法收回車輛，而這一次，銀行付出的代價是三十七億美元[6]。對權力、地位和利益的渴望與追逐，往往會毀滅理性觀點以及平衡的判斷。

有些人則選擇反擊。在新冠疫情封城期間，因聚會鬧出「派對門」風波而受到千夫所指的英國首相強生，將挽救公關形象的計畫戲稱為「搶救大狗行動」（Operation Save Big Dog）！但是對於牽涉其中的人來說，身陷絕境讓他們完全笑不出來。

想節省成本的領導者會接收什麼聲音？承受壓力時，人的思考可能會退化，理性視角可能會消失殆盡。

一九九七年，法國電信公司（France Télécom）私有化後，執行長迪迪耶．隆巴德（Didier Lombard）必須重新安排一萬名員工，並裁撤兩萬兩千名工會員工。他不願採用得體的方式，而是使用恐嚇手法逼退員工，例如降職、不堪負荷的工作量、監視員工，以及用開除手段逼迫員工相互競爭。

二〇〇六年至二〇〇九年間，六十名法國電信公司員工以最駭人聽聞的方式輕生，諸如上吊、自焚、跳出窗外、公路撞車和臥軌。隆巴德作為嚴重的充耳不聞症候群患者，他在電視上告訴國人這只是「一時流行」。一名受害者指責他「用恐懼管理」。法院最終判處他「制度化騷擾」罪名成立。

有毒的公司文化十分常見。事實上，管理層頂端也承受極端壓力。在瑞士的蘇黎世保險公司（Zurich Insurance Group），財務長馬丁．沃提耶（Martin Wauthier）於二〇一三年結束自己的生命，並留下一封苦澀的遺書，措辭尖銳地批評爭強好鬥的公司文化，以及「我遇過最糟糕的董事長」。然而，監管單位調查後的結論是「沒有人施加不合理的壓力」。兩年後，蘇黎世保險公司執行長馬丁．森恩（Martin Senn），在沒有明確原因的情況下於離職後自戕身亡[7]。截至那個時間點，瑞士各大公司在八年內已經有五名高階主管自盡身亡。

不只追求利潤的企業會出現充耳不聞症候群，個人和國家也會。舉例來說，網路上的酸民、惡霸、騙子和駭客經常接收邪惡之聲。

接下來看的例子是二十四歲的杭特．摩爾（Hunter Moore），他在感情路上遭受挫折和奚落後，建立了名為「Is Anyone Up」的報復式色情網站。網站經營方式是張貼裸照，再提供受害者的社群媒體帳號連結，每個月收益達到兩萬美元。摩爾自詡為「專業的人生毀滅者」。他沒說錯。《滾石雜誌》（*Rolling Stone*）稱他為「全網最痛恨的男人」。聯邦調查局最終以入侵電腦、身分盜竊和共謀等罪名起訴他。摩爾狹隘的觀點毀了自己一生。

總是有隻更大頭的熊存在！

一如摩爾追尋權力，性犯罪者也會為了刺激腎上腺素而撲向徬徨無助的被害者。美國連環殺手泰德・邦迪（Ted Bundy）用撬棍毆打並殘殺了三十六名無處遁逃的女性。在他行凶的當下，他手中的終極權力淹沒了被害者乞求的聲音。他告訴同事安・魯爾（Ann Rule）：「性愛只是順便而已。」比起滿足感，邦迪更重視擁有。那些「主導」他生命的幻想，變得愈來愈令他「失望」，促使他做出愈來愈多性虐待手段。這種剛愎自用的單一思想會扭曲理性思考。

國家也逃不過剛愎自用帶來的破壞，而這種破壞不論是在太空競賽、核武軍備競賽，還是奧運競賽中的較量都會發生。綜觀歷史，所有專制獨裁領袖都會確保公民聽見他們想傳達的訊息。俄國總統普丁（Vladimir Putin）入侵烏克蘭，就是根據目的做出決策的例子；烏干達的伊迪・阿敏（Idi Amin）、辛巴威的羅伯特・穆加比（Robert Mugabe）和中華民國的蔣介石，都是靠著鎮壓壯大權力；北韓的金正恩公開處決姑丈，藉此讓所有人對他百依百順，前蘇聯領導人史達林（Joseph Stalin）則將俄羅斯的古拉格（Gulag）勞改營制度發揮得淋漓盡致，而柬埔寨的波布（Pol Pot）政權，讓全國七百多萬人口將近有百分之二十的人民死亡。

如同瓊斯鎮的例子，這些掌權者仰賴群眾的服從，以維持自己至高無上的地位。

遵循權威的聲音

不同於馬雲願意批評政府的態度，大部分的人都會遵從權威的聲音，即便那違背自己的直覺、專業或價值觀——這就是**權威偏誤**。我們會遵循那些資深人士或穿制服的人所下達的規定、命令和指示。例如副機長聽從機長，初級軍官聽從中尉，經理聽從執行長。你聽誰的話？權力、社會階級和財富自然會創造出一個個階級，決定誰的聲音會被聽見。

掌握權力表示擁有終極的責任，類似第十二名陪審員。你有權力成為幸福（或悲慘）的超級傳遞者。儘管大規模從眾行為有助於社會和組織順暢發揮功能，但權威偏誤太過根深蒂固，就連專業的醫療照護人員都會屈服，不假思索地遵從規定。美國俄亥俄州某間醫院做的實驗發現，百分之九十五的護理師都願意遵循醫生的指示，以違反既定作法的方式給予藥物。[8]

個人的權力會在兩種情況下削弱：（一）過度推崇權威人士時；或（二）畏懼權

威人士時。我們總希望取悅別人，想要拍馬屁和逃避麻煩，儘管那些掌權者的作為可能違背我們的理性，甚至我們的道德觀。同理，當你掌握權力、受到推崇時，你的權力就會開始施加微妙的**沉默效應**（silencing effect）。對此，一項最為出名的社會心理學實驗便展現了「階級順從」難以動搖的本質。美國海軍研究辦公室（US Office of Naval Research）想測試：在他人眼中握有權力之人能產生什麼影響力。一九七一年，心理學教授菲利普．津巴多招募二十四位學生進行為期兩週的模擬實驗。他分配給學生囚犯或獄警的角色，自己則擔任典獄長。

囚犯必須尊稱身穿制服的獄警為「監獄官先生」，且獄警必須隨身攜帶木頭警棍。幾個小時後，獄警們就感到無聊了，並且變得愈來愈專橫霸道。他們將反抗的「囚犯」鎖進櫥櫃、移走囚犯的床、威脅要減少伙食、逼迫囚犯裸體、倒背詩句、學狗叫，還有模擬性愛動作。雪上加霜的是，囚犯們漸漸地不再反抗那些愈加荒誕的指示。六天後，津巴多聽女友說她對實驗愈來愈反感，才中止了這項實驗[9]。

有些科學家質疑這個名為史丹佛監獄實驗的可靠度。儘管爭議纏身，這項實驗仍展現了**情境力量會如何讓人誤入歧途**。數百萬人著迷於這個實驗，好萊塢之後更將此拍成電影。獄警和囚犯之後接受訪談時，沒有幾個人能用邏輯解釋當時他們的行為。

幾年後，美軍在阿布賈里布監獄（Abu Ghraib）殘忍虐待伊拉克囚犯。這次不是實驗。安東尼歐・塔庫帕少將（Antonio Taguba）的報告寫道：

> 對囚犯摑巴掌和拳打腳踢……逼迫一群男囚犯自慰，並且拍照和錄影……將含磷液體傾倒在囚犯身上……用軍規螢光棒，或許還有掃帚，插進一名被拘留者的肛門……模擬電椅。

津巴多認為阿布賈里布監獄虐囚事件是源自情境而非性格[10]——那些士兵沒有接收正確的聲音。人們經常把那些老掉牙的藉口，像是「我只是服從命令」或「上司叫我這麼做的」掛在嘴邊。其中一名接受軍法審判的士兵奇普・費德利克（Chip Frederick）認為錯在指揮官鼓勵他們苛待囚犯。在紐倫堡大審和盧安達大屠殺審判中，這個藉口都被駁回。為什麼？軍法提倡士兵應該懂得反思，而非一味盲從指令[11]。

然而，美國仍沒有學會該如何善待囚犯。二〇一〇年，青少年卡利夫・布勞德（Kalief Browder）因為被指控偷竊背包，被關在萊克斯島監獄（Riker's Island）長達三年，令人不敢置信[12]。這段時間內，他有七百天都被單獨監禁，而他遭遇殘忍暴力虐待的影片還流傳到網路上。可見每一個層級都會發生濫用權力的行為。

史丹佛監獄實驗結束將近十年後，納粹黨員阿道夫・艾希曼（Adolf Eichmann）的審判，讓津巴多的同學史丹利・米爾格蘭（Stanley Milgram）十分不安。米爾格蘭為了測試人們是否會服從權威，他招募幾名男學生扮演老師，只要隔壁房間的「學生」答錯問題，老師就得用假的電流控制器電擊學生。只要多錯一次，電壓就增加五十伏特，最高可以達到四百五十伏特，足以致命。

他請四十名心理學家預估，會有多少「老師」施加最高電壓。他們預估只有百分之零點一的人會這麼做。事實並非如此！在實驗人員的鼓勵下，儘管聽見隔壁傳來痛苦的哭喊聲，還是有高達百分之六十五的人按下四百五十伏特的按鈕。沒有人會因此得到獎賞、懲罰，也沒有人對學生有私人恩怨。這是純粹的權威偏誤。

我很好奇，如果那些老師看得見學生，而非只聽見聲音，會不會選擇用較低的電壓電擊？

公事包、王冠或白袍象徵的權力，瀰漫在所有人際關係中。**服從是讓心靈省力的**

捷徑，畢竟我們是認知吝嗇鬼。這就是為什麼大多數的人都認同老闆，而老闆也喜歡所有人乖乖聽話。他們不會接納異議，對此，華頓商學院的亞當．格蘭特教授（Adam Grant）斷言：「太多領導者將異議阻隔在外。他們獲得權力後，便不再接收質疑者的聲音，只聽馬屁精的阿諛奉承。他們身邊盡是只會點頭稱是的人，同時會更容易受到諂媚者的誘惑和左右。[13]」

討論到領導能力時，奧運會獎牌得主、世界田徑總會主席賽巴斯欽．柯伊（Sebastian Coe）提醒橄欖球員山姆．瓦伯頓（Sam Warburton）：「軟弱的領導者喜歡身邊圍繞著軟弱的人。」軟弱的領導者也喜歡聽話的人。我曾加入世界田徑總會的性別領導者工作小組，以協助打造性別平等的工作環境，而改革意味著要聽見相異和不同的聲音。時間快轉到二〇二三年。世界田徑總會自豪地宣布，他們成為第一個達到性別完全平衡的國際運動總會。

有時候，不表示意見可能是一種策略，但如此一來便會將權力拱手讓人。沉默，會逐漸成為董事會會議室、新聞編輯室和法庭裡的習慣。

誠如我們可能因為畏懼權威而交出權力，我們也會因為推崇而捨棄權力。

將權力拱手讓給備受推崇的聲音

當我們喜歡或賞識某人時，會不成比例地過度重視他們的意見。歌手辛妮・歐康諾曾這樣形容她十分仰慕的經紀人：

> 只要法赫納（Fachtna）認為是好點子，就一定是好點子。不管他愛什麼，我都愛。他討厭的事，我會試著討厭。我只想著，要一直讓他對我刮目相看。只要是我認為能讓他刮目相看的話語，我就會說；只要我認為能讓他刮目相看，我就會變成那個樣子。有時候，我覺得比起我自己，我更像他。[14]

不論什麼話題，我們都點頭稱是，不會過濾掉錯誤資訊——在**月暈效應**的影響下，我們會假設專家在每個領域都是專家。你能想像牙買加短跑選手「閃電」波特（Usain Bolt）給予政治建言，或前美國總統拜登（Joe Biden）分享健身訣竅的模樣嗎？儘管如此，我們還是會把權力交到受歡迎、有錢或長得好看的專家手中。

資本雄厚的品牌長期以來都利用光環效應，邀請名人代言產品，例如，瑞士公司

Nespresso 為了請喬治・克隆尼（George Clooney）代言宣傳，預估每年要花費四千萬美金。但他真的會泡咖啡嗎？

身為前行銷長，我會積極運用聯名合作的力量。舉例來說，我多年來一直贊助頂尖 ATP 網球巡迴賽、萊德盃高爾夫球賽，以及英國與愛爾蘭雄獅橄欖球隊，以彰顯團隊合作的重要性。我也會邀請舉世聞名的人物參與賽會，包括前美國總統柯林頓。

柯林頓集權力與專業於一身，開口發言時，所有人都洗耳恭聽。他在任期間，經濟發展達到黃金標準，不過他最為人熟知的事蹟卻是一九九八年的莫妮卡・陸文斯基（Monica Lewinsky）醜聞。但美國人還是原諒他，稱讚他的剛毅果敢[15]。醜聞爆發後，他的滿意度上漲十個百分點，達到百分之七十一；他的祕訣是讓其他人感覺良好，而我有幸親眼見證學習。

我在維也納的某場活動中訪問柯林頓之前（這是另一個故事！），我再次意識到，掌權者阿諛奉承的隨行人員，通常只聽付薪水的人所說的話，甚至會因此犧牲自己的專業權力，有時連尊嚴也一併拋棄。只有掌權者的意見是重要的，而不是你；這令人聯想到貓王的「曼菲斯黑手黨」，大部分的職場也是如此！總公司高層有人來訪時，大家手忙腳亂的場面是不是超荒謬？我見過許多平時氣定神閒的領導者，瞬間變成渴望得到認同的小孩子！而我自己恐怕也曾是其中之一！

客戶如果過度敬重顧問或經紀人，往往就只會接受表面上的資訊，草率帶過其他細節。「貓王」艾維斯・普里斯萊過世後，遺族控告經紀人湯姆・帕克上校「不當管理、謀取私利、詐騙和背信」[16]。他們指控他違背「受託義務，以及他的忠實義務和合理注意義務」，以及「用最大化其個人財務收入和利潤的手段，剝削艾維斯」，導致他的客戶受到危害。

舉例來說，六十五歲的帕克每一筆收入都抽取百分之五十的傭金，而業界的平均值只有百分之十。糟糕的交易和建議導致他們少賺數百萬美元。一九七三年與 RCA 唱片公司談成的歌曲版權交易，讓他們一次獲得五百四十萬美元，而一半都進了帕克的口袋[17]。扣完稅後，艾維斯只拿到兩百萬美元左右。然而，艾維斯在一九七二年的收入扣掉帕克的抽成、稅額和各項支出後，淨所得仍有四百萬美元。換言之，光是前一年，艾維斯的收入就已是那筆出售六百五十首生涯作品版權所得的兩倍。。

貓王艾維斯年僅三十八歲就失去所有未來收益的權利。這是一場災難性的交易。

受到他人過度誇張的吹捧是危險訊號。所以，別假設你敬仰的英雄、全心仰賴的顧問或業界專家永遠不會出錯，或者一定事事考量你的最佳利益。他們通常不會。

視專家爲神諭

大部分的人都會相信專業人士的聲音，「因為他們是專家」，但是讓一個人獨占所有權力，可能會成為判斷力的殺手。根據一個人的過往表現和掛在牆上的文憑而做出決定，這稱為**優勝者偏誤**。我們或多或少都會掉進這個陷阱，譬如財迷心竅的建商、一心賺取酬金的律師，或推銷非必要服務的技師。

鮮少專家具備完美無瑕的知識，他們也會誤判線索、誤判市場、誤判趨勢，因為壓力會扭曲理性思考，這就是為什麼合併後的企業仍會失敗，新創公司仍會崩塌；這就是為什麼，監管機構會錯誤解讀馬多夫的騙局和全球金融危機，或是聯邦調查局忽視對校園槍擊案的口頭警告。政治學家菲利普·泰洛克（Philip Tetlock）發現就連沒什麼經驗的報紙讀者，都能預測得比專家準確[18]。

但是，我們還是對專家抱持絕對信任。聽醫生的預後評估時，我們絕大多數的人會宛如燒斷的保險絲一般馬上停止思考，而不是質疑或尋找第二人的意見，即使情況危急也是如此。不論如何，人為錯誤都是第四大死因——大部分的醫療疏失案件都是「診斷缺漏、失敗或錯誤」。

我們以開立抗生素為例。根據美國疾病管制暨預防中心（Centers for Disease Control and Prevention）估算，醫生開立的抗生素中有三成是不必要、五成是不恰當。我自己就見識過預設非開處方箋不可的情況。我八十五歲的母親接受雞尾酒療法，每天服用十八種藥物，有些藥幫助她睡眠，有些藥卻是防止她嗜睡的！如同許多病人，她將不斷開藥給她的醫生奉為大祭司，天真地認定醫生所有判斷都是最好的，所有診斷都精確無誤。她幾乎不提出質疑，以致病痛愈多，處方箋愈多。她的理性思考能力受到局限，讓她對專家不可能出錯的迷思深信不疑。

如同「感覺良好醫生」（Dr Feelgood），有太多宣誓過的醫生一見到病人有一點小病小痛，就開抗生素給他們。為什麼？美國一項研究發現，有些人接收了收銀機的聲音，其他人則是為了取悅病人，或害怕被控醫療疏失[19]。這是綜合多種理由的結果。

律師同樣擁有受到各界吹捧推崇的地位。許多情況下，都是身陷危機而心煩意亂的客戶花錢購買律師的服務。他們委託律師做出決定——提告還是和解、陪審團還是法官審理，認罪協商還是碰運氣？

一份關於財務和解的研究，其比較律師在開庭前拒絕的條件與開庭後的審理結果

[20]。在百分之六十一的案件中，原告的律師誤判審理結果，因此拒絕了更有利的開庭前和解，導致原告平均損失了四萬三千一百美元。辯護律師的表現也沒好到哪裡去。在百分之二十四的案例中，律師都拒絕了更有利的訴訟前和解提議，導致企業客戶平均損失一百一十四萬美元。

專家不總是對的，但我們還是依賴他們、信任他們，尤其是財務相關的事宜。舉例來說，研究發現百分之九十四的理財經理，都宣稱自己的表現屬於「最高四分位數」，意即在同行中排名前百分之二十五；但事實上，這是他們選擇對自己最有利的時間段所計算出來的。《金融時報》報導了幾個例子，例如，一名基金經理吹噓自己「十年來都名列最高四分位數，但是他其實在一年、三年和五年內都屬於最低四分位數」；有些人「一年內的績效很好，但是長期來看表現差強人意」[21]。不疑有他的投資人便自然而然信了那些專家，但這樣是不對的。

作為決策者，我們有責任把目光放遠，不能只看誤導人的宣稱或證書、獎項，而是要盡職地調查，即使這個嘈雜世界往往不給我們太多時間。不要因為寄託錯誤的推崇，或者更糟的，是因為對方的語調就假設專家永遠不會錯。

虛假的權力訊號：語調

我們有時會從語調，直覺判斷誰有權力，而這跟第一印象一樣是馬上產生的。五十份分析總統辯論的研究發現，比起聲音尖銳的對手，低沉的男性嗓音更容易贏得辯論，且獲勝的幅度更大[22]。

研究人員以同一段話進行測試發現，百分之七十的人都投給聲音更低沉的候選人，因為他看起來更有領導風範[23]。比起邏輯，這更多是心理學層面的影響，其中一部分可以用**對比效應**解釋。大嗓門會讓輕柔的嗓音顯得更輕柔，且前者還會伴隨所有不理性的聯想，反之亦然。

心理學家娜里妮．安巴迪（Nalini Ambady）提出證據，證明說話的語調會影響行為。她分析解讀醫師與病人的對話錄音，預測哪些外科醫師會被告。她的作法是分析大量的四十秒錄音片段，並個別分析了溫暖、充滿敵意、掌握主導權與焦慮的語調，其結論是掌握主導權的醫師被病人控告的風險更高。為什麼？我們會因為一個人的語調而萌生敬意或不尊敬對方，從而決定我們是否喜歡對方。由此可證，語調會影響病患的決定。

另外，語調也會成為利於決策的資產，或拖累決策的累贅。如果撒瑪利亞會（Samaritans）的防輕生專線，或敏感議題的談判過程中語調出錯，便可能釀成悲劇。正確的語調可以把人從橋上勸下來，或促成和平協議。

語調是虛假的訊號，只能傳達表面上的威嚴，而這應該屬於塞勒所說的理應不相干因素。然而事實並非如此。與此同時，語調直接影響了性別差異。

音高較高、語速又快的女性，鮮少出現在董事會，或以首長身分站上演講臺。因此，前英國首相柴契爾夫人（Margaret Thatcher）和梅伊（Theresa May）都認為有必要接受特別口說訓練。就連伊莉莎白・霍姆斯（Elizabeth Holmes）也特地學了低沉的男中音，藉此打進矽谷的世界。語調和音高會放大不平等，不利於音高較高的員工，也會忽視溫柔的力量。

被人說服或不被人聽見，並不是什麼新鮮事。誠如瑪莉—安・席格哈特（Mary-Ann Sieghart）在《權威鴻溝》（*The Authority Gap*，直譯）一書所言：「我們都會假設男性很能幹，除非事實證明他不是；而我們都會假設女性不能幹，除非事實證明並非如此。」她說得沒錯。待我們討論美貌偏誤時，會再回來討論這個偏見的後果。

除此之外，就連語速也會影響解讀與可信度。

身為一個語速很快的人，我知道如果想讓別人聽見我的聲音，就必須考量別人會如何解讀我說的話。假設有人在網路研討會上用電腦調慢我的語速，我就知道自己得做出調整了！如果用科技工具編輯聲音，或用人工智慧深偽技術複製聲音，就有可能扭曲語速。音樂創作人經常運用軟體混合音軌，以追求更好的聲音，正如電影製作人會調整語調以符合角色形象。雖然明知會基於商業考量做出操縱，我們還是會被自己聽見的聲音所欺騙。

人們的對話鮮少是清楚明確的，通常會摻雜許多可能成為「雙面刃」的文字。一九六一年，時任美國總統甘迺迪（John F. Kennedy）針對入侵古巴的豬灣行動（Bay of Pigs）聽取意見時，他的參謀長表示「蠻有可能成功」。他們的意思其實是成功機率只有三成，只是沒有明說。然而，甘迺迪的解讀是情勢對美國有利，他很有可能只聽見「成功」，而沒聽見「蠻有可能」，因此發動攻擊。幾百人死亡，對冷戰造成深遠的負面影響。

甘迺迪公開對蘇聯共產黨喊話的語調，充滿氣勢和絕不妥協的決心。甘迺迪政府為太空競賽投入一千八百五十億美元，並壯大軍事力量以協助亞洲和西歐國家。然而蘇聯領導人和美國公民聽見的並非事實。

畢竟，你所聞從來不是全貌。

接下來幾年，繼任的總統仍然延續態度強硬的外交政策，但歷史紀錄解密後便發現，關起門來時，甘迺迪採取的是願意和解的語調。他與蘇聯前最高領導人赫魯雪夫（Nikita Khrushchev）祕密會談以避免核戰爭，提倡和平並簽署《部分禁止核試驗條約》裁減核武。對外展示國家軍事力量和權力，掩飾了缺乏自信的內在——商業和世界領導者經常如此。**經過精心編排的形象，往往會掩蓋真相。**

傳達訊息時，用字遣詞顯然是至關重要的元素。

文字作爲權力的武器

你的成功是因真正有實力，還是因為你營造出自己有實力的模樣？這之間的差別很重要。語言可以表達權力，而來勢洶洶的語調通常能平息異議。我在倫敦工作時，一名慣於連續併購的企業家經常提高嗓門、拍桌子，甚至在協商過程中怒氣沖沖奪門而出。大家都害怕招惹這頭熊，所以都讓著他。他因此談成許多「無法談判」的交易。這是一種運用權力的策略，就像「最佳且最終」條件，或用截止期限強迫對方讓步。

憤怒或生氣的語調可以抓住眾人的注意力，也能震懾他人。對決策大師而言，最重要的是這如何影響其他人的想法、評估和選擇。

心理學家拉瑞莎・蒂登絲（Larissa Tiedens）運用美國軟體資料，說明了比起總是愁眉苦臉的同事，經常怒氣沖沖的人看起來地位更高、是更好的榜樣[24]。她給受試者看了柯林頓為陸文斯基醜聞作證的影片，他在某些片段的肢體語言流露出怒氣，有些則是懺悔。受試者的結論是，柯林頓生氣時看起來更有權力。

由於發怒不見得對所有人都有用，因此有些蠻橫的老闆會用恐懼駕馭下屬，讓員工只能對老闆低聲下氣。例如，亞馬遜的企業文化「以惡言相向出名」，其創辦人兼執行董事長貝佐斯激烈又尖銳的言詞，可說是惡名昭彰。「哦抱歉，我今天吃笨蛋藥了嗎？」或是「如果再聽到那個想法，我就去自盡。[25]」與他形成對比的，是和藹可親的企業巨星馬雲，即使身處反資本主義的環境中，他仍然以超越文化界線的聰明才智出名。

憤怒是潛伏性的情緒，甚至會影響到與之無關的後續決策。如果你早上很生氣，那股怒氣就會影響你在下午做的決定。也許你會變得比較不大方或變得更嚴厲？這種潛在因素會加劇錯誤解讀。事情從來都不是表面上的那回事。

另外，說話順序也會影響有多少人能聽見你說的話，尤其是在商業界。

正如婚禮或各種活動的座位安排，「順序」也會暗示階級。我受邀前往華府參加白宮記者協會的晚宴，聆聽時任美國總統歐巴馬（Barack Obama）的最後一場演說，我對自己擁有這份榮幸感到雀躍無比。不過當我看見自己坐的那一桌，位在距離總統講臺最遙遠的走道上，我很快就明白了自己真正的地位！

較早發言的人通常被視為擁有更高的地位。不過，假設你是現場職位最高的人，請留意不要率先發表意見。絕大多數人都會順從領導者的聲音。南非反種族隔離運動家曼德拉（Nelson Mandela）十分敬佩自己的導師瓊津塔巴．達林岱波酋長（Jongintaba Dalindyebo），因為他總是先聽完所有人的發言，最後才發表自己的意見。

另外，**正面的用字遣詞，可以加速累積權力**。舉例來說，網路鞋商 Zappos 創辦人謝家華（Tony Hsieh）建立網路鞋履零售帝國時，秉持著快樂的座右銘：「創造歡樂和一點古怪。」他成功了。二〇〇九年，亞馬遜以十二億美元收購 Zappos[26]。

我認識聯邦快遞創始資深副總法蘭克．馬奎爾（Frank Maguire）時，他透露自己多年來都告訴所有員工三個字：「你最棒。」我永遠不會忘記。在他的同名著作中，他說這不僅是認可員工的表現，還能提升獲利。一九八〇年起，聯邦快遞便從每月損失一百萬美元，轉為每年成長百分之四十。現在「聯邦快遞」成了動詞。馬奎爾說得沒錯，動機是短暫的，得到認可卻能延續一輩子。

不過，如果是虛假的認可就需要重新解讀，尤其是公司準備合併之時。

不公平世界裡的權力運作

前美國銀行執行長大衛・寇特（David Coulter），在一九九八年策劃了價值六百四十億美元的眾國銀行（NationsBank）合併案。採取軍事化作風的眾國銀行總裁休・麥考（Hugh McColl），以毫不留情的手段完成超過三十件收購案，簡直像「在抽屜裡放了一顆手榴彈」[27]。

相較之下，寇特是個「溫文儒雅的知識分子，他相信自己能接任麥考的位置」。畢竟，好人會得到獎賞，邪惡會受到懲罰——這反映出所謂的**公正世界假說**。

寇特沒有重新解讀情勢，未察覺到「團結一心」只是虛情假意。合併那一日，麥考在員工大會上不讓他出頭時，他就應該察覺警訊了；或者，當發現管理層職位都由眾國銀行的人擔任、董事會的人事安排都對眾國銀行有利時，就應該發覺不對勁了。前美國銀行董事山佛德・羅勃茲（Sanford Roberts）說寇特沒剩幾天了，「他們在找一個藉口」。而他們找到了。銀行發生重大交易損失後，麥考的「確定接任者」便不得不打包走人。[28]

寇特是不是和馬雲一樣，誤判情勢？他出現不注意失聰的症狀嗎？大部分的員工都認為世界是公平的，辛勤工作一定會得到回報。但這只是假象！

這也是非常普遍的假象。特斯拉（Tesla）共同創辦人馬丁・艾伯哈德（Martin Eberhard）學到最寶貴的一課，就是被董事會驅逐。他後來控告馬斯克誹謗。他告訴印度《經濟時報》（*Economic Times*）記者：「我完全沒料到這一切會發生。我學會不要那麼相信別人了。這是令人難過的現實，但這是真的。」類似的情況也發生在 OpenAI 創辦人山姆・艾特曼（Sam Altman）身上，他因為安全疑慮被開除，但是幾天後就被微軟僱用，不到一星期就回到 OpenAI 了！

我成為高階主管的那一天，一名執行長就告訴過我，不要期待世界是公平的。他不是靠著「當個好人」坐上這個位置的。的確，他並不是。

無論如何，在企業的權力遊戲中，職位權力永遠都是借來的，真正的權力潛藏其中。每年都會有執行長造成公司股價下跌後，拿著鉅額資遣費離開公司，沆瀣一氣的董事會成員也能僥倖逃脫處分，然而，忠心耿耿和抱持反對意見的員工，卻會因為莫須有的理由被迫走人。被解雇的意見領袖往往成為一種警告訊號，而那些對權謀鬥爭一無所知的人則被捲入紛爭，成為犧牲品。

不論是否公平，有先見之明的領導者都會主動出擊保護自己的權力。想想看Meta創辦人馬克・祖克伯，他永遠不會被開除。「我算是掌握了公司的表決權，那是我很早就開始關注的目標……要不是如此……我可能早就被開除了。[29]」

政府也會基於相同的理由更改政策。中國的全國人民代表大會廢除任期限制後，習近平主席便能夠一輩子統治中國；俄羅斯公民修改憲法，讓普丁可以連任至二〇三六年。掌權者受到眾人以禮相待很稀鬆平常。二〇〇八年，儘管明知戀童癖者傑佛瑞・艾普斯坦（Jeffrey Epstein）的被害者有三十人都是未成年，前南佛州地方檢察官亞歷・阿科斯達（Alex Acosta）還是與他達成私下協議。公共責任辦公室（Office of Public Responsibility）坦承那是「糟糕的判斷」[30]。前首席檢察官瑪莉・維亞法納（Marie Villafaña）指出「制度中根深蒂固的隱藏偏誤」會妨礙伸張正義。這加深了所向披靡的錯覺。

史丹佛組織行為學教授傑夫瑞・菲佛（Jeffrey Pfeffer）指出，權力本身就包含讓人原諒的力量。「一旦你掌握了權力，人們會原諒甚至忘記你為了取得權力所做的一切。」[31]所有證據都顯示，他說得沒錯。

有些領導人權力大到讓人無法將他們繩之以法！

有些領導者甘願交出權力、退休或加入「大離職潮」（Great Resignation），但是在大多數情況下，掌權者是因為運氣不好、時機、交易、主事者改變或董事會施壓而失去權力。正如某個人曾對我說：「也許就只是因為你的形象不合。」不論出於什麼原因，失去薪水、頭銜和習慣的例行公事，都會讓人覺得彷彿天塌下來了。一份研究發現，瑞典人失去工作後其死亡風險會增加[32]，在這種情況下，滅亡之聲會迴盪得更加響亮。

許多年前，我上了一堂非常棒的真誠領導課程，由前美敦力（Medtronic）執行長暨哈佛教授比爾・喬治（Bill George）授課。他主張應該以「價值觀」領導屬下，遵循自己心之所向。聽起來很老套，但有多少人做得到呢？聽完之後，我很想在那個星期就辭職！而權力地位的變化，正是你抓住這類轉機的時候。

重新定義權力

如同商業人士、音樂家、學者和演員，運動員整個生涯中也在輸與贏之間來回擺盪。他們一輩子都活在鎂光燈下，有些人渴望再次獲得追捧和飆漲的腎上腺素。失去權力之後，有些人懼怕自己變得沒沒無聞，有些人則會改造自己。

美國傳奇網球名將約翰．馬克安諾很瞭解如何贏球，他生涯總共拿下一百五十五座ATP單打和雙打冠軍，其中包括七座大滿貫冠軍。他與比雍．柏格（Bjorn Borg）和吉米．康諾斯（Jimmy Connors）的傳奇對決，讓一九八〇年代數千萬名超級球迷津津樂道。數百萬名觀眾都希望他獲勝，而他有一段時間確實屢戰屢勝。

馬克安諾忠於自己的聲音，在球場上直言不諱是他的註冊商標，是所有人對他最鮮明的印象。他的聲音究竟是資產還是累贅？人們有看見他或聽見他嗎？不同於心理學家蒂登絲的研究發現，媒體不認為憤怒能讓人在運動場上顯得莊重。

如同許多成就斐然的完美主義者，或許他最大的誤判就是聆聽批評的聲音、他自己的聲音或其他人的聲音。漸漸地，他的婚姻分崩離析，網球場上的鎂光燈也逐漸淡去。馬克安諾明白了最苦澀的落敗方式——在大眾面前落敗。在《你不是說真的吧》

（*You Cannot Be Serious*，直譯）一書中，他寫道：「任何曾經登頂的人都一樣，當你不再處於巔峰，所有事都會接二連三失控，難以找到回去的路。」[33]

不過，他並沒有選擇自怨自艾、裹足不前，而是接收自己的聲音，勇往直前。他開玩笑說，三十七名心理學家的幫助真的有用！他精明的經紀人蓋瑞・史威恩（Gary Swain）也是功臣，他三十年來致力於滿足客戶所有需求，與帕克上校形成鮮明對比。在馬克安諾最後一場比賽結束，觀眾散場回家後的數十年，他做出一連串明智的判斷，鞏固了自己在網壇的重要地位。

我問他，那些源源不絕來要簽名照的人會不會讓他感到筋疲力盡，他說自己永遠不會厭倦。「誰不想知道自己深受喜愛呢？」他是運動界最受歡迎的人物之一，他的職業生涯始於美網球童，之後一飛沖天成為四屆美網冠軍，更因為播報美網賽事而獲得艾美獎提名。

他學會如何改造自己的職涯，不以單一身分定義自己。他以音樂家、暢銷作家、藝廊老闆、慈善家、自豪的丈夫與父親的身分，找到重返巔峰的道路。他的聲音啟發了好幾代人——二〇二三年他在史丹佛大學畢業典禮發表演講，是一八九一年後第一位受邀致詞的運動員，達成與歐普拉（Oprah Winfrey）和比爾・蓋茲（Bill Gates）相同的成就。馬克安諾在演講中強調「觀點」的重要性。儘管在一九八〇年溫布頓決賽中與冠軍獎盃擦身而過，他卻有更大的收穫。當他得知曼德拉在獄中看了他與比雍・柏格的對決，他說：

我們讓曼德拉在痛苦無比的二十七年政治監禁歲月中，獲得了短暫的喘息，在我看來，這比我獲得的任何獎項都還有意義。

他的重點是：「你不一定要獲勝，也能參與一件十分美妙的事。」火爆浪子回頭了。不論從哪一方面來看，馬克安諾都先馳得點。

接收：責任之聲

孤單不應該是美德。史丹佛組織行為學教授傑夫瑞・菲佛呼籲領導者應該尋找盟友、建立人脈以鞏固權力。他認為，人們確實會為了權力爭得頭破血流，但那不是黑魔法，且必須有責任地運用。

「如果想把權力用在好事上，就要讓更多好人獲得權力。[34]」

綜觀歷史，諸如曼德拉、前美國總統林肯（Abraham Lincoln）和美國民權運動領導者馬丁・路德・金恩（Martin Luther King Jr.）等領導者，都因為運用自己的聲音促進民主和人權而備受讚譽。每一天，企業、社團和社群領袖都發揮他們的影響力做好事，而其中有些人發揮了龐大的影響力。

一九八〇年代，賴瑞・芬克（Larry Fink）是第一波士頓（First Boston）的一流固定收益交易員，更是公司史上最年輕的常務董事。但是市場瞬息萬變，導致公司損失數百萬。他回想當時說道：「我和團隊覺得自己像超級巨星。管理層愛死我們了。我當時正摩拳擦掌，等著成為公司的執行長。接下來……這個嘛，我搞砸了。情況非常糟糕。[35]」他後來憑著一系列收購策略，以及投入資料導向技術，與七名同事成立貝萊德公司（BlackRock）。貝萊德於二〇〇六年收購美林投資管理公司（Merrill Lynch Investment Managers）後，我以員工的身分觀察到三件事：樂意傾聽、持續關注團隊文化，以及致力於長期投資。

「貝萊德是個嘗試銷售希望的公司，要不是相信三十年後會變得更好，怎麼會有人願意投資一個東西三十年？[36]」

芬克接收到市場、儲蓄者和客戶的聲音。二〇〇四年，他因為「不夠有自信」，放棄了巴克萊全球投資（Barclays Global Investors）收購案[37]，直到二〇一〇年，他才完成收購。Casey Quirk 顧問公司的評論是：「十年後回頭來看，這筆交易看起來很棒。但當時正值金融危機，因此那是一筆龐大得嚇人的交易。」這段時間內，股價從一百七十八點五二美金，飆漲到四百四十三點八一美金[38]。

只要芬克開口，政府、聯準會和智庫都會凝神傾聽。芬克實踐米爾頓·傅利曼（Milton Friedman）提倡的企業社會責任，運用他的聲音在年度致股東的信件中，敦促業界領導者推廣永續投資。「我一直以來都深信，執行長必須在這個世界運用自己的聲音。」他告訴麥肯錫企管顧問公司：

> 我們需要一個有責任感的聲音，也必須有一個人為儲蓄者發聲。必須有人挺身而出——向政治人物喊話、向監管機構喊話。但是不能光是喊話，還要與他們對話[39]。

芬克說自己永遠都有一點疑神疑鬼。在《致富心態》（*The Psychology of Money*）一書中，摩根·豪瑟（Morgan Housel）描述了一種有如槓鈴般的平衡個性，這是投資成功的關鍵，也就是「樂觀看待未來，但同時對未來可能發生的事疑神疑鬼」[40]。

貝萊德以前的座右銘——機會是留給準備好的人，反映出樂觀的心態；而現在，貝萊德已然是華爾街的投資巨頭，資產正在朝十兆美元邁進。

偉大的組織都有宏亮的聲音，但是最偉大的領導者會用他們的聲音做好事。

總統建設圖書館、體壇傳奇建立學校，而基金會以財富幫助他人。曼聯足球俱樂部前鋒馬可斯・拉許福特（Marcus Rashford）小時候是靠社會福利維生，後來，英國政府決定停止在暑假提供免費營養午餐後，他成功說服國會翻轉這項決策。這就是用權力做好事的例子。

前美國總統柯林頓曾說：「**比起展現我們有權力的模樣，成為榜樣所產生的權力更令人印象深刻。**」他結合外交手段、面面俱到的思維和耐心，因此能達成世界和平。他擔任中間人，在一九九三年促成名留青史的中東和平協議，讓不共戴天的以色列總理伊查克・拉賓（Yitzhak Rabin）和巴勒斯坦領導人雅瑟・阿拉法特（Yasser Arafat），象徵性地在白宮草坪上握手言和。二十五年前，他在北愛爾蘭穿針引線促成《耶穌受難日協議》（Good Friday Agreement），後來他稱之為「我這輩子最大的福氣之一」[41]。一九九八年，時任美國總統小布希投資一項龐大的愛滋病緊急紓困計畫，抑制日益擴散的疫情。截至二〇二三年，這項先見之明的投資，估計總共救了兩千五百萬人的性命[42]。

不論你握有什麼權力，都應該用來做好事。

不論你想要什麼權力，都要聽取正確的聲音。

運用權力做好事的一大動力，當然是出於自我和讚揚自我的渴望。自我可以成為良善的力量，但也會成為一個毒性最強卻鮮少人察覺、容易造成誤判的障礙。

本章重點

- 判斷自己是否擁有權力，以釐清是否有誤判的風險和對自己不利的權力運作。
- 小心思考你想要什麼。剛愎自用地追逐權力會限縮眼界。你會妨害自己傾聽重要的聲音，還有可能吸收錯誤而非破譯真相。
- 不論你是有實權的人還是權威人士，權力都會讓你產生聾點。雖然其他人都聽你的聲音，但是這不僅會限縮你接收其他聲音的意願，也可能會威嚇到一些人，使他們陷入沉默。

- 過度接收偶像或專家的聲音，會減少一個人的理性思考和個人權力。一旦其他人控制你的聲音，就表示你已經失去權力，捨棄你的氣節。
- 評估一個人是否擁有權力時，不要過度看重對方的語調、語速、姿態或音高。語調可以刻意裝出來，或者用軟體重新製作。
- 我們需要付出努力，才能打造強而有力的領導地位。選擇輕鬆的路只會快速通往平庸，而非通往權力。
- 贏得愈多，就愈害怕失去，而就是在這個時候，判斷力會受到最大威脅。害怕失去的恐懼會使人做出短視近利的糟糕決定，重重打擊名聲、收益和人際關係。
- 世界是不公平的，所以隨時準備好失去權力吧！權力永遠都可以重新定位、重新塑造、重新定義。
- 獲得權力，只是讓你擁有暫時的特權。做出負責任的決定，用權力造福社會吧！

Ego-based Traps

第5章

自我陷阱：沒有什麼比得上我

自我死去時，靈魂將甦醒。

印度聖雄　甘地（Mahatma Gandhi）

美國創業投資公司紅杉資本（Sequoia Capital）將加密貨幣交易平臺FTX的創辦人山姆・班克曼–佛萊德（Sam Bankman-Fried）形容成救世主：「他的才智有多令人驚嘆，就有多令人畏懼。」班克曼–佛萊德對自己的描述是「我上了每一本雜誌封面，FTX則是矽谷的心肝寶貝」。

享譽盛名的投資公司，例如紅杉、貝萊德和軟銀都一個接一個跳進比特幣的瘋狂旋風中。「政治人物蜂擁而來，NFL明星四分衛湯姆・布雷迪（Tom Brady）也是增加熠熠星光的粉絲。」[1]班克曼–佛萊德與各國領袖肩並著肩，甚至拍了一支超級盃廣告。

FTX以加密貨幣的道德底線自居，截至二〇二二年十月，市值已經攀升至三百二十億美元。一個星期後，身陷行為不當和管理失靈指控的班克曼－佛萊德，向美國法院聲請破產。焦慮萬分的他，沒有想太多就在巴哈馬發推特說道：

> 我搞砸了，我應該可以做更好的……我正在拼湊所有細節，但是幾天前看見一切像那樣分崩離析，還是讓我感到很震驚。

他後來又解釋：「我們自信過頭又太輕率了。」他向目瞪口呆的記者解釋他可能盜用了客戶的資金。「我不知道違反了使用條款……我不知道使用條款的每一行寫了什麼。我無法很確信地說沒有這一條。[2]」他喋喋不休的壞毛病，讓他無法阻止自己承認收受高達數千萬美元的非法政治獻金，美國公共廣播電臺（NPR）稱此行為是「給檢察官的禮物」。禮物拆封，司法部指控他十二項罪名，包括詐欺和挪用八十億美元的客戶資金。最終判決結果是，罪名通通成立。

有些人就是只在乎自己說了算，根本不管事情本身對不對。如果你被自己虛偽的才智欺騙，或者你身邊盡是逢迎諂媚之聲，那麼你很容易就會感到脆弱。「自我」是一個危險的詞彙，威脅著掌權者與謀權者。

自我主義是一個光譜。假如只有一點點毫無根據的吹噓和虛榮炫富，沒什麼殺傷力，我們都會這麼做，好讓自我感覺良好；倘若開始大量吹噓和炫富，無止盡地追尋認可和獎賞，會成為殺死你職涯的致命弱點。

本章將以圍牆陷阱中的權力陷阱為基礎，闡述六個與自我相關的偏誤，將如何在最意想不到的情況下導致我們的判斷偏離正軌。我不會探討自我脆弱或自尊，而是要談談過度依賴自己的聲音，是多麼危險的錯誤資訊、誤聽和不幸來源。

我會引用記者、慢跑者、科學家、探險家和創新家的故事，講述我們如何認為自己的判斷所向無敵（**效度錯覺**〔illusion of validity〕）、自己的觀點精確無誤（**過度自信**〔overconfidence〕），以及自己比其他人厲害（**優越錯覺**〔illusory superiority〕）。認為我們自己的想法不可能會出錯（**無懈可擊錯覺**〔illusion of invulnerability〕），所以說服自己一切都行得通。我們不會認知到自己的不足（**達克效應**〔Dunning-Kruger effect〕）。我們常把成功歸因於自己的才能（**歸因謬誤**〔false attribution〕），因此才會認為所有人都在盯著我們出錯，彷彿我們是《楚門的世界》（*The Truman Show*）的主角楚門。因此，掌權者會低估風險、拒絕聽取建議，並忽略及時的批評。要成為決策大師，我們得學習如何克制自我。

「自我」廣播電臺

立意良善的領導者如果被誤導，就很容易出現以自我為中心的失聰。在歷史的長河中，遍布著付出高昂代價的例子。和平主義者「聖雄」甘地，沒有與大英帝國協商要求善意的回報，便號召一百萬名印度人加入英軍投入第一次世界大戰。時任英國首相張伯倫（Neville Chamberlain）天真地相信希特勒虛偽的承諾，以為他不會宣戰。

我們太常以為自己的解讀和預測確鑿無誤，這種對於自己判斷的過度自信，稱為**效度錯覺**[3]。每一天，專業人士都會掉進錯覺的陷阱，忽略所有與事實不符的思維。

紐約投資公司 Access International Advisors 的法國創辦人之一提耶西・德・拉・維雨榭（Thierry de La Villehuchet），在投入數十億元給伯納・馬多夫的基金時，對馬可波羅提出的證據充耳不聞。他相信自己親眼所見，不相信自己雙耳所聽。七年來，他都沒有質疑單方面的報表，或是百分之一到二的平均月收益。馬多夫錯綜複雜的可轉換價差套利（split strike conversion）策略是根據市場調整，但與標普一百指數的關聯卻只有低得令人瞠目結舌的百分之六。這一點也不合理。市場瞬息萬變，維雨榭卻只對馬多夫的交易對帳單做了一點點的盡職調查。

為什麼這位接受過良好教育的專業人士，沒有將數學上不可能達成的收益解讀為異常呢？維雨榭選擇傾聽業界巨頭的聲音，忽視一個滿嘴數字的書呆子，對自己親眼所見深信不疑——耶誕老人送來的投資圖表、馬多夫的魅力和他在華爾街的名聲。他的誤判導致他個人積蓄全部付諸東流，而他的投資客戶則總共損失一百億到三百五十億美元。他最後付出的代價不只是金錢。這位驕傲的法國商人了結自己的生命，以悲劇收場。

如同馬可波羅的推論，有時最簡單的解決方式就是最明顯的那個。奧坎剃刀（又稱為簡約法則）是十四世紀提出的哲學理論，主張與其選擇複雜的解釋，不如相信較簡單的版本更有可能為真。以這個案例來說，確實是如此。

要成功又要做對的事，其所承受的壓力更勝過往，尤其當你為此付了一大筆錢，或收了一大筆錢！如果你和大多數汲汲營營者或領導者一樣，就會希望自己看起來很聰明。公司也會如此期待。避免做出愚蠢的決定，是讓你看起來很聰明的捷徑。然而，想當一個聰明人是明智的，想當大家眼中的聰明人，就是愚蠢之舉。

媒體會把業界巨擘吹捧為巫師、神諭、天才或救世主。比如巴菲特是「奧馬哈神諭」、艾維斯是「搖滾樂之王」、賈伯斯（Steve Jobs）是「天才」，伊莉莎白・霍姆斯是「奇才」。**偶像崇拜的標籤會加劇錯覺。**

在現代這個不太容易原諒和容忍他人的世界，根本不可能這麼理想。在社群媒體上，我們無處可藏。就算其他人不因為你犯的錯而懲罰你，受到迫害的人也會懲罰你——除了那些接收自己聲音、收聽「自我」廣播電臺的人。

登山獨角戲

我們都認識一些喜愛自己聲音的人。我們自己有時候就是如此！不論對方是客戶、同事還是陌生人，比起聽別人說話，談論自己更令人愉快。對此，我最喜歡舉以下這個例子說明。

美國德州人迪克·巴斯（Dick Bass）五十五歲時，創下最年長登頂聖母峰的紀錄，成為家鄉家喻戶曉的名人。有一次巴斯搭乘美國國內航班時，為了消磨時間，他向鄰座的乘客講述起自己的登山壯舉。飛機降落時，他才正式介紹自己的身分。

鄰座彬彬有禮的乘客也報上姓名：「你好，我是尼爾·阿姆斯壯（Neil Armstrong）。很高興認識你。」巴斯十分錯愕。順帶一提，阿姆斯壯過世前，我曾與他深入對談，稍後將分享他的一些見解。總之，如果你只聽見自己的聲音，就會錯過其他人寶貴的聲音。**真正的智慧是少談點自己的事，並在至關重要的時刻多聽聽別人的聲音。**當然，我們不太可能隨時隨地都保持高度專注，一字不漏地聽別人說話，但至少可以確保聲音的失真度和訊噪比愈低愈好。

如果你覺得自己說太多話了，有一個實用的口訣可以幫助你：W.A.I.T.（等待），展開來就是「我為什麼說話？」（Why am I talking?）。如果你真的停不下來，可以試試 W.A.I.L.（哀號），「我為什麼不聆聽？」（Why aren't I listening?）。這個 WAIL—WAIT 口訣有雙倍效果！

有時候，領導者真該聽聽自己所說的話。東尼．海華德（Tony Hayward）接任英國石油公司（BP）執行長時，他提到公司的績效「糟糕至極」，只會「大量重複作業」，並宣稱英國石油公司關心「小人物」。嗯？公司股價毫不意外地暴跌[4]，同時公司位於外海的鑽油平臺爆炸後，一億加侖的原油汙染了墨西哥灣長達八十七天，還有十一名工人死亡。

自戀會在一夜之間摧毀聲譽。海華德接受美國廣播公司（ABC News）記者黛安．索耶（Diane Sawyer）訪問，他除了道歉之外還說：「沒有人比我更希望這整件事結束。我希望過回原本的生活。」這位顧影自憐的執行長繼續說道：「我們到底做了什麼才被折磨得如此慘？」他忍不住抱怨[5]。十年後，英國石油公司仍然沒有補償墨西哥灣的漁民[6]。

關於領導者只相信自己一廂情願的說法，美國管理學教授大衛．柯林森（David Collinson）稱此為「百憂解式領導」（Prozac leadership）[7]。對此，**其中一個破解自我中心偏誤的好方法就是尋找反面觀點**。但是，我們不願意聽取建議。我們投入太多心力建立和確認自己神聖的信念；若四處尋求他人建議，通常會被解讀為懦弱或「承認自己愚昧無知」[8]。

你徵求其他人的意見後，會調整自己的觀點嗎？專家不會、董事會不會，律師鐵定更不會。一份研究發現，百分之八十二的律師都聲稱他們在預測陪審團裁決時，會尋求第二人的意見，但事實上，他們從不重視或採取那些意見[9]。

聆聽建議可以為你的人生或事業重新導向。話雖如此，**不切實際的樂觀**（unrealistic

optimism）與**自我信念**（self-belief）仍是許多企業家的動力來源。

自我信念的教條

一九九〇年代末期，馬可・班尼歐夫（Marc Benioff）卸下甲骨文公司（Oracle）副總裁一職，並在舊金山一間只有單間臥房的公寓裡創業。那時，鮮少創業投資人看好雲端運算的潛力。他接受科技新聞網站 TechCrunch 訪問時表示：「我們在募資時，沒人願意給我們錢。」所以在一九九九年，他與合夥人以五十萬美元的資本成立一間新創公司 Salesforce。

班尼歐夫以兩百七十七億美元買下溝通軟體 Slack 時，投資人都認為他瘋了，股價因此下跌百分之八。在交易前先歌功頌德是很常見的。時任 Salesforce 營運長布雷特・泰勒（Bret Taylor）說：「對我們的每一位客戶來說，現在沒有任何產品比這個更貼近他們的需求、更恰逢其時了。」[10] 這股狂喜的熱忱持續燃燒。時事評論家形容班尼歐夫對於投資的說法是「充滿極度誇張的吹捧與讚美」。

班尼歐夫傾聽自己內在的聲音。「我們堅信世界已經改變，往者已矣，我們正置身於新世界。」截至二〇二三年十二月，Salesforce的市價達到兩千五百三十億美元。

像班尼歐夫和班克曼－佛萊德這樣的企業家、投資人和創業投資人，會展現出極端的自我信念。惡意收購的王者卡爾・伊坎（Carl Icahn）是極為成功的投資人，儘管他的父親總是嘲諷地說：「你沒有才華，去當醫生吧。」伊坎沒有接收他的這句話！擅長突襲收購的伊坎，他的紀錄片在環球航空（TWA）、Netflix和Apple TV+等影音平臺獲得數十億次觀看。

他的策略是什麼？他經常對主流意見唱反調，刻意採取相反的立場。

例如，潘興廣場資本管理公司（Pershing Square）的執行長比爾・艾克曼（Bill Ackman）做空營養保健食品公司賀寶芙（Herbalife）十億美元，接著，指控他們整間公司就是金字塔型騙局。艾克曼希望賀寶芙的股價跌入谷底。伊坎故意和他唱反調。兩人隨後公開爆發激烈口水戰。交易人紛紛轉到商業頻道（CNBC）聽兩人的激戰，紐約證券交易所的交易量下跌兩成。伊坎是對的，賀寶芙活下來了。

不過，這是一種平衡。如果最聰明的領導者不聆聽自己的聲音，就會做出誤判。二〇一七年開始，伊坎因為與市場對賭而損失了九十億美元。他告訴《金融時報》記者：「或許我最近幾年犯的錯，就是沒有堅持我自己的意見。」[11]這讓我想起美國知名主持人歐普拉曾說：「我這一輩子都信任那微弱而內斂的直覺之聲。而我犯錯的時候，往往就是沒有聽從它的時候。[12]」

知道該如何選擇性傾聽正確的聲音是一種技能。有個產業在這方面做得很好，就是娛樂產業。音樂家擁有非常優秀的能力可以重新解讀和詮釋他們聽見的音符。

以翻唱為例。超過一千六百位歌手翻唱過披頭四的熱門金曲〈昨日〉（Yesterday），創下金氏世界紀錄。歌手充分掌握了這門技藝，可以接收複雜的編曲、和弦、和聲與速度，加入不同的層次後，將這些概念轉化成獨一無二的聲音。這需要與生俱來的自我信念才能辦到。儘管如此，還是有人會受到暫時的冒牌者症候群困擾。約翰·藍儂（John Lennon）說過一句名言：「一部分的我認為自己是失敗；另一部分的我，則認為自己是無所不能的神。[13]」

決策大師要面對的另一個危險的自我偏誤是**過度自信**。

高於平均的舞者與決策者

我們的事業愈成功，愈容易認為自己是對的，正如甘迺迪、馬雲和班克曼—佛萊德的例子。一如我們看待自己的財產或寵物的樣子，人們都會不成比例地重視自己的想法和作品。比起你買來的一幅畫，你會不會更重視自己畫的作品呢？鐵定會。這種**稟賦效應**（endowment effect）會導致一個人過度自信，產生虛假的安全感；更糟糕的是，還會削弱做出理性判斷的能力。

別與自信搞混了，過度自信是指錯誤地相信自己的想法是崇高、有效和精準的，且通常沒有根據。

萊特州立大學一份針對八千名商業、醫院、大學和政府員工的調查發現，大部分的受訪者都認為跟同事相比，自己算是高於平均的好聆聽者[14]。無獨有偶，埃森哲公司（Accenture）也調查了三十個國家共三千六百名專業人員，發現百分之九十六的人自認是好聆聽者[15]。幾乎所有受訪者都這麼認為！

人們不只會自認是優秀的聆聽者，也會認為自己是更好的決策者、舞者、情人和老師。

過度自信十分常見。《美國新聞與世界報導》（*US News & World Report*）在一九九七年做過一項調查，詢問一千名美國人：「誰最有可能上天堂？」他們的選項是柯林頓、麥可・喬丹（Michael Jordan）、德蕾莎修女（Mother Teresa）和他們自己。

你會選誰呢？超過百分之八十七的受訪者選自己，超越選擇德蕾莎修女的百分之七十九。

過度自信會造成我們在短時間內心理失聰。高爾夫球選手洛可·米迪艾特（Rocco Mediate）在二〇〇八年美國公開賽的延長賽中與老虎伍茲（Tiger Woods）正面交鋒。樂觀的米迪艾特打得虎虎生風，認定自己勝券在握。為什麼？伍茲兩個月前才因為膝蓋雙重疲勞性骨折而開刀。然而米迪艾特的過度自信放錯地方了。「所有人和他們的媽媽都知道，他會把我殺個片甲不留，只有我自己不知道。[16]」有時候，我們都有點像米迪艾特。

過度自信會誘使我們低估下行風險，高估上行風險。**優越錯覺**導致我們做出不精準的預測。俄亥俄州立大學的教授伊察克·班—大衛（Itzhak Ben-David）發現，財務長會錯誤預判標普五百指數公司的報酬。他們宣稱有八成的信心，但事實上只有百分之三十六的財務長能精準預測[17]。落差非常巨大。

證據顯示，過度自信會影響金融監理[18]、會計誤述[19]、過度交易[20]和股東價值[21]。除此之外，這也是法庭上的判斷力殺手。

OJ辛普森案的檢察官瑪西婭·克拉克（Marcia Clark），她的聲音沒有被聽見，她沒能阻止同事克里斯・達登（Chris Darden）把案發現場找到的手套呈給陪審團看。那是個令所有人永生難忘的時刻，手套的尺寸不合，因為手套被冷凍和解凍過，以致乳膠縮水了。二〇一六年，她告訴美國廣播公司的記者：「我知道我們犯了錯……我當時反對。」經過兩百五十三天的審理，聽取一百五十六位證人的證詞後，辛普森無罪獲釋[22]。

有些領導者在溝通、預測和策略規劃方面，一直是過度自信的。畢竟，如果你認為自己永遠是對的，那何必聽其他人的聲音？

併購者與讀心者

成功的合併與收購，源自於策略契合度。良好的互補合作可以創造規模經濟、補足能力落差，以及加速取得產品、管道或市場。這就是為什麼寶僑公司（Proctor and Gamble）會收購吉列（Gillette），摩根士丹利與日本三菱日聯金融集團合併，以及為什麼微軟買下動視暴雪（Activision Blizzard），借重他們的雲端遊戲技術。

自我主義會讓交易人失聰，無法辨別怎樣才算是良好的契合。將產品和市場契合視為正當理由，暫時忽略複雜的文化契合，是比較簡單的作法。舉例而言，Laidlaw 公司執行長詹姆斯．布拉克（James Bullock）認為救護車和緊急服務，與他的巴士轉運事業十分契合，但這令人意想不到的商業合作和四十六億美元的貸款，最終走向破產[23]。由此可見，即使策略契合度高，交易基礎可能還是不對的。

蘇格蘭皇家銀行（RBS）總裁弗雷德．古德溫（Fred Goodwin）一心尋覓一戰成名的交易，因此忽視了四百九十億美元的荷蘭銀行（ABN Amro）收購案中潛藏的問題。截至二〇〇七年，蘇格蘭皇家銀行已經完成三十六個收購案，因此自鳴得意的董事會認為他們能再成功一次[24]。他們就像太理想化的賭徒，過去的成功讓他們推斷好運會一直持續下去。看似合理，其實一點都不理性。

瑞銀（UBS）高階主管約翰．克萊恩（John Cryan）反對這筆交易：「裡面有些東西的價值甚至是無法估算的。[25]」儘管只做了有限的盡職調查，據稱古德溫還是回覆：「別這麼斤斤計較了。」甚至連他們的對手巴克萊銀行都退出交易。「我們還沒準備好不計代價地獲勝。[26]」

董事長菲利浦．漢普頓（Philip Hampton）後來告訴股東：「事後回顧，就明白當時的價格不對、支付方式不對、時機不對，整筆交易都不對。[27]」慘賠兩百八十億英鎊後，政府金援蘇格蘭皇家銀行四百五十億英鎊，伊莉莎白二世女王撤回古德溫的騎士頭銜。然而，廣大納稅人依舊付出了代價。

自我陷阱所致的偏誤，主導了交易前的思維。一份針對一千名執行長和財務長的研究總結顯示，大多數人都在相對孤立的情況下做出資本配置決策[28]。不成比例的過度自信和自我信念，促使領導者壓制質疑的聲音，拒絕意見相左之人所提出的建議。謙卑的領導者不會本能地忽略立場相反的主張，而是會以四個字「你說得對」點出對方有價值的觀點。這樣，無論氣氛或情緒都能有所轉變！

當我們告訴其他人自己的想法時，是否經常認為別人能讀懂我們的心？

史丹佛大學心理學研究生伊莉莎白・紐頓（Elizabeth Newton）的實驗，證明了過度自信就是我們與生俱來的特質。

該實驗的受試者必須用手指敲出一百二十首耳熟能詳的旋律，例如：生日快樂歌和皇后樂團（Queen）的〈我們是冠軍〉（We Are the Champions）。受試者猜測大約百分之五十的聽眾能精準猜中他們所選的音樂。但正如大家玩得一塌糊塗的比手畫腳遊戲，只有百分之二點五的人正確猜中[29]。

你以為自己很瞭解一個複雜的學科，最後才發現自己其實沒那麼懂[30]？

絕大多數的人對於許多主題的認知都很粗淺，卻以為自己懂得比實際上的多，對此，科學家稱之為**解釋深度的錯覺**（illusion of explanatory depth）。這說明了我們認為自己有多優秀，以及我們有多無法接受自己的缺點。對於掌權者、決策大師和懷有雄心壯志的領導者而言，這是造成誤判的一大因素。

不論是關於併購、審判證據、高爾夫球實力、敲擊音樂，還是回答問題，一旦過度自信，就會產生錯誤的資訊和結論。倘若我們認為自己永遠不會出錯，這個影響還會加倍，進一步阻礙我們聆聽正確的聲音，降低我們校正方向的可能性。因此，這是最致命的判斷力殺手。

不會發生在我身上

美國黃石國家公園的森林步道旁放置了告示牌，告知遊客可能會有黑熊出現，並告誡毫無防備心的遊客別突然發出噪音，以免驚嚇黑熊。某一次前去度假時，我聽說一名慢跑者不幸被黑熊撕咬至死。我猜他是遊客，結果並不是，是當地一個戴著耳機的年輕人。他熟悉那個地區，也熟知那裡的危險，但是他毫不理智地忽視警告。

有個經常被人忽略的偏誤可以解釋這起悲劇：**無懈可擊錯覺**。

高速衝刺的青少年認為自己絕對不會摔得鼻青臉腫；聖安德列斯斷層上的居民認為不可能發生地震；吸毒者認為他們能駕馭古柯鹼；連續殺人犯泰德邦迪認為猶他州、華盛頓州和佛州的警察永遠抓不到他；加密貨幣創業家班克曼—佛萊德，這位穿著工裝褲的現代馬多夫，在執行長、財務長和技術總監都承認詐欺後，依然否認所有指控。

這種錯覺十分猖狂，從記者到社交名流、王室成員、創新家和運動明星，都難以逃脫。

六座網球大滿貫得主鮑里斯．貝克（Boris Becker）宣布破產後，雖然有驚無險地逃過牢獄之災，但隨後被發現他隱匿價值兩百五十萬英鎊的財產。由於他並未表現出悔意，黛博拉．泰勒法官（Deborah Taylor）便判處這位德國球星兩年半的刑期。

> 你沒有聽取警告以及緩刑給你的機會，是最主要的加重因素[31]。

發現自己罹患少見的胰臟癌之後，蘋果公司的創辦人賈伯斯接受非傳統療法——採用大自然長壽飲食，甚至求助靈媒，時間長達九個月。他拒絕傳統的治療方式，但最終還是做了必要的手術。他向其傳記作者華特・艾薩克森（Walter Isaacson）坦承，自己延誤治療是個錯誤。「我應該早點接受治療。[32]」

對此，艾薩克森說：「我覺得他是認為，如果你想忽視某件事、你不希望那件事存在，便可以用信念讓那件事消失。[33]」

董事會成員認為公司永遠不會破產，但公司的平均壽命卻不斷下滑。在二〇一〇年代中期，耶魯大學的理察・佛斯特（Richard Foster）指出，標普五百指數公司的平均壽命，從一九二〇年代的六十七年下滑至只剩十五年。除此之外，從一九九〇年代初開始，已經有百分之七十六的富時一百指數公司消失。儘管如此，一心向善的聰明專業人士還是認為自己擁有金剛不壞之身，因而做出目光短淺的決策。

剛愎自用和忽視風險，導致我們無法評估真正脆弱的一面。

一九九〇年代，《週日獨立報》（*Sunday Independent*）的刑案記者薇若妮卡・格琳（Veronica Guerin），調查了都柏林最大的毒梟和地下犯罪活動。對此，她收過死亡威脅、腿上挨過子彈，有人朝她家門口開槍警告她，更有人威脅要強暴她兒子。儘管如此，她還是拒絕警方保護，並告訴當地媒體愛爾蘭廣播電視公司（RTE）：「我必須這麼做。總有人得做這件事。」

一九九六年六月，三十七歲的格琳坐在她的紅色 Opel Calibra 汽車裡，在內斯（Naas）的一條雙向車道等紅燈。兩個摩托車騎士呼嘯而過，朝她開了六槍。

她的名字載入了自由論壇（Freedom Forum）的記者紀念名單中，與其他因公殉職的記者齊名，她的丈夫表示：「薇若妮卡捍衛書寫自由……薇若妮卡不是法官，也不是陪審員，但是她付出了最終極的代價，就是她的生命。[34]」她以為最糟糕的時刻已經過去，「她不想停下腳步，但是，她也沒想到情況可能變得更惡劣。[35]」

這是一意孤行而做出的誤判，最終導致意料之外的後果。

大到無法倒，強到無法坐牢

另一群認為自己所向無敵的人，是擁有特權的掌權者與富裕的社會名流。為什麼？因為他們通常會受到重重保護，以致能逃過眾人的指責。

英國媒體大亨羅伯特・麥斯威爾（Robert Maxwell）的女兒吉絲蓮・麥斯威爾因涉

嫌與傑佛瑞・艾普斯坦販運未成年少女而遭到當局追捕。她四處搬家、隱藏身分，銷聲匿跡了一年的時間。後來，她在新罕布夏買了一棟面積四千三百六十五平方英尺（約一百二十三坪）的豪宅，但一回到美國，旋即遭到逮捕。她認為沒有人傷得了她。她對自己被逮捕感到的懊悔，後悔程度甚至超過「認識艾普斯坦」。如今，這個名字帶有「陽光」含義的女人，每天都曬不到多少陽光[36]。

過度自信的人會忽視常識的聲音，忘記自己聽見的不總是事實。

我在倫敦政治經濟學院研究吹哨行動，探究區別旁觀者與吹哨者的關鍵因素時，注意到巴克萊銀行的執行長傑斯・史戴利（Jes Staley）。一名吹哨者向董事會投訴與史戴利關係密切的同事，遭到史戴利追殺，監管機構因此在二〇一八年以利益衝突為由，罰他繳納將近一百萬美元。三年後，監管機構認定史戴利未如實交代他與艾普斯坦的關係，他因此請辭。

在這之前，他在摩根大通工作了三十年，負責資產管理與銀行業務。艾普斯坦在二〇〇六年因為性犯罪遭到起訴後，儘管相關機構已經發出警訊，史戴利還是為艾普斯坦背書。摩根大通隨後控告史戴利「扭曲事實」。如同吉蓮・麥斯威爾，史戴利也對這段友誼「感到深深的懊悔」，而且「不知道他犯下的罪行」[37]。

擁有權力的人都認為自己堅不可摧，一部分歸咎於自我和體制給予的特權，也是因為長久以來掌權者嚐到的惡果都不多。真正有權力的人，鮮少付出代價。他們可以套用不同的規則，失敗了也會獲得原諒，因為很少人願意挑戰巨人歌利亞。隨著要求正義和公平的聲浪愈來愈大，這一點正逐漸改變，譬如療診公司和ＦＴＸ的案例。

國家也會產生無懈可擊錯覺。還記得沙烏地阿拉伯記者和異議人士賈邁・哈紹吉（Jamal Khashoggi），在駐土耳其總領事館內被強行監禁、下藥和殘忍分屍的事件嗎？沙烏地阿拉伯政府高估自己，以為他們無人能擋，同時低估了全球民眾的怒火。加害者與被害者皆產生無懈可擊錯覺，導致雙方都做出不盡理想的選擇。儘管哈紹吉在進入總領事館前已經採取預防措施，他還是沒有接收到直覺的聲音。他的未婚妻寫道：「他不認為自己會在土耳其的領土上遭遇不測。[38]」

事實上，國家經常錯誤估算決策。舉例來說，美國低估了太早從阿富汗的喀布爾撤軍對維和行動造成的影響。儘管受到美國保護多年，阿富汗還是在幾小時內落入塔利班手中。同樣地，中國也錯估了全世界對自由西藏運動自焚事件，以及之後對勇敢發聲的網球明星彭帥消失事件的驚愕情緒。

嘗試建立古羅馬一般的帝國，不見得總會往好的方向發展。

是否有什麼我該知道的事？

隨著權力增加，自我也會膨脹。當你的事業愈成功，愈不可能懷疑自己或聽見自己的缺點。過度自信導致我們難以察覺或接受自己的不足[39]。阿諛奉承的粉絲、員工、助手和馬屁精，只會加劇我們這種自我催眠的狀態。

梅利克（Merryck & Co）和巴瑞特價值中心（Barrett Values Centre）比較了十五年來，五百位領導人物的自我評估與一萬名同僚對他們的評估[40]。領導者的自我評估與他們下屬對主管的評估，並沒有太多相似之處。事實上，百分之八十四的評估者都不同意領導者自我評估的聆聽技巧。會計事務所勤業眾信（Deloitte）也做過類似調查，他們發現九成的執行長都認定員工們會覺得他表現很好，但事實上只有半數的員工相信執行長真的在乎他們的福祉[41]。

記不記得我前面說過，大部分的員工都認為自己是優於平均水準的聆聽者和決策者？我們很容易忽略自己的無能。

讀到一起發生在匹茲堡的怪異案件後，大衛・達寧（David Dunning）將我們**無法察覺自身不足的現象**，稱為達寧－克魯格效應，簡稱**達克效應**。一九九六年，麥克阿瑟・惠勒（McArthur Wheeler）持槍搶劫兩家銀行。惠勒以為在臉上塗檸檬汁，銀行的監視器就拍不到他了。為什麼呢？他先前用拍立得相機測試時，檸檬汁明明就讓他的臉隱形了。對此深信不疑的惠勒解釋：「我塗檸檬汁了呀。[42]」

如果我們無法察覺，更別說是接受自己的弱點，如此，我們怎麼能做出好決策？**有所不知並不可恥，可恥的是假設或假裝我們無所不知。**

在運動賽事記者會上，你可能會聽見獲勝選手將勝利歸功於練習，落敗的一方可能會責怪球隊或吵鬧的觀眾。利潤低於預期時，就會在法說會上聽見藉口。此外，也會在醜聞爆發時反覆聽見藉口。約翰・史坦普夫責怪做出詐欺行為的員工，而非公司的文化，伊莉莎白・華倫參議員（Elizabeth Warren）稱之為「窩囊領導」。

人們經常將成功歸功於個人能力，而非運氣、時機或其他環境因素，這稱為**基本歸因謬誤**（fundamental attribution error）。只要看《雙面情人》（*Sliding Doors*）這部電影，就能明白人生是由許多隨機事件形塑而成，例如你搭上哪一班地鐵。

我們需要花一點時間才能擺脫壞決策，開始做出好決策，但是好決策會在不到一秒的時間內轉為壞決策。

如果你察覺到其他人的不足之處，可以將此作為自己的優勢。你這個星期可以試著觀察看看，其他人是否會把失敗或差勁的表現歸咎於外在力量，而非歸咎於自己。

所有人都在看我

如果你跟多數人一樣，就可能也會以為所有人都注意到你那篇值得拿普立茲新聞獎的發文，或那次令你無比難堪的失言。若以為其他人會仔細挖掘我們的每個錯誤，那麼疑神疑鬼的心態就會阻止我們清晰地思考。**事實上，別人對我們的關注根本不到我們想像的一半。**這種感覺就像單相思，我們迷戀著對我們一點也不感興趣的人。

我們都有一張公開和一張私下的面孔。大部分的人覺得有人看著自己時，就會改變行為模式，這稱為**霍桑效應**（Hawthorne effect）。為了得到接納、晉升或受歡迎，我們會在老闆看著自己時，提供更有助於團隊合作的見解或者工作到很晚。這就是為什麼管理層很容易被美好的假象和花言巧語的員工給蒙騙！

他人的目光會使人產生更多道德感。科學研究發現，當我們知道有人看著自己時會犧牲奉獻更多，變得沒那麼反社會。以洗手為例，學者克絲汀・芒格（Kristen Munger）和雪比・哈里斯（Shelby Harris）想知道，在以為四下無人的情況下，去上廁所的人會怎麼做[43]，於是她們安排一位服務人員在公共廁所裡。

發生什麼事？百分之七十七的人都有洗手；但在沒有服務人員的情況下，洗手的人數減半，只剩下百分之三十九。換言之，在有人監督的情況下，服從的意願會增加兩倍。

執法的時候，他人目光的監督也十分有用。事實證明，身上戴著攝影機時，英國和美國警方使用武力的機率會降低。攝影機打開時，警察使用武力的比例會降低至百分之三十七，但如果允許警察自行關閉攝影機，使用武力的比例就會竄升至百分之七十一[44]。巴拉克・艾瑞爾（Barak Ariel）的全球研究指出，警察配戴攝影機執勤後，收到的投訴減少了百分之九十三，他們稱之為「具有感染力的當責心態」[45]。

公益組織也運用這個心理來提高捐贈意願。荷蘭一項針對三十間教堂為期六個月的實驗發現，如果打開捐贈箱讓所有人都看得見信眾的捐獻，捐款就能增加百分之十。

在捐贈活動現場和募資早茶會上，擺在主辦人餐桌中央最顯眼位置的玻璃罐，就是一種運用羞恥心的策略，因為自我會鼓勵我們維持良好的形象，以及符合社會規範。

接收：客觀之聲

自我導致的偏誤，應得到妥善的培養和管控。**產生適度的自我偏誤，對世界是有好處的**。承認錯誤，比如：承認公開聲明、計畫和預測有誤，都需要勇氣；扭轉失敗的計畫，也需要勇氣。雖然這樣看起來像是退步，但願意將自我放到一旁的領導者，可以推動國家前進。

美國太空總署的工程師葛瑞格．羅賓森（Greg Robinson）接手了一項計畫，其超出預算九十億美元且延宕了十五年，還因此好幾次差點被國會扼殺[46]。根據《華爾街日報》報導，該計畫的時程效率只有百分之五十，也就是說，這項計畫差不多一半的時間都無法正常運作，整個計畫有三百個單點故障。以美國太空總署本身來說，「火星登陸任務大概只會有七十個單點故障」。

不過，羅賓森徹底翻轉這項計畫。完成之後，計畫的時程效率提升到百分之九十五，並且整合了十項關鍵技術。這項計畫打造出全世界最龐大的光學望遠鏡。在與歐洲和加拿大機構的合作下，專用於研究星系的詹姆斯・韋伯太空望遠鏡（James Webb Space Telescope）問世，這是史上最複雜、最具野心的科學儀器之一。

我們從中學到什麼道理？如果平衡自我和開闊的眼界，就有可能創造開天闢地的進展。**自我在每個情境中都不一樣**。默契絕佳的合作代表要先將自我放到一邊——至少暫時放到一邊。現在來看看史上最偉大的作曲組合之一——藍儂和麥卡尼（Paul McCartney）。這兩位利物浦人在年輕時，同意功勞各半。他們尊重彼此每一丁點的貢獻，即便只是改一下和弦或改一句歌詞。兩人相輔相成產出的成果，就是超過一百八十首共同創作的披頭四歌曲，以及高達六億張的專輯銷售量。

想法和觀點會改變。披頭四拆夥後，他們開始交惡。創作人的標註順序能否改變，成了法律上的爭端。我們從中學到什麼道理？即使是世界頂尖的組合也有期限。如同弗雷德・古德溫、東尼・海華德和班克曼—佛萊德的例子，自我與權力交融在一起導致的風險和災害，可能會在商業或道德上帶來天崩地裂的毀滅。**自負經常勝過理智**。

不論在哪個產業或哪個人生階段，你都可以藉由收集證明自己錯誤的資料、改變觀點和重新調整預期，來遏制自己過度膨脹的信心，以限縮你的自我。如果聰明人願意讓更聰明的人來到自己身邊，一起拉高水準，那就是大獲全勝。

如果說自我是良好判斷的敵人，那麼謙遜就是良好判斷的特徵，因為謙遜能讓我們更願意提出問題，質疑答案、斷言和信念。倘若自我主導決策過程，我們就不再會理性地評估風險。個人和組織會對自己的思考邏輯深信不疑、高估自己得到的回報、低估自己將後悔莫及的結局，而這就是以風險為主的圍牆陷阱所要探討的重點。

本章重點

- 以自我為中心的自我信念是把雙面刃，既是權力的來源，也可能成為扼殺職涯的致命弱點。
- 我們通常都以自我為中心，待發現自我對決策造成的破壞後，往往都為時已晚。
- 過度自信、極度樂觀與無懈可擊錯覺息息相關。
- 盡可能隨時保持高度專注，想好何時用 WAIT 口訣、何時用 WAIL 口訣！

- 自我是個危險的詞彙。我們太在乎別人有沒有聽見自己，而不是想想我們有沒有聽別人說。
- 過度沉溺於自己時，就沒有餘裕聽見理性或獨立的聲音。
- 脫序的自我信念和優越錯覺會使人輕忽風險；認為自己永遠是對的，就表示你不會聽見有誰做錯或有什麼做錯了。
- 還沒做出決策前就判定某個結果發生的機率，這表示一個人的過度自信，而事實往往會證明他們不準確。
- 由於我們的自我渴望得到認同，因此在有人看著我們的情況下，會產生具有感染力的當責心態，這是非常有價值的行為改造工具。
- 只要有心就能掌控自我所致的判斷陷阱。謙遜不是陌生的科學或黑魔法，謙遜可以提升創新力、藝術差異性和社會共同利益，尤其是與權力結合之後。

Risk-based Traps

第6章

風險陷阱：決策的輪盤

如果要說大自然教導了我們什麼，
那就是不可能是可能的。

印度裔英國藝術家　伊利亞斯・卡薩姆（Ilyas Kassam）

一級方程式賽車手、消防隊員、自殺炸彈客、跳傘運動員、絕食抗議者和登山愛好者，都有一個共通點，他們為了意識形態、使命或夢想而豁出性命。

> 作為世界的第一高峰，聖母峰對挑戰者的吸引力，是其他山脈無法比擬的……對某些人而言，風險其實是增加而非減損他們想要挑戰聖母峰的決心。如果少了風險，這種挑戰就不會如此寶貴了。

這是莎拉・阿諾—哈爾（Sarah

Arnold-Hall）所說的話，她的父親是身經百戰的登山家羅伯·哈爾（Rob Hall），冒險顧問登山隊（Adventure Consultants）的創立者，他與另外七名登山客在一九九六年的聖母峰事故中罹難。而後的數起案例研究、書籍、悼念文章與電影，都試著釐清他們在過程中做出的判斷。

一九九六年，由於聖母峰上的「死亡地帶」擠滿了登山客，因此增加了所有人的生命危險[1]。哈爾的客戶在基地進行一個月的密集適應訓練後才出發攻頂。有過五次成功登頂經驗的哈爾知道，在下午兩點前抵達山頂才能確保所有人安全下山。這一次遠征，哈爾與另一支經驗較少的登山隊同行，總共三十三名登山客一起出發，但是他們抵達險象環生的希拉瑞臺階（Hillary Step）時，卻發現沒有固定的繩索能讓登山客爬上垂直的岩壁，導致攻頂行程嚴重延誤一小時。

有些登山客回頭了。其中一名客戶道格·韓森（Doug Hansen）是第二次攀登聖母峰，非常渴望一圓攻頂夢，因此拒絕回頭。畢竟最終的榮耀是一生一次的寶貴機會，還有能向別人吹噓。哈爾聽見客戶的渴望，選擇放棄自己的原則，為了幫助韓森攻頂，一直等到超過兩點才下山。這究竟是感同身受、服務客戶，還是不負責任？

一場突如其來的暴風雪阻擋了他們的視線，導致他們無法安全下山。在沒有帳篷、飲用水和氧氣的情況下，兩名登山客最終因為凍傷和失溫，與世長辭。

鮮少決策是完全沒有風險的。絕大多數人都希望冒最小的風險來得到最大的獎賞，但**一心追求獎賞的心態會扭曲理性判斷，增加我們不想遇到的風險**。

我不會在本章探討風險管理。事實上，我要討論的是七個與風險相關，同時會導致決策者誤入歧途的觀點。某些人是受到快感吸引（**感官刺激尋求**〔sensation-seeking〕），有些人則是以低風險為行為依據（**確定性偏誤**〔certainty bias〕）。如同聖母峰登山客，我們是根據自己眼見的風險評估情勢，而非考量實際的風險（**現成偏誤**〔availability bias〕），並錯誤估算了產生負面後果的機率（**忽略可能性**〔probability neglect〕）。如果我們堅守第一個聽見的訊息（**錨定效應**〔anchoring〕），又想努力遏止損失（**損失規避**〔loss aversion〕），就會發生計算錯誤。這點，從選擇回頭的登山客人數就能明白，就像道格・韓森，承諾要做到某件事的人無法停下腳步（**承諾升級**〔commitment escalation〕）。

好消息是，風險感知與風險偏好都會逐漸改變，而且有應對的方式（**偏好逆轉**〔preference reversals〕）。瞭解欲望和偏好如何影響人們的選擇，不只能帶給我們相對優勢，更是優異表現與經濟成功的重要助力。

如同每一個圍牆陷阱，你感知到的風險既能幫助你，也會對你不利。當所有因素匯集在一起時，將形塑個人和組織對風險的評估。怎麼評估？首先從偏好和個性開始。

要刺激或不要刺激

雖然有些人喜歡追求極限刺激，好比逃脫魔術師大衛．布萊恩（David Blaine），但是絕大多數的人仍偏好確定性、秩序和熟悉的過程。我們通常會選擇那些與自己欲望和偏好相似的人，並與他們結婚、生活和交流。換言之，**沒有所謂理想或適用於所有人的風險欲望，而是取決於情境。**

德國心理學家捷爾德．蓋格瑞澤（Gerd Gigerenzer）建議，不要將人們劃分為追尋風險或厭惡風險；他認為，人類擁有與同儕相同的社會習性，因為欲望和偏好是流動的[2]。舉例來說，你可以同時是個賭徒（追尋風險），但拒絕拿槍（厭惡風險）；同理，你可能從來不賭博（厭惡風險），但是偏好持槍（追尋風險）。

瑞士外科醫師約翰尼斯．法提歐（Johannes Fatio）在一六八九年大膽嘗試，首次成功分離連體雙胞胎。兩年後，法提歐面對另一種截然不同的風險，因為渴望修改瑞士《憲法》而投身巴塞爾大革命（Basel Revolution）。這場革命以失敗收場。他最後因叛國罪遭到處決。

文化會形塑一個人對風險的偏好。舉例來說，西班牙的鬥牛和奔牛活動都非常危險。遊客被人群踩踏，鬥牛士被牛角戳傷，每年有二十五萬頭公牛死亡，但這是當地人的娛樂。由此可見，你身處的文化和身邊的同伴會決定你是否會走捷徑、賭博、快速聯誼或順手牽羊。

心情也會決定對風險的偏好。研究發現，心情好的人通常會做出正面樂觀的判斷，反之，心情不好的人則會做出更悲觀的判斷。

風險的結果不是絕對的，而是在一個連續光譜上變動。一九六四年，阿波羅十一號上的太空人，其大多時間都在彙整數千個沒有解答的問題。太空人麥可·柯林斯在回憶錄中寫道：「我們要先排除數量龐大的質疑，才能認定這項任務有合理的成功機率。[3]」例如他問：「月球上的土壤層高度會超過登月小艇嗎？靜電會導致太空人看向窗外時朦朧一片嗎？」另外，安全返回地球的過程也是風險重重。

> 回程時大氣層的「重返走廊」，或者說生存帶……厚度只有四十英

里，要從三十三萬英里外的距離命中四十英里寬的目標，就像是嘗試丟出一個刮鬍刀片，削斷二十英尺外的一根頭髮。

這可是天大的風險！

風險結果也會隨著時間而改變。英國數學家艾倫．圖靈（Alan Turing）在一九四○年代出櫃，相比其他人的出櫃時間：網球名將比莉．珍．金恩（Billie Jean King）在一九八○年代、歌手喬治．麥可（George Michael）在一九九○年代、紐西蘭橄欖球國手坎貝爾．約翰史東（Campbell Johnstone）在二○二○年代，九十五歲的棒球選手梅貝兒．布萊爾（Maybelle Blair）在二○二二年，圖靈當時面對的是截然不同的情況。

商業界每一天都在結合已知和未知的風險，以做出有關聘僱、賠償、網路安全、規範、研發和安全相關的決策。最終結果既是集體責任，也是個人責任。我們做出選擇的原因，歸根究柢往往是為了**尋求感官的刺激**。

感官的雲霄飛車

在一九九四年國際汽聯一級方程式世界錦標賽上，巴西一級方程式賽車手魯本茲・巴利凱羅（Rubens Barrichello）撞上牆面、車身翻覆，所幸他死裡逃生。二十四小時後，一場小意外導致奧地利車手羅蘭・拉岑伯格（Roland Ratzenberger）的賽車前翼嚴重損壞，而拉岑伯格在同一條賽道上駛向維倫紐夫彎（Villeneuve corner）時，以一百九十五英里的時速撞車，在劇烈撞擊下喪命。

然而，主辦方仍決定繼續比賽。這幾起不尋常的意外令現場的選手人心惶惶，包括：艾頓・賽納（Ayrton Senna）、亞蘭・普洛斯特（Alain Prost）、尼基・勞達（Niki Lauda）和麥可・舒馬克（Michael Schumacher）。看見賽納心煩意亂的樣子，神經外科醫師席德・瓦金斯（Sid Watkins）建議這位三屆世界冠軍選擇退休。賽納回答，他無法停止比賽。

他是著迷於獲勝、追尋榮耀？或者，只是一心投入他所選擇的職業？

星期天，心有餘悸的賽納勸說普洛斯特和其他人，一起為改善賽車運動的安全發聲。從影片中可以看出，賽納坐進威廉斯賽車時仍在沉思。來到第七圈時，賽納以一百三十一英里的時速撞車。事後調查將車禍歸因於方向盤轉向軸斷裂，導致方向盤失靈，賽納只能坐以待斃。幾天前他們才重新焊接轉向軸，好讓駕駛座空間更大。世界各地不計其數的人表達不捨與哀悼，三百萬名巴西人出席他的葬禮。

這種感官的雲霄飛車，行駛在各式各樣的領域。

不論是去外太空、南極洲、聖母峰還是深入海底，近幾年來探險旅遊蔚為風潮，然而這類旅遊大多無法可管。二〇一八年，三十八名專家警告海洋之門（OceanGate）的老闆史塔克頓．拉許（Stockton Rush），潛水器製造公司必須得到認證，才不會發生不可挽回的問題。然而，他們用沒有經過測試的碳纖維材料打造泰坦號的船體，並打算搭乘泰坦號下潛到一萬兩千英尺深的海底，探索鐵達尼號（Titanic）的殘骸。

一名參加過其他行程的遊客表示，整個搭乘體驗就是「他們在過程中學習」[4]；在其中一趟旅程中，潛水器的 PlayStation 操縱桿故障，因而完全錯過了鐵達尼號的船首。信心滿滿的拉許相信，他們的沉船探險之旅「遠比搭乘直升機安全多了，甚至也比水肺潛水安全」[5]。他將所有風險和安全疑慮視為無足輕重的小事，還解雇了吹哨者[6]。

二〇二三年七月，泰坦號潛水器潛入水中不久後便爆炸，船上無人生還，包括老闆本人。盲點和聾點可能會阻止我們聽見重要的聲音，阻擋了對這趟一人旅費二十五萬美元、一生一次的大冒險提出足夠深入的質疑。

一旦**隧道視野效應**（tunnel vision）結合**感官刺激尋求偏誤**（sensation-seeking bias），就有可能成為判斷力和生命的殺手。

對某些人而言，願意冒風險的動力是金錢，而非探險本身。根據二〇二一年世界經濟論壇（World Economic Forum）統計，新冠肺炎創造了超過三千三百名億萬富翁，每三十小時就產生一名[7]。

早在疫情發生之前，樂於冒險的人就已成群結隊地跳入比特幣、狗狗幣和非同質化代幣（NFT）的市場，認為這種特殊的投資工具可以賺得更快。許多人根本不瞭解自己買的是什麼。快速致富的龐氏騙局和新創公司都很吸引人，但風險也很高。

關於風險，有些人一點也不在乎。風險是相對的，例如，對退休人士而言充滿風險的事，於千禧世代可能是刺激的，反之亦然。

追尋感官刺激的對照組就是尋求明確，而這種心態也會以自己的方式產生偏誤。

渴望穩賺不賠的賭注

「這是怎麼回事？那是誰？我們要去哪裡？」

我們不喜歡未知。比起模糊與渾沌，人類更喜歡清晰明確。市場也不喜歡太多模糊不清、難以判斷的灰色地帶。九一一事件一發生，道瓊指數便下跌百分之十四，標普指數下跌百分之十一點六，將近一點四兆美元蒸發[8]。

鮮少決策是完全沒有風險的。高風險決策的特徵是複雜性、不確定性和不完整的資料。舉例來說，董事會想換掉執行長時，所有候選人都有機會上任，但誰才是最優秀的一位？政黨贊助人投入幾百萬資金，但他們的政黨真的能獲勝嗎？家長為孩子挑選學校，但真的能就此保證成績優異嗎？

你無法明確知道所有事情，但是你可以明確地估算機率。

對確定性的執著，本身就是一種決策風險——**確定性偏誤**會使人思維狹隘。舉例來說，Spotify 推出音樂串流功能打擊非法下載時，對此不屑一顧的唱片公司非但沒有校正自己的方向，反而控告他們侵犯著作權。這樣的舉動，只是讓樂迷不想再被實體 CD 敲竹槓的情緒更加高漲。

諷刺的是，民眾對串流平臺的需求，反而因為典型的史翠珊效應（Streisand effect）而節節攀升。這個詞彙源自好萊塢明星芭芭拉．史翠珊（Barbra J. Streisand），她原先想阻止自家豪宅的照片曝光，沒想到卻反而吸引眾人的好奇心，大家都想知道她到底想隱瞞什麼。串流平臺也是如此，Spotify 現在的訂閱人數已經超過兩億兩千五百萬。

組織可能會對看似不切實際、昂貴、可能顛覆現狀或在認知上很生疏的想法充耳不聞。這種否定他人的犬儒主義（cynicism）並不罕見。一八七六年，亞歷山大・葛蘭姆・貝爾（Alexander Graham Bell）未能將電話專利以十萬美元賣給西聯匯款公司（Western Union），因為該公司高層認為，顧客沒有聰明到能學會使用電話！從這能看出他們只聽見自己熟悉的聲音。

汽車產業剛起步時，哥特李布・戴姆勒（Gottlieb Daimler）認為世界上不可能存在超過一百萬輛車，因為「有能力駕駛的人太少」[9]。而事實是在疫情開始前，汽車銷量就已達到九千萬輛。

微軟執行長史帝夫・鮑爾默（Steve Ballmer），曾在二〇〇七年的記者會上說過一段名言：「iPhone的市占率不可能很高的。」這是一句令人印象深刻的評論。當然，消費者必須擁抱改變，否則顛覆產業的事業就不會存在，例如：優步的隨叫隨搭服務、Airbnb的租房服務、Audible有聲書、羅賓漢交易平臺和TripAdvisor的旅遊服務。玩具製造商美泰兒（Mattel）以前推出的芭比娃娃，現在進軍電影產業，還打破了各種紀錄。

確定性是一門價值數十億美元的生意。以知識為基礎的產業，其營利方式便是在商業上利用人們對**規避後悔**（regret aversion）的強烈渴望。好比美妝產業「販售希望」，顧問、理財顧問、教練和治療師也會以此為名收費；領導者則樂於將艱難的決策交由第三方獨立機構來處理。為什麼？**比起明確的懷疑所帶來的兩難，得到確定性的錯覺，在感覺上會比較好。**

機率思維，是傳達想法和提升判斷精準度的便利方法。為了避免模稜兩可，心理學家安妮·杜克建議以機率來評估每一件事情。舉例來說，比起「我覺得會下雨」，「我覺得下雨的機率是百分之九十五」就是更實際的評估。

不過，我們能拿到的現成資料會強化確定性的假象，導致我們偏離正軌。

感知風險和實際風險

在那個生死攸關的週末，賽納對發生意外的直覺想必不斷增加。同理，如果你聽說一週內發生了兩起空難，你對旅行風險的敏感度一定也會大幅增加；假如你從信任的同事那裡聽說某個實用的科技小技巧，你會因為認為那很準確而更容易想起來。

之所以會產生**準確性的錯覺**（illusion of accuracy），是因為人們會根據感知到的風險做出決策，而非實際上的風險。**所謂現成偏誤，是指我們做決定時仰賴的是立刻浮現在腦海中的任何資訊**。我們運用的是腦海中現成的資訊，而非正確的資訊。即便是最敏銳的人，也絲毫不會懷疑這個過程，以致使我們的判斷脫離正軌。

舉例來說，一個對市場變化十分敏感的交易員，可能會根據生物科技的最新相關報導而選擇生物科技股[10]。關於這一點，歐洲工商管理學院（INSEAD）的喬艾・佩瑞斯（Joel Peress）教授便測試了交易員選擇股票時，是否容易受到新聞事件影響，例如，媒體業罷工時，交易量會有所改變嗎？

結果發現，當媒體業罷工導致沒有新聞可看時，交易量下滑了百分之十二，表示身處嘈雜世界中的專業人士，會仰賴容易取得的現成資訊，而非準確的資訊。

從來沒有破產過的領導者，會忽視利潤變化所帶來的警訊，這就好比屋主會一直拖延保全措施的設置，直到遭遇竊賊入室偷盜。我們很容易忽略沒有想像到，或是在自己思考準則之外的事情。正如龐氏騙局看似與維雨榭距離遙遠，馬雲看似注定永遠是中國的看板人物。

一旦我們根據現成的資料建構敘事時，就會產生圍牆效應中的注意力受限現象。除此之外，還會錯估真正的機率。

「百萬分之一」的機會

在美國電影《阿呆與阿瓜》（*Dumb and Dumber*）中，傻呼呼的金凱瑞（Jim Carrey）算起他贏得超級辣妹芳心的機率，他的朋友說機率只有百萬分之一。金凱瑞一聽，立刻振奮地大喊：「所以我有機會，我有機會。」當我們高估微小機率的心態時，就稱為**忽略可能性**。

我們每一天都會無意識地忽視真正的風險。我們花太多錢、存太少錢，酒喝得太多、車開得太快。根據交通意外統計數字，雖然在路上出車禍的機率大得多，乘客還是比較擔心飛機失事。雖然很不理性，但感覺是真實的，而**恐懼風險**（dread risk）會加劇這種心態。

九一一事件發生後幾個月內，美國人都害怕搭乘飛機，紛紛轉而開車出門，這是人之常情。德國心理學家捷爾德．蓋格瑞澤發現「為了避免搭飛機而改成開車，最終在馬路上喪命的美國人，比四架死亡班機上罹難的乘客總數還要多」[11]。同理，日曬機使用者會忽視罹患皮膚癌的風險；濫用公費的員工，會忽視遭到解雇或起訴的風險；參加鐵達尼號沉船探險的乘客，都有意識地簽署免責切結書，並未思考他們是否真的會需要該公司負起責任。

在政治界，向來直率敢言的俄羅斯反對派領袖艾列克謝・納瓦尼（Alexei Navalny），在二〇二一年時低估了違反緩刑條件的代價。他在一次暗殺行動中死裡逃生，回到俄羅斯後卻被送往流放地關押。他說：「他們關押一個人是為了殺雞儆猴，恐嚇數千萬人民。」[12]當局隨後又在他十一年的刑期上再加十九年。

前巴基斯坦總理班娜姬・布托（Benazir Bhutto）自我流放八年後，其他人警告她不要返國。軍隊不信任她，貪汙指控則讓她失去權力。她積極為正義發聲，準備在二〇〇八年再次投入競選，最終遭到自殺式攻擊刺殺身亡[13]。

發生這種事總是令人震驚。我們明明不應該被騙、被解雇或被甩，以致遭遇這種事時往往會感到十分震驚。但其實徵兆通常早已存在，我們只是充耳不聞，只聽自己覺得舒服和中聽的話。

我們最深沉的恐懼會讓一些人有利可圖。有人會利用我們低估高機率事件（掉入騙局）和高估小機率事件（彩券中獎）的心態。舉例來說，樂透公司知道有百分之一的機率贏得一千美元，遠比所有人保證獲得一美元更加誘人。他們很清楚，人類的心智通常不是邏輯清晰，而是沒有邏輯。

人類的錯覺是一筆有利可圖的大生意。損失理算師和風險管理分析師將數千萬美元源源不絕地送進經濟體系中。根據瑞士再保險公司（Swiss Re Institute）的計算，全世界的保險費已經在二〇二二年超過七兆美元，並預計還會持續上升。大家還真是緊張兮兮！在大部分的情況下，投保的事件根本不會發生。

儘管如此，我們還是想未雨綢繆。

美國好萊塢影星勞勃・狄尼洛（Robert A. De Niro）為了在一九八一年的電影《蠻牛》（*Raging Bull*）中，扮演中量級冠軍拳手傑克・拉莫塔（Jake LaMotta），他必須增重五十磅（約二十三公斤）。他說，增重是「從影生涯中最艱鉅的挑戰之一」。嗯，我知道有個簡單的方法！就是吃掉三分之一桶哈根達斯冰淇淋！因為怕自己之後無法成功減重，他向消防員基金保險公司（Fireman's Fund）投保。除此之外，美國福斯電影公司（Fox Studios）為女明星蓓蒂・葛萊寶（Betty Grable）的腿投保一百萬美元，所以在那之後，她便享有「百萬美腿女郎」的美名。不過比起大衛・貝克漢（David Beckham）價值一億九千五百萬美元的足球員雙腿，就是小巫見大巫了！

有些人則是太極端。一名保險歷史研究人員指出，一九三八年，演員普莉西拉・蘭恩（Priscilla Lane）和韋恩・莫里斯（Wayne Morris）為兩人的愛情投保，以免遭遇「好萊塢充滿破壞力的影響，以及妖言惑眾者和其他邪惡勢力攻擊」。他們的愛情價值五萬美元[14]！真便宜！

就連品牌也會遭遇意料之外的黑天鵝。一九九〇年代可樂之爭期間，百事可樂沒想到有人從字面上解讀他們的其中一則廣告。當時的高階主管決定創造噱頭，於是在廣告中表示只要集滿七百萬點，就能兌換最大獎——獵鷹式戰鬥機，但是他們忘記在廣告中納入躲避風險的免責聲明。充滿雄心壯志的學生約翰·雷納德（John Leonard）認為這是正式的活動，因此與一位商人合作，集滿七百萬點準備兌換戰鬥機。百事可樂啼笑皆非，言明那只是開玩笑。雙方隨後展開激烈的訴訟。雷納德拒絕和解提議，最終輸掉官司。

黑天鵝出現時，付出代價的通常是客戶、投資人或股東。

至於有先見之明的組織，他們對風險的未雨綢繆，最終可能獲得好結果。二〇〇三年爆發 SARS 疫情後，全英草地網球俱樂部（English Lawn Tennis Association）就買好保險，為未來可能發生的疫情做好準備。他們支付了兩千五百五十萬英鎊的保費，並在二〇二〇年新冠疫情流行期間取消溫網賽事後，得到一億一千四百萬英鎊的理賠。

專業人士領取薪水是為了衡量風險，而不是損害客戶的安全。二〇二〇年一月二十日，亞拉·左巴揚（Ara Zobayan）駕駛直升機載他的客戶和七名乘客。前一天晚上，他認為起飛條件「不盡理想」。起飛前，洛杉磯郡開始籠罩在霧氣之中，但是他認為「應該沒問題」。起飛後沒多久，他告知飛航管制員他正在爬升，但事實上，直升機正在往下降。左巴揚違反規則，在沒有目視參考點的情況下上升進入雲層。這架塞考斯基（Sikorsky）S-76B直升機撞擊山坡墜毀，機上無人生還，其中包括擁有五枚NBA冠軍戒的球星科比·布萊恩（Kobe Bryant）。

美國國家運輸安全委員會（National Transportation Safety Board）的結論是，在能見度不佳的情況下飛行「導致空間迷向和失去控制」[15]，另外，可能還包含因為布萊恩在直升機上而產生的「自我誘發壓力」。包機公司也因為「檢查和監督不夠充分」，被定調為管理不善。

由於這起事件是可預期的，因此不算黑天鵝，但正如鐵達尼號探險隊，發生意外的機率也被忽略了。

左巴揚展現出了飛行員的自傲，對此，阿波羅十一號的太空人麥可·柯林斯也有所共鳴。

> 寧死不屈，被寧死也不願出糗取代……飛行意外愈來愈多，其中不乏肇因於飛行員對自身專業的驕傲與固執，導致他最終選擇走向自我毀滅的行動，而非承認自己的錯誤[16]。

我們忽視真正的機率時，就會花太多錢購買保險、延長保固或購買高級名牌商品，但更重要的影響是，如此一來將會危及性命——我們和他人的性命。

此外，理性思考也會受到另一個沉默的判斷力殺手所阻撓，亦即損失規避。

太瘋狂了，我不能輸

二〇〇六年，美國拉斯維加斯的凱撒宮酒店（Caesars Palace）公布雷尼·安傑利（René Angélil）的錦標賽結果；他是一位經驗老道的撲克玩家，也是歌手席琳·狄翁（Celine Dion）的丈夫。他輸的錢估計是二十三萬零三百美元，贏得的錢略多一些，是二十五萬九千零七十九美元[17]。根據心理學家康納曼和特沃斯基（Amos Tversky）的研究，「失去的陰霾比獲得的喜悅更龐大」[18]。換言之，對安傑利而言，輸錢的痛苦遠遠超過贏錢的喜悅，而這就是**損失規避**。

你會預設選擇安全的選項嗎？你在交友軟體 Tinder 上總是往左滑，拒絕那些對象嗎？或者每天都吃一樣的早餐？你的損失規避雷達，是其中一種最被低估的誤判肇因。人們將損失規避合理化為「寧願與熟悉的魔鬼打交道」，畢竟明槍易躲、暗箭難防。我們對那些不會造成損失的決策，往往給予過高的權重。

各種千奇百怪的事情都可以被解讀為「失去」。許多公司都會提供員工福利，例如免費的咖啡、點心和水果。二〇〇九年市場變動後，許多公司開始裁員。我以前上班的地方附近有一間銀行，取消了每日供應的免費水果。員工因此群起抗議，管理層感到十分困惑，原來讓這些薪資優渥的員工不滿的並非失業風險，而是失去免費的香蕉！這件事後來被戲稱為「香蕉門事件」。

損失規避會影響你願意承受的風險，而這種規避心態，可以刺激或阻礙事業發展。科學研究發現，愈年長、愈富有和愈成功的人，愈容易產生損失規避心態[19]。在董事會層級，我們經常聽說富有的掌權者會投票給能夠保障他的特權，以及將他的個人利益視為首要之務的決策。這是不是結合了貪婪的損失規避心態？

有些人確實會因為覺得自己搞砸了而感到煎熬，尤其是職業消防員、緊急服務人員、保護服務從業人員、調查員和顧問。為了擊退損失規避所帶來的負面影響，你最好專心想著自己的成就，別去想自己失誤、搞砸或錯失的事情。

與損失規避相關的還有FOMO，也就是**錯失恐懼症**（fear of missing out），這個概念本身就可以花一整個章節介紹。許多零售商都成功運用這一點，用惱人的「繼續、繼續、成交」口號，打動容易受到影響和上當的消費者過度支出。話雖如此，我們還是每次都接收這些資訊，浪費我們賺的血汗錢！

損失規避會誘發我們迫切渴望：不要浪費投入的時間、金錢與精力。這讓我想起益智遊戲Mastermind的經典口號：「因為我開始了，所以我會把它結束」。

因為我開始了，所以我會把它結束

如果你發現電影感覺很無聊，但仍會因為已經開始看了，所以就索性看完嗎？在我看來，有些人待在一個工作崗位、一間電影院、一段感情裡的時間太長了。

一九五六年，我的父母親參加了一場強制的天主教婚前課程，學習如何與伴侶磨合相處。課程期間，我母親猜測他們兩人應該會長時間都水火不容，但她忽視了所有警訊。他們生了五個孩子之後才分居！

緊抓著我們已經開始做的事情不放，是損失規避的副作用。我們一旦投入了時間、金錢和精力，聽從理性的傾向就會消失殆盡。在商業界，公司會執迷不悟地堅持在失敗或消耗資源的策略。虛榮的領導者厭惡承認錯誤，因此會加倍投入，而不會懸崖勒馬，而這就是**沉沒成本謬誤**（sunk cost fallacy）。

許多創業投資人都跟軟銀一樣投資了 WeWork。標竿資本公司（Benchmark）合夥人布魯斯．鄧萊維（Bruce Dunlevie）是 WeWork 的董事，而他愈來愈擔心紐曼的投資模式和難以捉摸的要求。他告訴一名記者：

> 我們領薪水是為了與這些狂野的企業家打交道……他們預期我們會待在自己的崗位上繼續自己的工作，即便我們已經遍體鱗傷[20]。

儘管出現質疑的聲音，鄧萊維還是忽視了所有擔憂，畢竟一切都很合理，直到事情變了調——沉沒成本會不理性地使人更加投入於錯誤的行為。

除此之外，面對喜愛的計畫時也是如此。根據麥肯錫企管顧問公司的估算，百分之九十八的營建計畫都超支了[21]。雖然比起讓其他人接手，自己結束計畫才是較好的做法，但我們還是很難做到。對此，麥肯錫顧問提姆・寇勒（Tim Koller）提出，應該設置獨立的「專案終結者」來「強制導入客觀性」，他舉的例子是一間食材製造工廠，其在三年的時間內將產品項目從五百六十項，精簡到剩下兩百項[22]。

在攀登聖母峰的征途上，道格・韓森非常清楚他所面臨的風險，但是如此接近自己的夢想，讓他無法放棄、不願意下山。那麼是什麼原因讓隊友美國記者強・克拉庫爾（Jon Krakauer）回頭了呢？克拉庫爾解釋：「值得讚許的毅力與不顧後果的決心，兩者之間只有危險的一線之隔。」一部分是財務因素，一部分是心理因素。

登山隊的其中三位倖存成員都有一個共通點：

> 他們花了高達七萬美元，又費盡了千辛萬苦，才得到這一次登頂聖母峰的機會。他們都是鍥而不捨的人，他們向來不服輸，更別說半途而廢。但是面對艱難的抉擇時，他們卻是少數在當天做出正確選擇的人[23]。

這個謬誤解釋了為何儘管警訊和警鈴不斷出現，人們仍會執迷不悟地待在自己選擇的道路上前進。

現在我們來看看另一個陰險狡詐的風險相關偏誤，連最聰明的決策者都可能誤觸這個陷阱。看完之後，你再也不會用以前那種方式談判了。

堅守第一個聽見的訊息

一名政治人物的家族長輩在海地遭人綁架，綁匪要求十五萬美元的贖金。在《FBI談判協商術》（*Never Split the Difference*）一書中，資深FBI談判專家克里斯．佛斯（Chris Voss）分享他如何將贖金降低到四千七百五十一美元，外加一臺CD播放器[24]。他告訴綁匪三件事。

首先，「我們沒有那麼多錢」。這句話先確立了期望值。家屬先表示願意支付三千美元，再將價錢提高至四千七百五十一美元。精確的數字展現出有條不紊的計算，可以贏得對方的信任，因為整數太過籠統，顯得不夠真誠。

其次，佛斯提醒對方「如果你傷害她，我們就不會付錢」。付贖金不是為了換回死人。第三，佛斯提議給對方CD播放器，以十分軟弱無力的態度表示「我們只有這麼多」，加強家屬無法支付龐大贖金的印象，將錨定在低處，與對方建立和睦的關係。

不到六小時，那位長輩就毫髮無傷地獲釋了。我們從中學到什麼道理？**總是率先出擊，將其他人錨定在自己的掌握範圍內！**但是該怎麼運作呢？你拋出的錨，就像是能黏在記憶裡的「提示語」。就像第一印象，我們也會過度重視自己首先聽見的文字、詞句或數字。這就是**錨定效應**。

試想一下，現在，你在餐廳裡挑選紅酒。第一個選項是聖愛美濃準特級紅酒，價格六十六美元；另一個選項是奇揚地紅酒，價格二十七美元。奇揚地相較之下比較便宜，因此大多數的人會點奇揚地，即使這款酒通常只要十八美元。他們都被錨定了！

雖然錨定有違邏輯，卻是十分重要的聾點。從談判到採購、銷售、借貸、評估專案和量刑，其影響了各式各樣的事情。以下，是其中一個我最喜歡的實驗，明確展現了錨定的力量。

檢察官在假設情境中給予法官量刑建議，刑期範圍是兩個月到三十四個月。這會產生影響嗎？會。得到錨定範圍較高的法官，其裁定的刑期平均為二十八點七個月。相較之下，得到錨定範圍較低的法官，裁定的刑期平均為十八點七八個月[25]。這是足以改變人生的差異。

律師擅長利用這一點，所以通常會先要求高額賠償以錨定陪審團的標準[26]。不過，公正的陪審員通常會減少貪婪的原告和檢察官所提出的金額。

你有多常注意到錨定現象？衡量你的薪水時，老闆和人資專員通常會以你目前的薪水作為錨定標準，而非你在市場上的行情。我曾經面試過一個人，他吹噓自己以前的薪水是現在的兩倍。然而，他的錨定產生了反效果，因為實際上他的行情只剩下一半，所以我也沒有錄取他！

對業務來說，這是再平常不過的策略，但對買家或員工來說，這是致命的弱點。然而，只要密切注意這個圍牆陷阱，就會讓你有機會扭轉決策，在談判中勝出[27]。怎麼做？另一個優勢來源，是了解**風險偏好逆轉**的本質。

改變你的頻道：風險逆轉

從職涯到顧問，甚至是老婆，人類每天都會改變對所有事情的想法。這很正常。自二〇一〇年代中期開始，經濟合作暨發展組織（OECD）國家的離婚率就不斷上升，結婚率也不斷降低。不是所有人都保了愛情險！我們對他人、情勢、習慣和嗜好的想法都會改變。中國逮捕了國內數一數二的億萬富翁，辛妮．歐康諾則控告了她曾經奉為神的經紀人法赫納。

我們雖然會將態度不變譏笑為「髮夾彎」，但有策略的逆轉卻能展現出力量。那三位倖存的聖母峰登山客，需要極大的勇氣才能回頭。

二〇一五年，前德國總理梅克爾（Angela Merkel）承諾，為敘利亞的尋求庇護者建立安全通道。她當時面臨重新安置難民的難題，她聽進建議，重新實行邊界管制[28]。

在政治和媒體的雙重壓力下，所有人都愈來愈傾向於隨波逐流，尤其是在面對群眾怒火和取消文化時。在二〇二三年世界盃上，西班牙足球協會主席強吻了一名女性球員。國際足球總會（FIFA）起初力挺路易茲．盧比亞雷斯（Luis Rubiales），之後將他停權直到他辭職，隨後禁止他從事足球相關工作三年。珍妮．艾爾莫索（Jenni Hermoso）起初說自己不喜歡這種行為，但隨後向法新社（AFP）發布一則為他開脫的聲明，表示那是「出於喜愛和感激的自然動作」，因為兩人「交情很好」。幾天後，她再次發聲表示自己遭到施壓，感到很脆弱，而且是遭到侵害的受害者。

公開承諾讓逆轉變得很困難，尤其是在眾目睽睽的情況下。以合併和收購為例。隨著交易團隊加速往截止日前進，氣勢和張力不斷堆疊，以致決策者會選擇掩蓋質疑，而不是即時止損、中斷自己正在做的事。有時，第三方監管單位的聲音可以結束一切。舉例來說，經過十六個月的僵局，以及對壟斷市場的擔憂，保險業巨頭怡安保險經紀人公司（Aon）最終取消了與韋萊韜悅公司（Willis Towers Watson）價值三百億美元的合併案[29]。有些領導者會重新定義導致交易破局的因素，藉此轉移道德制高點，尤其是牽涉到數百萬元金額的情況下。PGA公開抨擊沙烏地阿拉伯資助的LIV高爾夫聯賽，並對人權問題表示憂心，但兩年後，他們宣布與LIV合併，畢竟商業利益高得驚人[30]。此時，包括羅利．麥克羅伊（Rory Mcilroy）和老虎伍茲等忠心耿耿的PGA球員才明白：人們所聞鮮少是全貌。

雖然法官可以逆轉裁決，但有時候意見會來不及逆轉。二〇〇〇年，美國聯邦陪審團裁決布蘭登．伯納德（Brandon Bernard）在印第安那州劫車和殺害兩名牧師罪名成立。檢視審判結束後呈交的證據時，九名陪審員中有五人經過重新評估，認為他確實該受到處罰，只是不應該判處死刑。

對此，《哈芬登郵報》（*Huffington Post*）的記者潔西卡．蕭伯格（Jessica Schulberg）訪問其中一位陪審員蓋瑞．麥克朗（Gary McClung），他表示：「我以前總是會猶豫該不該站起來反駁與我不同的意見……我現在很後悔。[31]」前檢察官安潔拉・摩爾（Angela Moor）得知先前隱匿的證據後，也同意這一點。時任美國總統川普沒有扭轉決議，也沒有宣布特赦。伯納德在二〇二〇年接受注射死刑伏法。

幸好，人們還是可以對重要的決定回心轉意，包括選擇結束性命的方式。在《生命末期選擇法》（End-of-Life Option Act）的規範下，二〇二二年，加州有一千兩百七十人透過醫師協助自殺計畫取得致死藥物。八百五十三人選擇結束生命，三分之一的人最終則回心轉意[32]。**接收良知的聲音很重要。**

接收：機率之聲

重新調整面對風險時的態度，會得到巨大的收穫；這是所有自信滿滿的企業家、調查員、勤勉的科學家與永不放棄的運動員前進的基礎。這可能會成為生與死、成功與失敗、進步與停滯之間至關重要的差別。

試想一下搜救人員在龍捲風、轟炸、地震或礦災發生時所面臨的挑戰。科皮亞波（Copiapó）銅金礦坑在二〇一〇年發生坍塌事故前，當地的智利礦工就已經預測到這起意外。吉諾・柯泰茲（Gino Cortés）說：「所有礦工都知道會出事。他們在阿塔卡瑪沙漠（Atacama Desert）的礦坑聽見奇怪的聲音。[33]」他們說得沒錯。多虧了政府與美國太空總署的通力合作，六十九天後，三十三名礦工全數獲救，救援費用是兩千萬美元。在災難復原工作中，能拯救多少性命取決於救援人員能否精準聽見受困者的聲音，以及能否減緩預計發生的危害。

想在職業上取得成就，風險評估是必備的精準技能。自殺防治專線、受害者諮商和聯邦調查局在進行談判時，都面臨生死攸關的局勢，所以相關人員皆受過絕佳的傾聽訓練。他們知道溝通不良、不尊重或無意間流露的敵意，都可能危及性命。

對此，談判專家佛斯的觀點是：「你可以用十五種方式說謊，但每一種都還是與你說實話的方式不一樣。[34]」他主張以「深夜電臺主持人」的方式與對方溝通，然後凝神傾聽，像人體測謊機一樣找出對方使用或省略的詞彙。

在這本書中，我會探索情境如何形塑情感或複雜的決定。在各種情境中，你都可能會想「我該怎麼辦？」但這通常不是主角能決定的。

在聖母峰的山頂，羅伯．哈爾和他的客戶都發生缺氧問題[35]，這個症狀導致他們迷失，無法做出正確判斷。情境很重要。

在擁有良好意圖、資訊來源、時機和能力的情況下，決策者可以做出風險報酬率最佳的選擇。若是你沒有經歷過與他們相同的處境，就最好不要做出道德判斷。

對某些人而言，冒險是他們的DNA與人格特質中不可或缺的要素。許多人以冒險家的頭銜自豪，彷彿那是一枚榮譽勳章。然而，如同權力、自我和風險，脫序的身分認同也會導致一個人做出誤判。這就是下一章身分認同所導致的圍牆陷阱要探討的重點。

本章重點

- 沒有決策是毫無風險的。祕訣在於接受這個事實，明白你不懂的事情。
- 我們做決策是落在一個光譜上，從追求刺激的一端，到渴望確定性的另一端。我們的立場在這條光譜上會隨著時間、人生階段和情境不斷波動。換言之，不存在理想的風險偏好。
- 聽見災難的聲音後，公司會投入幾十億元應對風險，消費者則花幾十億元躲避風險。大部分的人都為了追求安全感，在保險或高檔品牌上花了太多錢。

- 「將損失減至最低」的動機，深植在理性的自利心態中，卻會破壞有用的決策選項。
- 錨定是不理性的參考點，它會扭曲我們的邏輯判斷，直到為時已晚。
- 我們不喜歡放棄公開聲明、感情關係或承諾，因為我們已經投入時間和金錢。但堅持下去只會浪費時間、金錢，甚至賠上性命。
- 做出髮夾彎決定和逆轉偏好是展現自信，而非怯懦。有些人認為改變心意是智慧最高層次的展現。
- 決策風險是根據現成資訊，而非精確資訊所計算出來的。成功的專業人士會認為，自己有持續破譯資料的道德義務。
- 我們最深沉的恐懼不太可能發生，但我們卻會忽略真正可能發生，且會造成我們誤判的事情。有遠見的領導者會學習與不確定性、黑天鵝共存。
- 成熟的決策者會重新調整風險偏好，以便在必要時選擇性地聽見機會的聲音，即使那聲音來得不合時宜，甚至代價高昂。

Identity-based Traps

第 7 章 身分陷阱：修圖過的人生

做你自己，因爲其他都已經有人做了。

愛爾蘭詩人　奧斯卡．王爾德（Oscar Wilde）

巴茲．艾德林是第二個踏上月球的人類。將近五十年後，有人問他是否因晚一步而感到懊惱，他回答：「當時一點也不會。他（尼爾．阿姆斯壯）作為團隊中的資深成員，第一個走出去是合情合理的。」

不過，想法會改變：

> 這麼多年來受邀演講時，大家都介紹我是第二個踏上月球的人類，確實有點令人沮喪。我們明明都接受相同的訓練，我們都在同一時間登陸月球，我們都對這一切有所貢

獻，真的非得告訴大家別人才是「第一人」不可嗎？接下來的人生中，我的身分永遠是第二個在月球上行走的人類[1]。

各位應該能對艾德林的失望有所共鳴，美國太空總署也是，因此，其載人太空飛行副管理師向媒體宣布艾德林是登月第一人[2]。畢竟誰想當第二人？候補演員、和聲歌手、副手或王室的「備胎繼承人」是第二人。登山家都想成為「登頂聖母峰的人」，而不是回頭的人。對此，太空人麥可．柯林斯察覺：

> 名氣沒有為艾德林帶來好的影響。我認為他一直埋怨自己不是第一個踏上月球的人，而非感激自己是第二個[3]。

為了補償這一點，艾德林很喜歡開玩笑說他達成其他的月球壯舉，例如：第一個在月球上自拍、舉行聖餐禮和跳出「人類偉大一躍」的人[4]！

本章將檢視六個核心的身分偏誤，而這些偏誤是錯誤傾聽、錯誤資訊和錯誤判斷的來源。我會解釋個人和品牌如何為了營造形象（**印象管理**〔impression management〕）和保持一致的形象（**一致性偏誤**〔consistency bias〕）而走向極端。我們會迷失在定義狹隘的身分認同中，導致我們受到吹牛大王、競爭對手、零售商、靈媒、批評家或詐騙犯吸引。一般來說，我們聽不見身分認同與我們不同的人所說的話（**外團體**〔outgroups〕），只聽得見與自己產生共鳴的聲音（**內團體**〔ingroups〕），而方便的社會標籤更會強化這個心態（**選擇性偏誤**〔representativeness bias〕）。我們經常會在國家、政治和企業團體中，失去自己的身分認同（**錯誤共識效應**〔false consensus effect〕）。

執著於身分認同會扭曲我們的解讀方式，尤其是在結合自我或情緒的情況下。反過來說，對充滿自信的決策大師而言，精心營造的身分也會是龐大的影響力來源。同時考量盲點、聾點和啞點的立體觀點，能幫助我們破譯自己所聽見的資訊，而不是將自以為聽見的資訊深植於腦海。本書中的許多故事，在在說明了我們所聞並非全貌。首先，讓我們從印象管理開始。

著迷於編排印象

並非只有艾德林有這樣的心情，所謂的相對位置對自我形象的影響甚鉅。美國心理學家湯姆・吉洛維奇（Tom Gilovich）用一九九二年夏季奧運會的照片，分析銀牌得主的表情[5]，結果銀牌得主的平均快樂指數是四點八，銅牌得主則是七點一。

二〇〇四年奧運會柔道選手的分析結果也大同小異。百分之九十二的金牌得主都笑了，銀牌得主都沒有笑。事實上，百分之四十三的銀牌得主看起來都很難過[6]。為什麼呢？銀牌得主認為自己比上不足[7]，失之交臂最令人痛心，而銅牌得主則會覺得很感激。不過，人們向來會忽視機率。平均只有百分之十一的參賽選手可以贏得獎牌。

你如何評斷自己的相對位置，影響了你解決問題和做決定的方式。

我們大多數達成、賺取、引用、購買和發文的事物，都是源於我們想要在他人心中留下深刻印象的渴望，這就是所謂**印象管理**的本質，與此同時，通常還會轉化成美國經濟學家索爾斯丹・韋伯倫（Thorstein Veblen）所說的**炫耀性消費理論**（theory of conspicuous consumption）[8]。不論在網路上或現實中，我們都太過於在乎自己是誰，以及我們所呈現的面貌。美國哲學家J・大衛・維曼（J. David Velleman）寫道：「我們創造自己……但實際上我們只是自己創造的角色。」我們為了在對方心中留下深刻印象而這麼做，卻在過程中失去了自己。

不論好壞，時至今日，我們已經擁有更多管道來表達自己的身分認同。數十億人使用 Instagram、抖音和 LinkedIn，希望別人聽見自己的聲音。但是在這個嘈雜的世界，我們聽見的比以往更少。

揭穿德國富家千金的真面目

有些人的身分營造走向了極端。出身寒微的移民安娜・索羅金（Anna Sorokin），將自己打造成五千萬美元遺產繼承人安娜・德爾維（Anna Delvey）。她在紐約的社交圈一開始很小，接著一點一滴地與出手闊綽的富豪培養交情。索羅金撩人的德國口音，也在無形之中展現了影響力。

漸漸地，背景顯赫的社交名流和容易受騙的飯店老闆，都成為她的詐騙受害者，開始資助她奢靡的生活方式。她以自己的理財顧問自居，假借在蘇活區建立藝術俱樂部的名義申請四千萬美元的貸款，並且假造華爾街銀行家、顧問和房地產大亨的文件。就在兩千兩百萬美元即將到手的前幾天，索羅金被逮捕了。《紐約雜誌》（*New York*）的記者潔西卡・普瑞斯勒（Jessica Pressler）之後寫了一篇報導，向全世界揭露她利用他人、華而不實、操縱人心的故事。

儘管身負重大盜竊和竊盜罪等多項指控，恬不知恥又自信滿滿的索羅金依然認為自己沒有錯。「我不覺得自己是騙子……我只是跟他們要了點東西，而他們都說好。」她補充：「我對人們的愚蠢一點耐心也沒有。」她主張大部分的品牌在成功前，也都是假裝的。「很多企業都只是虛假的紙牌屋，只是你們不知道而已。[9]」她並沒有說錯。

不只有德國的詐欺犯和失望的奧運選手渴望自己的形象更華麗動人。美國伊利諾州的約翰·韋恩·蓋西（John Wayne Gacy）因為強暴和謀殺三十三名成年男性與男孩，而被判處死刑。蓋西卻堅決表示自己不是同性戀。在他看來，他寧可以連環殺手的身分為人所知，也不想被視為同性戀。

相較之下，另一名連環殺手泰德·邦迪對自己的形象就坦然多了。

> 我不會抹煞自己的過去。我不會為了任何事改變我現在的樣子，或改變我做過的事，或我認識的人。

他驕傲地形容自己是「你見過最卑鄙刻薄的王八蛋」。他利用自己法學院學生的身分、英俊的外貌和魅力，誘惑被害者；但他卻奪走了被害者的身分，許多人成了荒涼山腰上的無名屍。邦迪一直維持著自己精心營造的沉著形象，就連走上佛羅里達州的電椅時，也完全無視眾人大喊著「燒死邦迪！燒死他！」的鼓譟聲。

自負且虛榮的家長也無法逃過印象管理的魔爪。以大學招生為例，菁英雲集的常春藤盟校其入學門檻非常嚴格。儘管各個大學都在宣揚包容，但他們卻偏好**內團體**。有些學校會保留百分之十五的名額給捐款人或校友的孩子——不論他們的成績如何[10]。儘管現在美國法院禁止傳承入學制度，但研究發現，哈佛大學有百分之四十三的白人學生都是傳承入學生、運動員或捐款人和教職員的親戚[11]。這或許能解釋，為何好萊塢演員費莉希蒂．霍夫曼（Felicity Huffman）會付給陌生人一萬五千美元，請他當女兒南加州大學入學考試的代考槍手。

每次受邀至校友會發表演說時，我總是因為他們對這段學歷的驕傲印象深刻。例如，當哈佛商學院或甘迺迪政府學院的畢業生自我介紹時，可能會說「我是喬．亞伯拉罕，九二年文學學士班畢業」或「瑪胡．阿米爾，二〇〇六年企業管理碩士畢業」。這是一種榮譽勳章。雖然人脈確實能帶來大量益處，但也可能因為這些特權，將目光狹隘地限縮在校園內。

當我們不顧一切想要打動他人、在對方心中留下好印象，就會排擠道德判斷的空間。我們都希望自己打動別人、留下好印象。

我第一次上 TEDx 演講「如何克服優柔寡斷」（How to Overcome Indecision）時，我緊張到快虛脫[12]。這雖然不會影響我的職涯或收入，但我很害怕自己吃螺絲和腦袋空白的窘態會在網路上永流傳。沒有第二次機會。我真的相信自己的演講內容，可以幫助大家遠離討厭的優柔寡斷，但是萬一在 YouTube 上只有一百人觀看怎麼辦？我看過有的 TEDx 演講觀看次數高達一千萬。數字要多高，我才會高興呢？我以狹隘、局限的眼界錨定了自己。

事實上，真正的差別在於演講完產生的效果——一名穆斯林母親告訴我，這幫助了她深受焦慮所苦的青春期女兒；飽受欺凌的技術人員終於離開有毒的工作環境；還有一名獵人頭公司執行長決定結束在董事會的工作。**有時候，影響力會勝過虛榮心。**

換言之，在建立了自己的專業、政治或國家身分認同之後，如果太執著於保持一致，可能就會成為破壞判斷力的地雷。

我想掙脫枷鎖、奔向自由

不論你的事業有多成功或專長是什麼，先入為主的身分印象都可能成為陷阱。談到女演員可以選擇的角色時，好萊塢女星瑞絲．薇斯朋（Reese Witherspoon）提到：「很多人在討論，我們應該為了別人成為某個樣子……彷彿我們就應該只創造符合美好幻想的人設。」[13]

我們對於演員、母親、老師、癮君子和交易員都有先入為主的印象。我們不會預期國王詛咒別人、主席做出「抓胯下」的動作，或領導者侵占公款。我們喜歡看見別人的言詞、外型和地位保持一致，而這就是所謂的**一致性偏誤**；也是為什麼OJ辛普森成為割喉案凶手，以及麥可．傑克森成為兒童猥褻犯的形象，會與粉絲先入為主的印象產生衝突的原因。

倘若人們、流程和體制保持一致，世界就會變得更穩定、更能夠掌握。這種井然有序的思維模式，能讓我們得到難以掌握的確定性和安心感。然而，**對一致性的渴望會簡化現實，也會略過複雜、深淺不一的灰色地帶。**

員工、消費者、選民和閱聽人，都很重視產品和承諾的可預測性。這種想滿足其他人需求的渴望是一種心理陷阱，會扼殺創意與演進，導致你裹足不前。土耳其作家歐贊・瓦羅（Ozan Varol）寫道：「當你降低其他人的音量，就會開始聽見……一個新的聲音對你耳語……你會認出那是自己的聲音。如果要接收內在守護神的聲音，首先就要忽視外在的雜音。」[14]

《哈利波特》（*Harry Potter*）系列聲名大噪之後，JK羅琳（JK Rowling）化名為羅勃・蓋布瑞斯（Robert Galbraith）繼續創作。她覺得自己困在一個角色當中，想要「不受限的自由體驗……沒有任何炒作或期待，享受以不同的名字得到回饋的純粹樂趣」[15]。倘若功成名就表示不再接收自己的聲音，又何必苦苦追求成功？

如果我們讓同事、競爭對手或粉絲定義我們的面貌和信念，就會失去自己的身分。對此，有些人選擇逃跑。例如，太空人阿姆斯壯一直躲避喧鬧聒噪的媒體。他形容自己「就是一個穿著白襪、口袋插著筆的書呆子工程師，永遠都是如此」。阿波羅十一號任務結束後，他成為辛辛那提大學的航空工程學教授。他很清楚自己是誰。至於另一位太空人艾德林則是在對抗酒精成癮，並渴望得到他同事避之唯恐不及的鎂光燈。他曾將月球形容為「壯麗的荒涼之地」，反映出他的心境。「沒有目標、沒有使命感、沒有值得我傾注心力的計畫。」[16]

有些人和阿姆斯壯一樣很清楚自己的身分。俄羅斯數學家格瑞戈理・佩雷爾曼（Grigori Perelman）絕對是其中之一。他拒絕領取數學界最高榮譽的費爾茲獎（Fields Medal），也拒絕千禧年難題的一百萬美元獎金，他說：

> 我不想像動物園裡的動物一樣被展示。我不是數學界的英雄，我甚至沒有那麼成功。這就是為什麼我不想讓所有人都盯著我看。

在組織層級中，當公司需要轉變經營方向時，保持一致就不再是最佳選擇。舉例來說，大部分的基金經理人都會吹噓自己挑選高信心股票的技巧精湛——這是個身分陷阱。市場崩塌時，許多人都忽視了經濟學家保羅・薩謬爾森（Paul Samuelson）的告誡：「事實改變時，我就會改變想法。你會怎麼做？」然而，**改變等同於承認錯誤**。我與數百名基金經理人共事過，不論股權降得多低，多數人還是只會稍作調整，而不是重新分配資產。他們的客戶因此慘賠。

美國思想家愛默生（Ralph Waldo Emerson）的說法非常正確：「追求一致是狹隘心靈的惡鬼。」

從分析師到電影製片人，他們都想要與自我定義的完美保持一致。舉例來說，《鐵達尼號》導演詹姆斯．卡麥隆（James Cameron）在得知拍攝著名沉船場景的當晚，夜空中的星星位置不準確後，便決定重新拍攝並延後上映時間。同樣地，發明家詹姆斯．戴森（James Dyson）投入十五年，開發了五千一百二十七個原型設計，只為了不斷精進完善第一臺直立式吸塵器[17]。

試著在他人心中留下深刻印象，表示你會在不經意間迷失自己，有時甚至會害自己陷入憂鬱。

印象管理有一部分是源自完美主義的詛咒。表現最頂尖的人都是隱藏的完美主義者，而完美主義本身就是個身分陷阱。許多人都誤以為只要比完美差一點，就表示有瑕疵——這可不是定義自己或證明自己的方式。

儘管完美主義自有其優點，但它的聲音還是會導致我們聽不見邏輯之聲。我可以用多少方式寫這個句子？哪個句子聽起來更完美？我們應該傾聽理智之聲，而非虛榮之聲。

身分授予者和接受者

你究竟是誰？一九七〇年代，波蘭社會心理學家亨利・泰弗爾（Henri Tajfel）提出**社會認同理論**（social identity theory），也就是我們會根據共同的價值觀、社會階級、信仰和效忠對象來歸屬群體。

身分認同非常微妙。一個工程師可能是機械、電子或土木工程師；一個猶太人可能是德國人、匈牙利人、以色列人或波蘭人。你會將貓王艾維斯定義為一九五〇年代的擺臀監獄搖滾歌手、一九六〇年代海灘電影的柔情歌手，還是一九七〇年代在賭城穿著浮誇斗篷的歌手？**我們是由各種面貌的自己所組合而成。**

我們就是我們做的事，而我們會為了成為想要的樣子而做那些事，希望說服別人認為我們是那樣的人。其他人也會塑造我們的自我形象——這一點非常危險。在你精心營造形象的職場和社群媒體上，那些負面觀點、按讚次數或留言，會毀了你一天的心情，或是嚴重破壞你的信心嗎？Reddit 上的 karma 積分呢？得到按讚和推時，一切都令人歡欣鼓舞，但是倒讚和尖酸刻薄的留言可能會重創自尊。

對此，沒有人能夠完全免疫，不論是大人或小孩、前輩或後輩、名人或陌生人。

好萊塢製片哈爾・瓦利斯（Hal Wallis）曾說：「為了拍藝術電影，就必須先讓貓王拍攝商業電影。」帕克則向《洛杉磯時報》表示：「他們就是為了賺錢。」艾維斯徹底支離破碎。「不論他們給我多少錢，都無法讓我對自己感到滿意。[18]」

在親密關係中，也可能失去身分。普莉西拉・普里斯萊剛認識未來的丈夫時，她只有十四歲。她在二十一歲時結婚，接下來超過十年都不知道自己是誰。「我算是亦步亦趨跟著他。我是說，過著他的人生……真的會迷失自己。[19]」丈夫的願望、情緒和不安全感，漸漸也成為她的一部分。她的存在只是作為「活的洋娃娃」，取悅她的偶像。活在狂熱的馬戲團裡、一心渴望他人的認可時，很難察覺到自己正逐漸損失的一切。離婚四年後，普莉西拉終於找回自己的聲音，將自己改造為演員和商人。她接下來將貓王雅園的價值從一百萬提升到一億美元[20]。

那麼，如果是個失去身分的七歲男孩呢？一九七二年，戀童癖肯尼斯・帕內爾（Kenneth Parnell）謊稱自己正在為教會募款，綁架了七歲的摩門教教徒男孩史蒂芬・史泰納（Steven Stayner）。這起悲劇撼動了位於美國加州的小鎮美熹德（Merced）。帕內爾甚至對史蒂芬洗腦，說他經濟拮据的父母已經同意讓帕內爾合法收養他。焦慮不安的史蒂芬從此成為性奴超過七年的時間，直到帕內爾又綁來一個五歲男孩提米・

懷特（Timmy White）取代他。

已經是青少年的史蒂芬後來抓住機會，帶著小提米一起逃出生天。兩個家庭與失蹤的孩子團聚，讓各地的失蹤兒童家屬都燃起了希望。

自我價值感支離破碎的史蒂芬既困惑又憤怒，從來沒有與母親、父親、治療師或哥哥卡瑞・史泰納（Cary Stayner）談起這段影響他一生的經驗。他們也從未過問。他們的家庭被自發的沉默給徹底摧毀。史蒂芬難以適應他的新生活。他在學校遭到嘲笑和排擠，其他人一直懷疑他的性傾向。他告訴《新聞週刊》（*Newsweek*）：

> 我回家時已經接近成年，我父母卻還是把我當作他們七歲的兒子……如果我沒有回家，生活會不會過得更好？

他雖然是救人的英雄，受害者的身分卻定義了他的人生。綁架他的人只坐牢五年，更是對他的情況一點幫助也沒有。十年後，史蒂芬在一場離奇的機車事故中身亡。悲劇的人生以悲劇收場。

人在任何情況下都可能迷失身分，尤其是在團體中。

在團體中失去身分

絕大多數人都對自己的家鄉感到自豪。你應該會在世界盃、萊德盃（Ryder Cup）或歐洲歌唱大賽，為自己的國家搖旗吶喊。**如同職業身分，國家身分也是一種內團體心態。我們只會聽見內團體震耳欲聾的聲音**。這是否是歷史、教學和訓練下的產物，而非獨立形成的觀點？如果走到極端，可能會引發排斥、仇恨犯罪和暴力行為。

你們或許會認為，瓊斯鎮居民、絕食抗議者、自殺炸彈客、山達基教徒、匿名者Q和三K黨成員都是不理性的，但是他們自己並不這麼想。如同所有團隊和隊伍，所有團體都會力證他們的信仰是正確的，因此成員會認定所有人都十分忠誠、都接納團體的聲音，而這就是**錯誤共識效應**。這就是為什麼你會覺得所有人都跟你一樣，想要同樣的特價商品、飯店房間或演唱會門票。

如果我們希望內團體成員告訴我們事實為何，我們的心理圍牆就會縮小，而專家稱之為「知態的封閉」（epistemic closure）。

拉高到國家層級，對內團體的極端效忠會造成兩極分化。以北愛爾蘭為例，一九六九年，北愛爾蘭問題（The Troubles）的戰火點燃。在看似十分口語的稱呼之下，埋藏的是腥風血雨的日常。當地的兩大勢力誓不兩立，一方是尋求獨立的愛爾蘭共和軍（IRA），另一方是為了留在聯合王國而奮戰的聯合主義者。新聞上充斥戰亂蹂躪的景象：蒙巴頓爵士謀殺案、血腥星期日、留著長髮的反抗分子，還有巴比．桑茲（Bobby Sands）長達六十六天的絕食抗議。我的一個家族長輩曾駐紮在貝爾法斯特（Belfast）的一間修道院，因為害怕冷不防飛來的汽油彈和殘忍的派系屠殺，沒有人敢跨越邊界一步。在長達三十年的衝突中，超過三千五百名被害者死亡。

一九九八年，暴力衝突隨著《耶穌受難日協議》（Good Friday Agreement）落幕。協議並沒有提出非黑即白的獨立或統一的選項，而是成立權責下放的議會。儘管戰火平息，傷疤卻依然存在。

這段時間深深影響了許多人的一生，包括我那熬過兩次世界大戰艱苦的高齡九十六歲祖母。她在二〇〇五年住院時，警告護理師有愛爾蘭共和軍士兵躲在她的床底下，搞得所有護理師一頭霧水。我們認為那是藥物引發的幻覺，然而，實際上是「嗎啡下吐真言」，事實的碎片在回憶中重新湧現。

撰寫這本書時，我得知當時祖母父工作的警察局遭到愛爾蘭共和軍炸彈攻擊，他們家更曾陷入槍林彈雨。他的十三個孩子為了保命而被迫逃離。她的一個姊妹被送到南非的道明會修道院。另一個孩子被送到澳洲，以免被愛爾蘭共和軍徵召。他們後來再也沒回家。

七十年後，我體弱多病的祖母仍然惴惴不安地擔心，已經解體的愛爾蘭共和軍步步逼近，四處追捕她的姊妹。她不久後便與世長辭，儘管一輩子犧牲不少，最終卻沒得到多少平靜。從許多方面來說，她都是迷失世代的縮影，不需要平板電腦和手機，僅憑著說話的藝術、同情的聲音和對其他人的善意，就足以迷失的一代。

不是所有人都與我們有相同的國家、專業或宗教觀點。**沖淡自己對單一身分的依附，可以幫助人生轉變**。就在這週，我與一名前同事——華爾街某金融巨頭的副董事長，聊起退休時，對方問我：「如果我就是副董事長的樣子，退休後我是誰呢？」

現在開始，與那些能賦予你多重身分認同的群體建立連結是明智之舉，而不只是被你單一的職稱、婚姻狀況、種族身分或政治立場所定義。

傾聽和幫助你的內團體

巴西有名拘謹的德國人，十三年來都與一個匈牙利家庭住在一起。吉塔・史塔默

（Gitta Stammer）在雜誌上赫然看見她房客的照片時，對方才吐露了自己的身分。他是奧斯威辛集中營最惡名昭彰的醫生，有「死亡天使」之稱的約瑟夫・門格勒（Josef Mengele）。

門格勒打從一開始就渴望得到納粹黨的支持。他拿到研究補助後便開始給猶太人截肢，故意讓他們感染斑疹傷寒[21]。他的行為逐漸墮落，分配囚犯進入毒氣室，監督齊克隆B藥劑的使用，對雙胞胎展開慘無人道又致命的實驗。

得知真相的史塔默一家人，立刻開始想方設法驅逐門格勒，但都徒勞無功。他在德國的家人金援他隱姓埋名的生活，當地還有一個中間人處處替他打點。滿心恐懼的史塔默一家人只能沉默。在沒什麼交集的情況下，門格勒在樸素的小農莊裡變得愈加獨裁霸道，流露出雅利安人的優越感[22]。他在當地住了超過十年。史塔默家的兒子成為青少年後，門格勒還一同出資在附近買了新房子。

身為匈牙利僑民的陸軍下士沃夫蘭・波賽特（Wolfram Bossert），認識一個叫「彼得」的男子後，彼得就經常登門拜訪。他們會一起品嚐麗絲玲白酒，辯論哲學、政治、音樂和戰後德國種種的不公義。沃夫蘭之後和吉塔一樣，發現「彼得」其實是頭號納粹逃犯。

心理上盲目的沃夫蘭將門格勒視為同一個內團體的成員。他對所有駭人聽聞的景象視而不見。畢竟，他們擁有相同的身分認同、興趣和反猶太主義思想。與史塔默一家不同，他們建立了內團體。沃夫蘭在心理上對充足的證據充耳不聞，他說：

> 他不是邪惡的人。他時時刻刻對人的性命抱持最高的敬意。在他被指控的所有罪行中，我認為只有一小部分是真的[23]。

心理上失聰的沃夫蘭之妻莉絲綠蒂（Liselotte）為自己的沉默辯駁：

> 我們基於人道理由而接受這件事。雖然他是通緝犯，但我們認識的他就是個非常有教養的紳士。我們就繼續過生活，彷彿什麼都不知道[24]。

波賽特夫妻誤判了門格勒和他們自己。他們沒有一個人說出真相。他們對真相充耳不聞，因為沆瀣一氣和狹隘思維而忽視正確的聲音。他們放大了圍牆效應。

我們會接收覺得對頻的聲音，並忽視覺得不對頻的聲音。我們很容易譴責旁觀者。換作是你，你會採取不同的行動嗎？還記得史丹佛監獄實驗中那些平凡學生如何在異常的環境下，被驅使做出異常的行為嗎？

絕大多數的人都會覺得自己有責任幫助我們視為「自己人」的人。我們會聘用、幫助和支持與我們相似的人，而非陌生人。誠如史蒂芬・馬丁（Stephen Martin）和約瑟夫・馬可斯（Joseph Marks）在《信使》（*Messengers*，直譯）一書中所言，我們會聆聽內團體的聲音：

> 當我們認為自己以某種方式與其他人產生連結時，會更常聽他們說、更看重他們說的話，勝過那些沒有任何聯繫的人[25]。

這種對內團體的偏愛，可用於幫助社會做好事，其中，精明的慈善組織會善用**可辨識受害者效應**（identifiable victim effect）。舉例來說，二〇〇四年南亞大海嘯後，慈善組織立刻向與受害者相同國籍的善心人士尋求緊急捐款，其結果就是同胞的捐款遠遠超過非受害者同胞的捐款[26]。

我們通常不會分門別類地整理著自己的身分，這就是為什麼許多人在轉換職涯時十分掙扎。

尋求董事職位時，我認為最有可能雇用我的，就是我工作過的投資產業，但實際上並非如此。我發現其他產業其實很看重與產業無關的技能。有些心胸開闊的董事願意接納多元的聲音。舉例來說，我是英格蘭足球總會多元顧問委員會中，唯一一個不是足球員和教練的成員；在世界田徑總會性別顧問小組中，我是少數不是奧運選手的成員；目前我也是英國與愛爾蘭雄獅隊獨立董事會的第一位且唯一一位的女性成員。有時，我們會因為局限自我形象而耽誤自己，橫向思考者的作法則完全相反。

有聽見與沒聽見的人

「他是工程師。」「他們是墨西哥人。」「她不是我們的人。」我們會選擇聘用、提拔、嫁娶、認識和仿傚與我們相似的人。比起外團體成員，我們更常尋求內團體的建議。招聘專員說的「適合」，指的是「與我們相像的人」。試著融入他人，就是變得像其他人。

儘管我們心懷善意，卻還是不會聽進邊緣族群或不熟悉之人的聲音——他們是我們「沒聽見的人」。這種現象是雙向的，例如：白人很難在哈林區買房，黑人則很難在哈林區以外的地方買到房子。

諷刺的是，最需要包容的人往往都會受到排斥。每出現一個贏家，都必定會有一個輸家。我們如果只接收熟悉的內團體聲音，就會忽視不熟悉的外團體。

貓王艾維斯出生的三年前，距離雅園三百四十英里處，美國阿拉巴馬州的公共衛生服務部在塔斯基吉大學展開一項研究，記錄低收入非裔美國男性的梅毒感染史。在沒有取得知情同意的情況下，那些非裔男性都用自己的血液樣本換取微薄的獎勵，例如免費餐點和保險金[27]。這項研究持續了四十年。

一九四三年開始，有了盤尼西林療法可採用，但研究人員從未公開受試者的診斷結果，也沒有提供盤尼西林給感染者。直到一名吹哨者公開研究人員對黑人的剝削，這項研究才終止。大約一百二十八人死於梅毒或相關的併發症。其中許多人間接地傳染給家人和孩童。一九九七年，時任總統美國柯林頓向未得到治療的梅毒感染者公開道歉。諷刺的是，這個平行宇宙與沉溺於藥物之中的雅園是同一個時期發生的。

不道德行為並非源自於歧視、排斥或居心叵測，但這並不會減少那些行為所造成的毀滅性影響。

組織合併案是另一個滋生排斥的溫床。儘管一直強調對等合併，但「他們或我們」的二選一心態還是會不斷發生。就算是相同專業、職責或種族的人，也會將「非我族類」拒於門外。人們處於威脅時會改變思維，他們會撤退回到熟悉的人身邊。突然之間，那個常常惹怒自己的業務員或專員，成了自己的最佳隊友以及內團體的一分子。

麻省理工學院二十逾年來，分析了四千間高科技新創公司的收購案，發現百分之三十三的被收購公司員工都在第一年內自願離職[28]。接收對方的聲音、彼此同調，多少可以遏制跳槽風險。百分之九十二的領導者承認，如果他們「在合併前更了解彼此的文化，將受益匪淺」[29]。交易後才責怪雙方的公司文化無法搭配，往往為時已晚。

更廣泛來說，所有人都會因為多種原因成為非蓄意歧視的受害者。在心理上認為不公義離自己很遙遠時，因此就會忽略不公義的聲音。

我們大多數人永遠不會知道，因為錯誤的理由出名是什麼感覺，而一位母親以最苦澀的方式體會到了。

對不同與異議之聲充耳不聞

對茱莉亞・瑞雅（Julia Rea）而言，不公義並非遙不可及的事件。她是一名單親媽媽，曾是印第安那大學的博士候選人。一九九七年，一個連環殺手闖進瑞雅家，殺害她十歲的兒子喬艾。儘管瑞雅提供了凶手的描述，同時她沒有行凶動機，也沒有任何對她不利的證據，她還是被思想保守的陪審團定罪，判處六十五年刑期。前夫揭露她多次考慮墮胎，陪審員聽見這個偏頗的資訊後感到怒不可遏。瑞雅污辱了他們對母性的成見——還記得一致性偏誤嗎？

多虧了無罪計畫，瑞雅的聲音才被聽見，終於在真正的闖入者認罪後洗刷汙名。在二〇二二年世界冤罪日，我親口聽見她訴說自己的故事。

> 真的很難熬……在這之前我是博士候選人，正在兩位大師的指導下撰寫論文，二〇〇六年被釋放後，我仍然無法回去工作，也沒有退休金[30]。

不只瑞雅有這種遭遇。她處在一個外團體中的內團體——有些人既不見容於外面，也無法融入裡面的團體。

如果警方忽略不同的聲音，就會付出十分慘痛的代價。在密爾瓦基，儘管非裔女性格蘭達．克里夫蘭（Glenda Cleveland）不斷舉報鄰居的行為可疑，警方依舊忽略她的聲音。一名被下藥的十四歲寮國少年從她鄰居家逃出來後，警方又將少年送了回去，而她的鄰居只開玩笑地說他十九歲的男朋友「喝醉」了。白人警察選擇相信白人連環殺手傑佛瑞．達默（Jeffrey Dahmer），不相信黑人女性。他的被害者成了偏頗判斷下的犧牲品。這種事每天都會發生。

在費城，一間星巴克店經理報警逮捕兩名正在等朋友點餐的黑人顧客，星巴克之後暫時關閉全美八千間分店，對員工進行反偏見培訓。

哈佛大學的黑人教授亨利．蓋茲（Henry Gates）在回家時被逮捕，因為有人看見他用力撞開他家卡住的後門。劍橋市警方執著於自己所見，而非所聽見的事實。時任美國總統歐巴馬（Barack Obama）由衷希望這能讓所有人都學到一課，結果並沒有。他對這起事件的評論，造成白人公民對他的支持度一落千丈，勝過他擔任總統期間其他事件所帶來的影響[31]。

異議者不用多久就會成為外團體的一分子。還記得辛妮．歐康諾因為抗議天主教會性侵案而撕毀教宗的照片，於是遭到詆毀超過十年嗎？但她說的明明是實話。名人也無法逃過聾點偏見的傷害。在一九七一年的某次訪問中，重量級拳王穆罕默德．阿里（Muhammed Ali）回憶自己曾問母親關於白人的事：

為什麼耶穌和天使是白人？為什麼非洲叢林之王泰山是白人？為什麼美國小姐、世界小姐和環球小姐都是白人？

他發現所有好東西都是白色的——白宮、白天鵝牌肥皂、白雪茄和白色的天使蛋糕。與此同時，所有壞東西都是黑色的——勒索（blackmail）、害群之馬（black sheep）、黑天鵝和黑色的惡魔蛋糕。

他的疑惑至今仍然成立。

標籤是種懶惰的刻板印象

書呆子工程師、愛吹牛的行銷人員和吹毛求疵的稽核員，這種刻板印象在組織中隨處可見。你也許會有一個文靜的亞洲同事，但是所有亞洲人都很文靜嗎？刻板印象會產生錯誤的假設，因為我們只根據特定的事物做出推論，並沒有根據差異調整。對此，行為經濟學家稱之為**選擇性偏誤**。

警察、檢察官和政治人物都會掉進這個陷阱。由於監獄裡的黑人比白人多，他們便假設所有黑人都是罪犯；再加上白人認為黑人都長一個樣，倉促判斷便隨之而來。

刻板印象標籤會形成對身分的認知，這在我們的日常用語中十分常見，比如，我們會稱其他人「那個矮子」、「那個黑人女孩」或「那個怪人」。一再重複之下，就會導致誤解根深蒂固，加劇誤判。前美國總統川普便是藉此取得政治優勢。他自詡為「戰爭時代的總統」，稱希拉蕊（Hillary Clinton）是「騙子希拉蕊」，拜登則是「瞌睡喬」[32]。

「女爵」、「上校」、「牧師」或「爵士」等光榮的頭銜，都是展現權力的訊號。在紀錄片《薩維爾：掠食者肖像》（*Savile: Portrait of a Predator*，直譯）中，英國知名主持人吉米・薩維爾爵士說：「得到騎士頭銜讓我大大鬆了一口氣……讓我擺脫了困境。」他躲在一個標籤之後，用體面與值得信賴的假象掩蓋自己的真面目。

標籤是一種方便但可能帶有偏見的心理捷徑。我們經常聽見經理給員工貼上「麻煩人物」或「懶惰鬼」的標籤，而被貼上標籤的人會逐漸變成那個樣子，反之亦然。「才華洋溢」和「值得信賴」的人，會成為明日之星。

在《阿波羅十一號：內幕故事》（*Apollo 11: The Inside Story*，直譯）一書中，美國太空總署總監克里斯・克拉夫特（Chris Kraft）解釋，為何沒有挑選艾德林主導登月任務：「阿姆斯壯沉穩、安靜，懷有絕對的自信……他不會以自我為中心。反觀艾德林則是滿心渴望榮譽，而且他無意隱藏自己的想法。」

我見到七十八歲的阿姆斯壯時，便明白了他的選擇。他一點也沒變。阿姆斯壯依然充滿好奇心、注重細節，而且冷靜沉著——當時阿波羅十一號的燃料不足，他們只剩下二十秒可以降落在月球上，還要避開跟足球場一樣大的崎嶇坑洞，此時他的冷靜沉著便派上用場。

但是，身分不見得是固定不變的。現在，改造身分變得愈來愈常見。

重新塑造和重新改造

伴侶分手或其中一位家長死亡後，身分就會改變。剩下的一方成為「單親家庭」，孩子變成「來自破碎的家庭」。話雖如此，身分轉變只是一個階段，也可以是一個轉機。不論是個人還是公司，都可以藉由改變對自己的稱呼來逃離受困的身分。

人們會因為宗教、職涯、戰略或個人因素而改變姓名。參加證人保護計畫或臥底行動的人也必須改名字。在捷克出生的楊．路德維克．霍赫（Jan Ludvik Hoch）家境貧寒，必須與六個兄弟姊妹輪流穿鞋子。後來他成為媒體大亨羅伯特．麥斯威爾。

除此之外，改變也可以從根本開始做起。

在特定的情境或時代下，明顯可見的改造可能會令人目瞪口呆，例如，前奧運選手布魯斯・詹納（Bruce Jenner）成了跨性別女性凱特琳・詹納（Caitlyn Jenner），但她只是成為真正的自己。人們會對所見之事做出判斷，而所見之事會主導選擇傾聽的對象。在電子信件中寫上性別認同代名詞「他」、「他們」或「她」會讓弱勢族群擁有聲量，而這成了正在快速生根的社會規範。

有時候，改變名字具有象徵意義。卡修斯・克萊（Cassius Clay）改信伊斯蘭教後，他宣稱自己的名字是「奴隸之名」，因此改名為穆罕默德・阿里。他因為在越戰期間拒絕入伍，而被撤銷重量級拳擊冠軍頭銜。他依然堅持己見：

> 我不必成為你們想讓我成為的樣子。我不必說你們想讓我說的話。我不必做你們想讓我做的事。我可以自由地做自己[33]。

這才是自由。在阿里的葬禮上，前美國總統柯林頓致詞：

> 他下定決心，他的種族和他的地位、其他人的期待，還有正面、負面和其他的事情，都無法剝奪他為自己寫下人生故事的權力。

員工可以藉由轉調部門或轉換職業跑道，向外拓展自己的心理圍牆。舉例來說，隆納·雷根（Ronald Reagan）和阿諾·史瓦辛格（Arnold Schwarzenegger）都是從好萊塢演員轉戰加州州長。喬治·馬里奧·伯格里奧（Jorge Mario Bergoglio）夜間是保鑣，白天是清潔工，之後才成為天主教會的領袖教宗方濟各。

一位胸懷大志的滑冰選手沒有獲得一九六四年奧運會的資格。「我當時精神崩潰，最後跑去巴黎讀書。」[34] 現在，王薇薇（Vera Wang）成了家喻戶曉的時尚設計師。還記得不局限於單一身分，多方發展職涯的約翰·馬克安諾嗎？

國家也會重新塑造自己，例如，英國脫歐或是在澤倫斯基（Zelensky）領導下的烏克蘭。另外，我想到了我因為一項世界銀行（World Bank）的計畫，而待過一年的坦尚尼亞。首任總統朱利葉斯·尼雷爾（Julius Nyerere）統治了一百二十五個部落，包括最龐大的馬賽人部落。為了避免身分認同所引發的政治衝突，尼雷爾強調坦尚尼亞人的身分勝過對部落的忠誠。現今的坦尚尼亞是和平的國家。

品牌也很喜歡重塑形象。我在職業生涯中，經手過許多國際品牌重塑形象的案例，有太多品牌都因為愚蠢的原因而以失敗收場。決策者不理解品牌的本質或不願意重新解讀顧客的聲音。同樣地，新上任的執行長喜歡像為牲口烙印那樣留下自己的印記，而這就是虛榮心勝過理性的展現。

愈來愈多的品牌投資於打造「聲音身分」。二〇一八年，萬事達卡（Mastercard）投資一千五百萬美元，打造品牌聲音識別，現在成為品牌最有價值的資產。凱・萊特教授（Kai Wright）認為「聲音是品牌建構中最少被運用的元素」。根據音響工程師評估，我們只需要花三秒鐘就能辨識一段旋律。你腦中是否會浮現電影〇〇七詹姆斯・龐德（James Bond）的主題曲、麥當勞（McDonald's）的「Loving it」，或是可口可樂（Coca-Cola）的廣告「耶誕假期快到了」（The Holidays are coming）？

隨著各個品牌都開始努力讓品牌身分脫穎而出，聲音識別逐漸成為行銷機制。新冠肺炎疫情期間，巴基斯坦政府、電信公司和科學家明智地選擇以聲音作為媒介，讓一億一千三百萬名巴基斯坦人接收到資訊[35]。**比起文字傳單和教育海報，聲音是更理想的媒介**。由於九成的民眾都使用智慧型手機，政府便統一將所有公民的來電答鈴改成不到十五秒的健康宣導訊息。公民們聽見了！

研究結果發現，百分之七十一的巴基斯坦公民能夠更正確地發現症狀，百分之三十一的公民將新冠肺炎視為威脅，百分之四十三的公民願意使用抗菌消毒液或戴口罩。聽覺媒介將來會成為影響行為的一種手段。

接收：接受之聲

行為科學家運用對於身分認同的渴望，來幫助組織達成目標。其中一個案例是二〇一二年美國大選期間，對六千一百萬名臉書使用者發布高頻率的線上宣傳。他們並沒有要求使用者「請去投票」，而是請他們發文表示「我要去投票」或「我是選民」。我們都想成為某個樣子。主動為自己貼上「選民」標籤，而不是被動地宣布「我投票了」，讓使用者擁有了身分標籤。貼貼紙策略成功增加了六萬張選票[36]。

所有人都可以運用這個「貼上標籤」的行為學小技巧。例如，新冠肺炎疫情期間，我為世界田徑總會構思鼓勵民眾運動的好方法時，便運用了這個小技巧，在愛爾蘭成功推行「我是跑者」活動。

身為關鍵的「第十二個陪審員」，你可能會為自己貼上決策「發起者」、「破壞者」或「異議者」的標籤。

雖然艾德林自詡為軌道交會專家，登月任務結束後，他卻覺得自己像個騙子。他喪失自己的身分，飽受心理健康問題折磨，他在一九八〇年告訴英國廣播公司記者：「我很擔心我達不到自己設定的標準。這是我自己產生的擔憂……膨脹過大的自我。」[37]最終他靠著傾聽戰勝心魔。高齡九十三歲的巴茲・艾德林第四度結婚。對這位夢想家來說，天空也不是他的極限。

你接收到別人的聲音時，別人也會聽見你。**你最大的資產就是自己，所以好好做自己吧！**「那些在意的人不重要，而重要的人不會在意。」[38]做自己表示你不必為了融入其他人，而精心營造或改造你的模樣。

美國樂團主唱寇特・柯本（Kurt Cobain）說過一句名言，值得我們銘記於心，他說：「他們嘲笑我，是因為我與眾不同；我嘲笑他們是因為他們都一模一樣。」

明白自己是誰和自己的原則，會給予你自我表達的自由。這會讓你得以勇敢發聲、擁有聲量，如此你的身分認同和原則就會深深烙印在你的DNA和記憶中。有時候，潛意識中的記憶會影響你的判斷，而這就是下一章要討論的決策破壞者——與記憶相關的圍牆陷阱。

本章重點

- 身分陷阱其實就是關於形象營造，以及拒絕異己。
- 每個人都具有好幾個相互衝突的面貌。你聽見的是哪個聲音？你希望別人聽見哪個聲音？將最重要的那個自己放在首位，然後選擇性聆聽。
- 冥頑不靈地追求一致，不只會讓人無法反轉意見，還會阻撓創意與精確度。
- 所有人都希望別人聽見自己的聲音，但世界被劃分成為以身分為依據的內團體和外團體。這種區隔加劇了充耳不聞症候群，造成文化戰爭、衝突和暴力。
- 人類是很矛盾的，會同時受到熟悉和新穎的事物所吸引。我們想脫穎而出，又想融入群體；我們會記得首先和最後聽見的資訊；我們想要自己沒有的東西，又緊抓著擁有的東西。
- 對目標、同伴或理想過於極端的忠誠，將會阻礙理性觀點，如此可能造成嚴峻的危險。

- 不論是在網路上或現實中，個人和品牌都會執著於身分打造，以便在他人心中留下深刻印象，讓自己可以吹噓。這是個陷阱。當然如果你很真實，可以自在地做自己，就能躲避這種陷阱。
- 我們很容易在團體或恐慌時迷失身分，但不論是個人、團體或社會，身分都不是固定不變的，永遠都有「改造」這一條路可走。
- 提升其他人的自我價值感，是不需要付出代價的善意之舉。別忘了「你最棒」所蘊含的力量。

Memory-based Traps

第8章

記憶陷阱：回憶的輪盤

記憶是浮現的思緒，而非現實。
唯有相信記憶是眞的，記憶才會凌駕於你之上。

美國心靈作家　艾克哈特・托勒（Eckhart Tolle）

一九八七年三月六日，格林威治標準時間六點零五分，自由進取先鋒號（Herald of Free Enterprise）渡輪展開往返比利時濟布魯治港（Zeebrugge）與英國多佛（Dover）的固定航程。船上共有五百三十九名船員和乘客、八十一輛汽車、四十七輛卡車和三輛巴士。二十三分鐘後，內燃機輪船自由進取先鋒號劇烈晃動翻覆，海水以每秒一萬一千加侖的速度灌進船身。這場英國史上數一數二嚴重的海難，共計一百九十三人喪生。調查法庭的結論是，人為疏失導致意外發生[1]。

發生什麼事？二十八歲的助理水手長馬克・史丹利（Mark Stanley）忘

了關閉艏門。他在船艙裡睡得很沉，沒聽見船上震耳欲聾的「離港崗位」廣播聲。史丹利犯錯後，好巧不巧，大副雷斯利．薩貝（Leslie Sabel）也忘了檢查艙門[2]，而船長大衛．盧瑞（David Lewry）則認定艙門都已經關了。

殷鑑不遠，只是他們都不記得。「一九八三年十月，自由進取榮耀號（Pride）的助理水手長不小心睡著，因此忘記關閉艏門和艉門。」[3]

情境很重要。一份官方調查報告總結，強制流程的執行鬆散和要求人員快速工作，都是肇禍原因。報告指出他們「自負的態度令人震驚」，還有由上往下的「邋遢通病」。究竟誰該負起責任？根據一般指示規定，通常是負責在車輛甲板裝卸貨的人員，有義務「在船隻離港時確認」所有艙門都已關閉。

這是對職位的角色和責任產生了錯誤解讀嗎？報告中繼續寫道：「該份指示的措詞十分不精確，但不論指示確切的意思為何，都沒有確實執行。如果確實執行工作，這次災難就不會發生。」[4]用鏈條固定住最後一輛車的水手長，「以狹隘的目光看待自己的職責」。雖然記憶是重要因素，但是還加上了高壓環境所帶來的影響。

若一個人忘記流程、錯誤解讀對話，或腦中浮現了根本沒發生過的事，就會產生源源不絕的誤判，以致可能會有人喪命、浪費金錢、人際關係毀於一旦。然而，記憶是最少人認知到的圍牆陷阱。我們會記得自己聽見的資訊，但如果聽錯，就很有可能記錯。

各位可能會難以接受這一章的內容，因為我們大都認為自己的記憶準確無誤。我會告訴各位六個與記憶相關的心理學概念，是如何影響我們的判斷。

舉例來說，我們會在幾小時內就遺忘新的資訊（**遺忘曲線**〔forgetting curve〕）。我們記得的內容不見得是精確的（**記錯的自我**〔misremembering self〕）；我們經常會遺漏重要的細節（**回憶偏誤**〔recall bias〕）、腦中浮現從未發生過的事情（**偽記憶**〔false memory〕），並且很容易受到暗示聆聽（**暗示的力量**〔power of suggestion〕）和資料植入（**錯誤訊息效應**〔misinformation effect〕）的影響。這些都是可以理解的。為什麼？因為接收到過多的資訊，無法全部記起來，所以我們會受到突出的影像、八卦或驚愕所誘惑。

我們記錯、遺忘、壓抑和扭曲資料時會加劇決策風險，導致人為錯誤。這是個值得銘記於心的事實。另外，探討記憶所致的誤判時，最好一併考量會被**懷舊感**（nostalgia）和**後見之明**（hindsight）放大的時間陷阱。

首先，最容易察覺的決策破壞者，就是回憶偏誤。

勿忘我

誰不想永遠保存所有回憶？搭乘藍源公司（Blue Orion）的火箭上太空的幾分鐘後，高齡九十歲、飾演美國電視劇《星際爭霸戰》（*Star Trek*）艦長的威廉・薛特納（William Shatner）激動地說：「希望我永遠不會忘了這一刻。」**自傳式記憶的浪漫會讓我們忘記現實**。尤其在這個吵雜、充滿干擾的世界，即便抱持良好的出發點和職業道德，我們還是會忘記客戶、同事和心愛之人所說的話。

所謂的記憶是在神經作用之下，以神經網路中所形成的失真回憶為基礎。記憶就像情節跌宕起伏的電影膠捲，只是缺少了許多畫面。我們會在潛意識中剪輯電影畫面，重播特定的對白，例如：尖酸的評論、無禮的發言或麻木的聲明；當然，有時也會重播我們最機智風趣的時刻！

你有多常錯誤引用其他人的話或記錯對話內容？品牌商投資數千萬美元取得顧客回饋，卻忽視回憶偏誤這個問題，其實是違反直覺的。某家航空公司隔了一個月才寄信問我：「請問您享受這個航班嗎？」我連昨天的事都不記得了！而亞馬遜的包裹才送來幾分鐘，我就開始急著評判服務品質了。遲來的回想會導致成本高昂的錯誤。火冒三丈的顧客總會記得所有細節——你最近捨棄了什麼品牌呢？

愛爾蘭作家科姆．托賓（Colm Tóibín）說得很有道理：「記憶自有其天氣。有些日子陰雨綿綿，有些日子晴空萬里。[5]」對此，德國心理學家赫曼．艾賓浩斯（Hermann Ebbinghaus）提出**遺忘曲線**，主張我們在接收資訊的一小時後，只能想起百分之五十的內容[6]。雖然忘記鑰匙、錢包、約會、郵遞區號或數字是稀鬆平常的事，但忘記槍枝、兒童或人身安全就比較難以理解了。

健忘可能會造成致命後果。在美國，每年平均有四百九十二名二十五歲以下的人死於意外槍殺[7]，原因是槍枝主人忘記檢查槍是否上膛。

二〇一九年夏天，紐約遭遇熱浪襲擊。夜班結束後，社工胡安．羅德里格茲（Juan Rodriguez）前往維吉尼亞醫療中心。平時，他都會在上班前把一歲的雙胞胎兒女送到托兒所。那天，羅德里格茲開著他的銀色本田雅哥車走一條新路線。值班八個小時後，他提醒妻子去接雙胞胎回家，而開了幾個街區後，羅德里格茲才發現他的雙胞胎竟然還在汽車後座上且渾身癱軟。

身心俱疲又受到干擾的羅德里格茲，完全忘了自己的例行公事。他的兒女露娜和菲尼克斯在華氏一百零八度（約攝氏四十二度）的高溫中喪命，這樣的溫度不到一小時的時間，就能讓一輛汽車變成致命的烤箱。光是在美國，每九天就會有一名孩童因為被關在車內而熱死。痛失愛子的羅德里格茲被以過失殺人和過失致死罪起訴。那是他的錯嗎？他是過失致死，還是單純因為過勞？我們不也是如此嗎？

工作環境會影響我們如何檢索資訊來完成工作，比如關上渡輪艙門的工作。**壓力所造成的健忘，是被低估的決策破壞者**。在龐大壓力和公眾審視下，練習時總是百踢百中的足球員，也會在世界盃舞臺上踢飛罰球。另外，壓力也會讓演員說錯臺詞、考生腦袋一片空白，就連外科醫師都有可能截錯部位。

根據美國麻醉醫學會（American Society of Anaesthesiologists）的預估，每天都有外科醫師將各式各樣的器具忘在病患體內，例如：手術刀、剪刀、紗布、針頭、手套或鉗子。《新英格蘭醫學期刊》（*New England Journal of Medicine*）曾報導一起案例，醫師在進行兩次剖腹產手術後，將一塊紗布留在女子體內長達六年，增加了感染和敗血症的風險。根據史賽克（Stryker）醫療器材公司的計算，每一次從病患體內取出器具的成本是六十萬美元，其中包括訴訟與手術取出的費用[8]。這樣的錯誤不僅招致財務和名譽損失，也會對病患造成心理傷害。

以流程和系統為主的產業會採用一種解決方案——檢查清單（check list），以此來減少對人腦記憶的依賴[9]。這減少了病患醒來時發現手術刀被縫進肚子裡的風險！在《清單革命》（*The Checklist Manifesto*）一書中，作者艾圖．葛文德（Atul Gawande）寫道：「在緊急情況或流程突然改變的高壓環境下，這種案例發生的風險會增加九倍。」[10]他預估檢查清單可以減少三分之一的致命錯誤[11]。在另一項研究中，荷蘭麻醉師發現使用檢查清單，能減少五成的開錯刀事件[12]。

檢查清單甚至能提升你的薪水。研究人員給一組技師檢查清單後，他們的收入便增加了百分之二十，平均每一次工作都增加百分之十的收入[13]。雖然檢查清單對產業而言很有價值，但前提是要全面使用，並且員工要經過訓練，記得使用檢查清單，使之成為一種工作習慣。

檢查清單這種工具能幫助我們避免決策災難，尤其當我們進一步考量到**經驗自我**（experiencing self）與**記憶自我**（remembering self）的差異所可能造成的問題。

經驗自我與（錯誤的）記憶自我

全世界的民眾看著阿姆斯壯和艾德林在月球表面名留青史時，另一位太空人柯林斯獨自一人留在母艙哥倫比亞號內，待了二十一小時。他坦承，確認登月小艇老鷹號升空時，他「像個緊張的新娘一樣」，冷汗直流。

我六個月來內心深處最大的恐懼，就是把他們丟在月球上獨自回到地球；而我現在只要再等幾分鐘，就會知道這件事是否會成真[14]。

四十年後，柯林斯在一場活動上回憶起那次經驗。

我當時並不孤單。我在太空艙裡有一個快樂的小窩。月球的背面非常平靜——沒有地面指揮中心的人對我大呼小叫，要我做這個、做那個或做其他事情，所以我很快樂[15]。

他在潛意識中剪輯了自己內心的電影，刪去「內心深處的恐懼」。當經驗自我與記憶自我不同時，就很容易會重新定義自己的記憶。關於這一點，伊莉莎白・坎德爾

（Elizabeth Kendall）的故事總令我感到震驚無比。一九八一年，伊莉莎白·坎德爾出版第一本半自傳小說《魅影王子》（*The Phantom Prince*，直譯）。書評家形容這本書「超乎現實又出奇勇敢」，主要描述一名離婚婦女追求愛情，同時飽受嫉妒、不安全感和酒精成癮折磨的故事[16]。

她以文字記錄她的畢生摯愛，那個曾經被票選為塔科馬高中最害羞男孩的男子。「一部分的我會永遠愛著一部分的他。」她在四十年後推出的二〇二〇年版中，對自己寫過的那句話感到後悔。

事實上，伊莉莎白是泰德·邦迪交往多年的女友，她著迷於他的魅力、聰明和英俊外貌，不可自拔。她深藏自己的懷疑，不去想他爽約的時間都與女孩們失蹤的時間重疊，還有他的拐杖與黃色福斯金龜車都符合證人的描述。然而慢慢地，她內心的聲音愈來愈大，大到她再也無法忽視。如同邦迪的同事安·魯爾，她最終不情願地向警方舉報他。

時間幫助她重新解讀扁平的視角，掙脫情詩和愛情宣言的蒙蔽。她想起了他「死氣沉沉、充斥仇恨的雙眼」。困惑的迷霧消散後，她重新建構了美化過的記憶。由此可見，我們的經驗自我與記憶自我並不相同[17]。

相較之下，伊莉莎白的女兒莫莉（Molly）儘管與邦迪同住多年，卻不記得自己敬愛過他。她曾經認為他「聰明又光鮮亮麗」，優雅自信又衣冠楚楚，是「降臨到他們人生中的救世主」。得知他的真面目後，她只覺得噁心和沮喪。「我可以想起我們一起做過的事情，但是想不起做那些事情時感受到的愛。」

我們不見得總是會記得所有經驗，但我們記得的事情會影響人生中做的決定。誠如前一章提到的史蒂芬・史泰納，創傷經歷會限縮我們的心態和記憶。

另一個影響我們回憶的隱藏因素，是微妙的**暗示的力量**，這是每個決策者不論在家庭或職場中，都必須時時留意和掌握的因素。

暗示的力量：聽覺的提示

好萊塢很喜歡利用記憶這個元素拍攝商業電影，許多賣座大片都與失憶、抹除記憶或植入微晶片相關，例如：《神鬼認證》（*The Bourne Identity*）、《全面啟動》（*Inception*）、《我的失憶女友》（*50 First Dates*）和《攔截記憶碼》（*Total Recall*），甚至連《芭比》（*Barbie*）都會觸發我們的童年回憶。充滿創意的導演運用暗示的力量，有策略地打動觀眾，讓他們看得捧腹大笑或淚流滿面。同理，零售商也會將暗示作為魔杖，操控商品的擺放方式和彈出式廣告，好讓消費者買單。

身為消費者，我們難以抵抗，這就是為什麼我們會買下更昂貴的伏特加、飯店房間和航班座位。當然，紅牛飲料（*Red Bull*）不會真的「給你一對翅膀」，但是飛翔的概念充滿暗示力量；該品牌贊助懸崖跳水、風浪板和攀岩等極限運動，更加強了這個概念的印象，不斷產生共鳴。

品牌可以達到安慰劑的作用。研究人員發現，當人們得知自己戴著高品質3M耳機，他們可以在嘈雜的工地中聽見更多詞彙，勝過那些認為自己戴著低品質耳機的人[18]。品牌真的可以影響人們聽見的內容，以及他們聽見的方式。

身為公民，我們也難以抵抗暗示的力量。政治人物暗示自己會降低稅率、刺激經濟或推動社會住宅開發案，然後，他們就獲得選票了。脫歐派暗示移民將成為大問題，他們便因此獲得百分之五十一點八九的選票。在企業中，野心勃勃的人會運用暗示的力量搶得先機。一名高階主管曾告訴我，他們會一點一滴散布對手的壞話——真是下流的手段。不僅如此，壞話和鼓吹都會向不疑有他的決策者傳遞錯誤資訊。

在新聞編輯室、董事會會議室，還有特別是在法庭裡，暗示的力量都很危險。神經科學家伊莉莎白·羅夫特斯（Elizabeth Loftus）是記憶專家，曾擔任泰德·邦迪、OJ辛普森和哈維·溫斯坦案的專家證人。她想測試暗示的力量是否會延伸影響目擊證人的敏感度，因此安排五組受試者觀看一場模擬交通意外。她請受試者評估平均車速。在每一個情境中，羅夫特斯都會撤換問題中的一個詞。她請受試者評估汽車「撞擊」（hit）、「撞毀」（smashed）、「相撞」（collided）、「衝撞」（bumped）或「碰撞」（contacted）之前的速度[19]。一個詞的差別會相差很多嗎？會。

受試者聽見暗示詞語「撞毀」時（百分之四十九點八），其評估的車速高於聽見「碰撞」（百分之三十二點八）。幾天後，受試者回報他們看見碎玻璃，奇怪的是模擬車禍現場並沒有碎玻璃。**錯誤訊息效應**證明了我們在受到暗示的情況下，會將多餘的資訊融入記憶中，也就是說，我們會自行腦補預計看見和聽見的資料。

一九七九年，弗瑞德·克雷（Fred Clay）成了記憶不可靠與錯誤訊息效應的苦主。波士頓計程車司機理查·德懷爾（Richard Dwyer）拒載三名可疑的黑人乘客，隨後看著他們搭上其他計程車。幾分鐘後，二十八歲的計程車司機傑佛瑞·伯亞吉安（Jeffrey Boyajian）遭到搶劫和行刑式槍殺。德懷爾接受偵訊時，清楚記得十六歲的黑人少年弗瑞德·克雷是乘客之一。但克雷當時根本不在計程車上，甚至不在羅斯林代爾（Roslindale）附近。

在兩名證人作證指控下，克雷站上法庭。美國麻州當時採用的是未經科學證實的催眠誘導證詞——儘管全美三十三個州都禁止採用這種作法。德懷爾聲稱他的記憶「歷歷在目……像在眼前播放的電視一樣」。

對檢方來說，充滿自信又口齒清晰的目擊證人，總是令人信服的好工具。與此同時，在法庭的環境下，陪審團很容易會認為記憶是完整可靠的。如果是專業科學家或語源學家作證，其證詞的分量會更重，例如，派翠克·巴恩斯醫生在路易絲·伍德沃案的證詞。德懷爾當晚靠著直覺逃過一劫，但是他能把乘客的臉看得多清楚呢？

神經科學家認為，白人很難清楚分辨其他人種的個別長相；同理，其他人種也很難清楚辨別每個白人的容貌。對某些人而言，歌手凱蒂·佩芮（Katy Perry）和演員黛咪·摩爾（Demi Moore）長得很像，有的人則會搞混演員摩根·費里曼（Morgan Freeman）和山繆·傑克森（Samuel Jackson）。這就是**他種族效應**（other race effect），源自於腦袋的高速運轉和對其他種族的不熟悉。刻板印象會加劇這種效應——不是所有金髮的人都是瑞典人，也不是所有留小鬍子的人都是墨西哥人！

有一個人進一步佐證德懷爾的說法，就是有智力障礙的尼爾・史威特（Neal Sweatt）。後來才發現警方嘗試說服他四次，讓他在嫌犯列隊時指認克雷。克雷因為其他人的罪行遭到起訴。他花了三十八年才獲釋，而麻州給他的和解金卻只有三百萬美元，換算下來他待在監獄的時間，每小時只有零點三三美元。我們對記憶不可動搖的信心，會付出道德與財務上的代價。

十年後，美國喬治亞州一個陪審團判處特洛伊・安東尼・戴維斯（Troy Anthony Davis）死刑，其罪行是謀殺非值班警員。案件沒有任何證據。戴維斯花了二十年為自己的清白抗爭。九個目擊證人中，有七個人最終撤回證詞。國際特赦組織、教宗本篤十六世、前美國總統卡特和一百萬人都連署要求從寬處分，但是赦免委員會和假釋委員會忽略所有呼籲的聲音。

二〇一一年九月二十一日，美東時間晚上十點五十三分，戴維斯成為喬治亞州第五十二個以注射方式行刑的死囚，臨終時喃喃說著「那些要奪走我性命的人，願上帝憐憫你們的靈魂」。他非常清楚錯誤解讀、聾點和司法體系太快做出誤判，會付出什麼樣的代價。

弗瑞德・克雷和特洛伊・戴維斯的案件並非特例。美國國家冤案登錄中心（US Registry of Exonerations）將百分之六十九的翻案案件，歸咎於證人的記憶錯誤。記憶有瑕疵，再加上匆促做出判斷就很容易造成誤判。不只是移花接木的證據毀人一生，移花接木的記憶也會。

一樁家務官司：別相信你的記憶

如同伊莉莎白・羅夫特斯，其他心理學家和神經科學家多年來都想知道，預設的想法是否能成為記憶，因此實驗人員故意將**偽記憶**植入受試者腦中。這些植入的記憶起初都是些小事，例如：在商場迷路、放開手煞車，或在婚禮上將飲料灑出來[20]。漸漸地，植入的記憶變成愈來愈嚴重的事件，例如：差點溺水、揍了其他人或被動物攻擊的偽記憶[21]。受試者都深信這些虛構事件確實發生過。

不過，並非只在實驗中才會發生植入偽記憶這種事。

一九九四年，羅伯蒙岱維酒莊（Robert Mondavi）的一名主管蓋瑞・拉蒙納（Gary

Ramona）展開具有歷史意義的訴訟案。他正值青春期的女兒荷莉（Holly），因為憂鬱和飲食障礙尋求諮商協助。治療師得出很不尋常的診斷結果：亂倫。他從文獻中援引的關聯性非常薄弱。治療師給她注射短效麻醉藥安米妥鈉（sodium amytal），復原那據稱「消失」的記憶。荷莉宣稱自己儘管多次反抗，還是遭到父親強暴，從五歲起一直到十八歲。雖然缺乏證據，卻連他妻子都「相信自己的直覺」。

不敢置信的父親控告治療師，最終勝訴。但是他失去了二十五年的婚姻、他的事業和他的名聲。荷莉對其他解讀充耳不聞，她選擇控告自己的父親，最終以敗訴收場。這個破碎的家庭接收了誰的聲音？相信不可靠的專家和那站不住腳的理論，而非可靠的證據？

我們都想得到符合邏輯的解釋，而偽記憶提供的答案雖然很方便，卻不符合邏輯。宣誓過的職業人士必須遵守義務，但同時客戶還會付給他們很多錢，希望得到最佳判斷。大部分時候都做得到，但若判斷失準就會造成失職行為，賠上名聲、事業和生命。

我們都強烈渴望能夠忘記創傷事件，然而，不是所有人都能忘掉。濟布魯治港沉船事件後，助理水手長馬克·史丹利受到非常大的折磨。當地媒體報導，沉船事件「嚴重影響他的健康、工作和家庭」[22]。

美國新聞記者兼作家尚卡爾・費丹特（Shankar Vedantam）認為「在生活中豪邁地撒下正向的幻覺，能幫助我們表現得更好、更加開心，以躲避憂鬱和自尊心低落的陷阱」。適度的自我欺騙和偽記憶，甚至能幫助受到創傷的人免於認知失調，建立起應對創傷的心理韌性——有時，這能拯救我們的性命。

草原上的小木屋

一九九一年，十一歲的小學女生潔西・李・杜加（Jaycee Lee Dugard），被性侵犯菲利普・加里多（Phillip Garrido）及其妻子強拉進一輛福特千里馬車內。這是目前已知持續最久的綁架案，杜加被綁架長達十八年，而監禁地點距離她位於加州南太浩湖（South Lake Tahoe）的家僅一百七十英里（約兩百七十三公里）。她遭到加里多反覆性侵，最終生下兩個女兒。房屋的後院成為她心理上與實際上的圍牆，她只能聽見加里多的聲音。

二〇〇六年，有位鄰居向警察報案，表示有小孩住在一名性侵犯家的後院。一名警察過來與加里多交談九十分鐘，卻沒有產生絲毫懷疑。三年後，加里多想舉辦一場宗教活動，因此帶著兩個女兒走訪加州大學柏克萊分校。警員艾莉·雅各斯（Ally Jacobs）看見兩個在家自學的小女孩穿著邋遢，並提到她們有個二十八歲的姊姊，因此心生疑竇。她覺得她們的一舉一動都被設定好似的，「彷彿是住在大草原上小木屋的機器人」[23]。雅各斯傾聽自己的直覺，立刻通報相關機構。加里多終於落網。警長事後坦承：「我們應該多多試探、多多打聽，翻找幾個地方看看。」[24]

重新包裝對壞事的記憶能讓人暫時得到喘息。接受美國廣播公司記者芭芭拉·華特斯（Barbara Walters）的採訪時，杜加重新建構與包裝她的經歷，表示自己「適應環境，想辦法活下來」，將加里多稱為「劫持我的人」。她說在後院生活的那段記憶，永遠不會消失。她那十八年的經歷與她的記憶有所不同嗎？這是雅各斯警員將銘記一生的案件。

雖然被狗咬過的小孩通常會學會避開流浪狗，但不是所有人都能從歷史中得到教訓。還記得富國銀行高層如何重蹈覆轍，一再做出差強人意的選擇嗎？有些創業家成立了許多間平庸的新創公司。他們的過度自信深植在放錯位置的韌性中。儘管如此，大部分的人還是能從錯誤中學習，嘗試改正錯誤。但如果有專業人上操縱我們的記憶弱點，那就沒辦法了。

偽記憶的來源

大多數人都能精明察覺出錯誤資訊，但是很少人知道**假新聞會創造偽記憶**。有時儘管闢謠已久，我們還是會繼續相信那些假新聞是真的[25]。如同專業的消息傳遞者所熟知的，這取決於資訊呈現的方式。三個容易催生偏誤的因素，有助於我們回想事情，但同時也會導致我們無法做出好判斷，分別是：**資訊突出**（Information salience）、**資訊排列**（information sequence）和**資訊重複**（information repetition）。倘若沒有注意到、聽到或正確解讀，這三個因素就會變得格外危險。

❶ 資訊突出

聽聞突如其來的死訊或震驚的事件時，大多數人都以為自己會記得當時身處的位置。你可能會認為九一一事件發生時，一定所有人都記得自己當下在哪裡，但實際上並非如此。根據美國一份調查顯示，九一一事件發生十一個月後，只有百分之六十三的人的回憶符合他們在當天的說法[26]。這稱為**閃光燈記憶**（flashbulb memory）——清晰生動的記憶與值得信賴的程度、精確度一點關係也沒有。

另一項調查顯示，許多美國人認為自己看過挑戰者號太空梭（Space Shuttle Challenger）墜毀直播，但事實上在一九八六年，當時大部分的電視臺都沒有現場轉播。怎麼會這樣？有兩個原因可以解釋這種現象。

首先，我們放在心頭的事都能快速回想起來，例如，祕密或八卦。其次，他們之所以認為墜毀事件很熟悉，是因為電視臺不斷地大量重播，讓這件事變得很突出。由此可見，能夠輕易回想起來的聲音很可能是錯的，但人們還是會根據腦中浮現的資訊來解決問題。面對困難的問題時，我們通常會用能輕易取得的資料解決。試想一下，你的老闆要你提名一個人來角逐最佳業務獎，而你聽說山姆．蕭佛最近談到一個大客戶，因此山姆的名字變得很突出；而普拉卡什．辛格在今年度談成更多筆交易，但是你不認識普拉卡什。經理就是因為這樣，對於誰是人才產生了不精準的看法。

突出的聲音就像快訊或批評一樣深入人心，因此領導者們應該要明白，尖酸刻薄的言語會在心頭徘徊多久。英國足球曼聯隊教練亞歷斯．佛格森爵士（Sir Alex Ferguson）贏過十三座英超冠軍以及五座英格蘭足總盃冠軍。他的「吹風機式管理」（hairdryer treatment）惡名昭彰，他每次被惹惱時，都會朝球員劈頭蓋臉地臭罵。就連足球明星大衛．貝克漢都曾在二〇〇三年英格蘭足總盃以零比二輸給兵工廠後，遭到

「吹風機」伺候[27]。前曼聯球員麥可・卡里克（Michael Carrick）接任米德斯堡隊教練、召開記者會時，記者問他是否會效法佛格森的領導風格。儘管佛格森已退休十年，他還是回答道：「我看起來像憤怒的蘇格蘭人嗎？[28]」可見這段經歷深植在他的回憶中。

我們會記得令我們震驚的事情。羅斯・麥卡錫（Ross McCarty）在持械搶劫銀行被通緝四十年後，終於被澳洲警方逮捕。給出「歷歷在目」的陳述的人並非羅斯，而是受害者。警方表示「他們彷彿在講述昨天才遇到的事情」[29]。

政治界和商界會有策略地運用突出資訊。最令人印象深刻的廣告，往往是驚世駭俗、幽默風趣或令人驚嘆連連的廣告。澳洲的器官捐贈宣導組織以「死而後生」（Dying to Live）為題，在二〇一八年拍了一則充滿爭議的廣告；廣告中的耶穌被釘在十字架上，呼籲觀看者簽署器官捐贈同意書。廣告雖然引起天主教徒公憤，但這個呼籲所有民眾救人行善的突出內容，還是吸引了極高的關注度。

❷ 資訊排列

第二個影響我們回憶且可能導致偏誤的主要因素，是資訊的排列方式，即記憶專家艾賓浩斯所稱的**序位效應**（serial position effect）[30]。這就是我們受到聰明的消息傳遞者、政治人物、布道者和零售商擺布的原因。

想像一下，經理形容了一個可能接任的候選人。

「漢斯很聰明、勤奮又愛忌妒。」

你喜歡漢斯嗎？現在試想一下，形容詞的順序調轉過來會怎麼樣。

「漢斯愛忌妒、勤奮又聰明。」

你現在還喜歡嗎？

研究人員發現人們聽完第一種描述後，對漢斯的評價比較正面[31]。所謂的**初始效應**（primacy effect）是指我們會與首先聽見的資訊產生深刻的連結。假如對漢斯的第一個形容詞是聰明，我們就會比先提到他愛忌妒時更喜歡他。至於回想起最後一個聽見的資訊，則稱為**時近效應**（recency effect）。警告！人類行為充滿矛盾——我們會記得「首先聽見」和「最後聽見」的資訊。

此外，句子的描述方式也會影響我們的敏感度。德國社會心理學家弗里茲・施卓克（Fritz Strack）的實驗，說明了人們對文字順序的敏感度[32]。他問學生「你們的生活幸福嗎？」接著問「你們上個月約會了幾次？」施卓克接著調換順序，先問「你們上個月約會了幾次？」，再問「你們的生活幸福嗎？」問題的順序會產生影響嗎？會。先問受試者是否幸福時，他們的幸福程度是五倍。先回答約會問題的人會因此開始思考，最終回答的幸福感較低。

作為一名主管，我很好奇第一個或最後一個接受面試，是否會影響我面試成功的機率。我的實驗結果是沒有定論！不過，科學研究確實認為時機比順序更重要。假如是必須在短時間內做出的聘用決定，就想辦法最後一個面試。

除此之外，倘若對方要求你在面試時列出自己的強項，把最重要的一項放在首位；若想建立信任，說出自己的弱點後就要接著說「但是」，提及自己另一方面的強項。這招很有用。想想艾維士租車（Avis）的廣告：「我們排第二，但我們更努力。」或萊雅集團（L'Oréal）的廣告金句：「我們比較貴，但是你值得。」

注意一下其他人是如何向你傳達訊息。別輕信那些經過精心排列又突出的故事！

❸ 資訊重複

第三個可能影響記憶相關判斷的因素，與重複有關。數十年來，廣告商都會結合資訊突出和重複來行銷品牌。政治人物反覆強調「讓美國再次偉大」；零售商反覆強調「買一送一」；宗教反覆強調「讚美阿拉」或「阿們」。

精明的律師會運用押韻重複來影響陪審團的裁決。在辛普森案中，辯護律師強尼·科克倫（Johnnie Cochran）說了一句名言：「手套戴不上，就該無罪釋放。」（If the glove doesn't fit, you must acquit）這句話深入人心。

正如同押韻，簡單的辭彙更容易理解，也比少見的詞彙更容易回想。你會更快記住「比利」這個名字，而非「比利法蘭可多波路斯」。如果名字押韻，則會更快記住，例如：比利·齊利（Billy Zillie）或珍妮·潘尼（Jenny Penney）；押頭韻也可以，例如：莫克與明蒂（Mork'n'Mindy）、莫莉·瑪儂（Molly Malone）。

重複與簡潔會如何導致我們的決策脫離正軌呢？波蘭心理學家羅伯特·扎榮茨（Robert Zajonc）發現，接觸到一個刺激來源愈多次，例如一個廣告、概念或名字，就會覺得愈熟悉；當你覺得愈熟悉，就愈容易相信那是真的。他將這種不理性的思考稱為**單純曝光效應**（mere exposure effect）。

為了說明這個效應，他花了幾個星期在密西根州兩所大學發布廣告。他在廣告第一頁放了幾個土耳其語詞彙，每個詞彙出現的時間不一。他請一千一百名以上的學生，為十二個陌生的單字評分。結果不出他所料，他們不僅記住經常看見的詞彙，出乎意料的是，他們甚至更喜歡那些詞彙[33]。換言之，這產生了討喜的效果。這種潛意識中的主觀性成為導致決策脫離正軌的源頭。我們投票給政治人物、選擇牙醫、挑選電影、點葡萄酒或購買產品時，會選擇聽起來熟悉的選項；儘管不一定是最佳選擇，我們還是會對其產生莫名奇妙的熟悉感。

更重要的是，這就是影響我們認定假新聞是真是假的基礎[34]。加拿大心理學家高登．佩尼庫克（Gordon Pennycook）和同事的實驗，證明了只接觸單一的資訊來源會讓人更相信該資訊精確無誤。除此之外，該想法只要貌似可信，就足以擾亂人們的信念[35]。舉例來說，「蘇格蘭的狗的平均尺寸正在縮小」或「澳洲的面積比木星的表面還要大」。

這些偏誤說明了我們無法如想像中那樣信賴記憶。我們需要有意識地重新解讀。知道同事、客戶或競爭對手如何在職場上消化處理資訊，可以提升你破解潛在錯誤資訊的能力，進而提升你說服別人的能力。這是另一個優勢來源。與此同時，也別忘了組織記憶的重要性！

在商業界，領導層都小看記憶所致的誤判，因為這既看不見又無法量化。在我的職業生涯中，從來沒聽過有人把員工、股東或顧客的記憶視為決策風險。也可能是我記錯了？經營、法律和市場風險都是可以測量的；但實際上員工對產品、服務和消費者的記憶，才是企業智慧資產的基石，而且這非常重要。如果有人離職，團隊就會忍不住哀號埋怨，因為這代表公司失去了多年累積的智慧資產和程序知識。

有個方法能快速遏止跳槽風險和員工抗議，就是接收員工的聲音！聰明的組織會透過正規的程序保護記憶，例如：資料歸檔和錄音保存重要的談話、訪談和會議。

企業和國家會藉由紀念舉足輕重的人物來保存他們的文化資產。他們會慶祝意義重大的日期，例如，成立或獨立的年分。除此之外，城鎮會樹立雕像、大學會為建築物命名、公司會成立基金會，以及立法機構會通過法案。**紀念重大里程碑，可以讓記憶保存得更完善。**

接收：經驗之聲

儘管記憶有瑕疵，在我們做決策時給予的幫助有限，但記憶卻能產生奇蹟。誰不會對能夠記住在場所有人姓名的領導者刮目相看？二〇二〇年，巴基斯坦記憶比賽選手愛瑪・阿蘭（Emma Alam），在十五分鐘內正確配對兩百一十八個人的長相和姓名，打破金氏世界紀錄[36]。你辦得到嗎？

當然，還有其他例外。美國自閉症「超級學者」金・匹克（Kim Peek），是一九八四年奧斯卡金像獎得主《雨人》（*Rain Man*）主角雷蒙・巴比特（Raymond Babbitt）的原型。金的博聞強記橫跨十五個學科，從音樂到歷史、文學和地理。他記住了九千本書的內容，其中包括電話簿。他父親回憶：「金說得出你出生的日子，還有那天的頭條新聞。」對此，就連美國太空總署都研究過他的大腦[37]。

你可以將資訊分成一小塊一小塊的方式，來訓練自己的記憶力。二十八位記憶比賽選手被要求記住七十二個詞彙，六個星期後，他們還記得的平均詞彙數是六十二個[38]。可見，記憶力是可以訓練的。

簡單的事實查證，就能阻止錯誤資訊傳播。像 Alexa 和 Siri 這樣的語音控制系統，只要幾秒鐘就能完成這項工作。在科學家建立精確度檢查習慣，並設定「你確定嗎？」這種自動提醒的情況下，人們辨識出謊言的能力會提升三倍，還會打消過度分享錯誤資訊的念頭[39]。

記憶，對建立品牌忠誠度而言非常重要。有些品牌會藉由發送數百萬份免費試用品和贈品，重新觸發消費者的記憶。這就是為什麼旅館要製作印有名稱的原子筆、粉絲要保存票根、公司要發送印有醒目標誌的上衣，紀念品就是重播經驗的清晰聲音。對此，美國心理學家山姆・高斯林（Sam Gosling）稱之為**行為痕跡**（behavioural residue）。在任何要做決策的情況下，此作法都能有效觸發記憶。從令人毛骨悚然的犯罪層面看來，這就是連環殺手要從犯罪現場帶走被害者物品和屍體的原因。

重寫自己的故事是一種選擇。以已故的搖滾巨星蒂娜・透娜（Tina Turner）為例，她在一九八一年承認自己遭到丈夫兼經紀人艾克家暴時，震驚了《時人雜誌》（*People*）的三千萬名讀者。她逃離丈夫魔爪時身無分文。她離婚時要求帶走的唯一一個東西，是她的名字。她將這項資產轉變成價值數千萬美元的事業，忠於自己真正的身分。

四十年後，她在HBO的紀錄片中回憶這段往事，她說自己在罪惡與恐懼中搖擺。「我當時承諾自己不會離開他，在那個年代，承諾就表示一定要做到。」這件事提醒了我們，一致性偏誤會困住我們。

> 十六年來，我都與一個明知不會讓我幸福的男人在一起……我的生活基本上就是折磨。我過著生不如死的生活。我這個人不存在。但是我頭也

不回地走出陰霾了。

八十多歲的蒂娜．透娜並沒有重溫過往。在《蒂娜：蒂娜透娜音樂劇》（*Tina: The Tina Turner Musical*）二〇一八年的首演上，她告訴一名問題尖銳的記者：「我為什麼要重溫自己被毆打的時光？」她想重溫正面愉快的回憶，例如：八座得來不易的葛萊美獎。

好事並沒有勝過壞事……我只是想把過去的回憶留在過去。

重獲新生的蒂娜皈依佛教，定居蘇黎世湖，她不想被定義為家暴受害女性或搖滾歌手。她培養出有邊界的視野，控制住以記憶為基礎的資訊來源，為自己創造更好的生活方式和決策心態。

決策大師將記憶視為寶貴資產，因為它記錄了重要事件和言論。但同時別忘了，你的受託責任和義務，會讓你做出更符合道德的正當決策，而這是我們下一章將討論的內容。

本章重點

- 人們都會忽視與記憶相關的錯誤，因為這種錯誤隱密、無形，且令人難以接受。
- 我們會傾聽記憶給我們的資訊，但不見得會記得自己經歷的一切；資訊過量、干擾和壓力都會導致記憶出錯。
- 失憶、健忘和偽記憶，在在反映出記憶可能產生錯誤資訊。
- 由於大腦的處理能力有限，因此我們只能選擇性回想記憶。同理，我們也會因此選擇性過濾有用的聲音，以避免資訊過量。
- 時近效應和初始效應會影響記憶的準確度。我們會以四種方式讀取資料，每種方式都會產生一種偏誤：

＊重複：不斷重複的資訊即使一點也不正確，也會讓人相信、喜歡、深信不疑。

＊突出：愈清晰明確的影像、廣告和想法，愈容易回想。

＊排序：首先或最後聽見的資訊、日期和姓名會左右我們的決定。

＊暗示：可以透過植入想法操縱記憶。

- 記憶是可以訓練的。可以藉由檢查清單、行為軌跡和記憶方法來減少風險。
- 重新創造記憶不總是壞事，這是創傷受害者的應對機制，如此他們才能聽見更美好的未來。
- 與年齡相關的記憶失能是被低估的風險，這在某些團體中是禁忌話題。雖然長期來看會產生威脅，我們仍必須以真誠的同理心看待。
- 如同歷史，我們可以保存記憶以維護智慧資產和促進學習。

Ethics-based Traps

第 9 章

道德陷阱：良心之亂

假如你看見騙子卻沒說有騙子，
那你就是騙子。

黎巴嫩裔美國統計學家　納西姆・塔雷伯（Nassim Taleb）

「如果你知道自己一定不會失敗，你會做什麼？」這是十九歲的療診公司創辦人兼執行長伊莉莎白・霍姆斯放在辦公桌上的標語。

對史帝夫・賈伯斯的崇拜，讓她傾盡所有心力創造「醫療照護界的iPod」。療診大肆宣傳他們的指尖採血診斷儀器，是前所未聞的創新突破——比競爭對手更便宜、更小巧，也更不痛。據稱儀器先進的「疾病地圖」，能偵測腫瘤指標、愛滋病毒和荷爾蒙異常。

霍姆斯的親戚說她一直想成為億萬富翁。她做到了——不到十年，全世界最年輕的白手起家億萬富翁就擁有九十億美元的身價，《公司雜誌》（*Inc.*）將她喻為「下一個史帝夫・賈伯斯」。療診位在加州矽谷佩奇米爾路（Page Mill Road）一七零一號的辦公室，成為她心靈上的圍牆。霍姆斯的領導風格與吉姆・瓊斯如出一轍，要求員工無條件、無限制的忠誠。她的團隊「彷彿在建立宗教……所有不相信的人都應該滾蛋」。每一個層級的異議者都會被掃地出門。十五年來，公司文化充斥著機密和疑神疑鬼的氛圍。為了保護商業專有資訊，所有訪客都必須簽署保密協議，就連去上廁所都要專人護送。為什麼？因為愛迪生驗血儀可說是轟轟烈烈地失敗了[1]。

霍姆斯無視病患可能遭受的風險，不斷宣稱儀器採用世界級的微流體（microfluidics）控制系統，並向職涯戰績輝煌的董事、參議員，以及包括喬治・舒茲（George Shultz）在內的前美國國務卿們，報告與事實不符的資訊。她與經銷商巨頭的合作關係建立在誇大其辭與謊言之上。零售業龍頭沃爾格林（Walgreens）無視專家的警告，投資了一億四千萬美元，希望遠遠超越競爭對手CVS藥局。與此同時，許多療診公司的員工為了保住飯碗，都選擇三緘其口。

《華爾街日報》的記者約翰・凱瑞魯（John Carreyrou）接獲亞當・克雷伯（Adam Clapper）醫學博士，與喬治・舒茲之孫、療診公司的前員工泰勒・舒茲（Tyler

Shultz）透露的消息後，揭穿了這個假技術的真面目，但為時已晚。管理失靈造成龐大無比的影響。投資人估計損失八億四百萬美元。二〇一八年，霍姆斯被以詐欺和共謀罪起訴，必須在德州入監服刑十一年。

傲慢與野心之聲，經常取代良心和同情之聲。

本章將介紹五個致命的心理學盲點、聾點和啞點，它們都可能導致個人和組織忽略良心之聲、數十億元付之東流，甚至奪去性命。舉例來說，如果我們太執著於目標，就可能導致正確的事情變成謬誤（**有限道德**〔bounded ethicality〕）。許多立意良善的領導者是以商業角度做決定，而非以道德出發（**道德氛圍**〔moral climate〕），並低估利益衝突的問題（**道德兩難**〔moral dilemma〕）。在這個時代，做正確的事會被忽略、良心被貶得一文不值（**道德褪色**〔ethical fading〕）。對此，有些人的彌補錯誤方式是展現善意（**道德許可**〔moral licensing〕），接著像修正主義歷史學家那樣合理化錯誤的行為（**道德解離**〔moral disengagement〕）。製藥產業、銀行業、製造業、法律界和運動界的眾多例子，說明了失職行為很容易與權力、情緒、自我結合，導致壓制了正確的聲音。

審理霍姆斯的案件時，戴維拉（Davila）法官很好奇這位「聰明絕頂」的企業家動機為何。「是狂妄自大……對名氣的病態執著……還是喪失道德準則？」她怎麼能哄騙這麼多聰明的股東？為什麼沒有更多董事和投資人察覺？他們是不是被眼前所見干擾，因而忽略聽見的資訊？各式各樣的聾點結合在一起，產生了力量相乘效應。

說什麼良心？我在追逐目標

投資人、監管單位和病患都想相信最先進的技術真的有用——**有限道德**讓他們只聽見自己想聽的，以致沒有任何人察覺到被騙，而這符合我們在第二章提過的學者萊文的預設為真理論。對此，前療診公司的員工泰勒．舒茲解釋：

> 她真的很擅長告訴別人想聽的內容，才能讓騙局持續下去。她經常這樣告訴我爺爺……她告訴他很多……事實上根本是假的事情。

充滿個人魅力的霍姆斯看起來也不像典型的詐騙犯。人們看見她的作風便不質疑她的本質，而這點證實了司馬賀的有限理性概念。此外，她的史丹佛學生身分非常有影響力，合夥人都對她刮目相看。

然而，療診公司的管理匱乏到了一蹋糊塗的地步。在一次取證過程中，前富國銀行董事和執行長理查・科瓦切維奇（Richard Kovacevich）回憶，董事會的作用比較像是提供建議，而非行使受託義務。「我不記得有人反對過她說的任何話……到頭來，做決定的都是她。」[2]只有霍姆斯本人清楚公司的全貌。資訊不對稱，讓她得以掌控所有訊息。

由於醫療科技經驗不足，董事會只能欣然接受所有科學、營運和財務資料表面上的樣子。這個成功的故事實在太誘人，讓人無法質疑。

如同瓊斯鎮的案例，情境和時機都是功臣。一九九〇年代的矽谷夢活過來了。臉書、優步、Spotify 和 Salesforce 都創造了歷史。媒體不斷美化比爾・蓋茲和馬克・祖克伯等領袖人物，使得霍姆斯也希望得到加州帕羅奧圖（Palo Alto）科技圈的接納。

從花生到止痛藥

大部分的企業都是以商業目標為主要考量，但有些人做得太過火了。

二〇一五年，美國花生公司（Peanut Corporation of America）的執行長史都華・帕內爾（Stewart Parnell）假造安全合格報告，出售遭沙門氏菌汙染的產品。食安危機在全美爆發，九個人為此送命，數百人生病。美國史上最大規模的食品回收行動結束後，美國花生公司進行清算[3]。帕內爾的律師告訴《時代雜誌》，他的委託人「做的正是其他花生食品業者也會做的事情」[4]。帕內爾最終被以七十二項詐欺罪名起訴，被判處監禁二十八年，這是社會大眾對貪婪之聲的回應。

然而這樣做的不只有帕內爾。擁有普度製藥公司（Purdue Pharma）的薩克勒家族（Sackler Family），捐贈了數千萬元給慈善組織、羅浮宮的一個展廳、史密森尼學院的一座博物館和哈佛大學的博物館，且皆以薩克勒家族成員命名。但是，他們因為過度銷售止痛藥物疼始康定（OxyContin），被視為鴉片藥物危機的始作俑者，因此而留下不可磨滅的汙點。他們給業務員的獎勵沒有上限，更將業務員捧為「止痛英雄」。他們錯誤行銷疼始康定超過二十年，宣稱這種藥物的成癮率不到百分之一，最終導致約一百萬人因用藥過量死亡[5]。

對此，儘管公司聽說有專門賣藥的攤位和成癮人數攀升的問題，他們依然選擇忽略。理查・薩克勒甚至怪罪用藥者。「他們才是罪魁禍首和問題本身；他們是不計後果的罪犯。[6]」

最後，迫於輿論壓力，普度公司承認「知情且蓄意與他人共謀和達成共識，以及協助和慫恿員工在沒有合理醫療目的」的情況下販售產品。預料之中的是，他們表示對於公司利潤最高的藥物「意外捲入鴉片藥物危機」感到「誠摯地懊悔」，並與司法部達成協議，願支付六十億美元和解金。之後，牛津大學等學術機構，將薩克勒從各個紀念建築物中除名。

普度製藥公司有幫手。經銷商、連鎖藥局、醫師、行政人員和顧問都是共犯。CVS藥局和沃爾格林藥局（Walgreens）各支付五十億美元和解金，平息數千起官司[7]；兩年前，嬌生集團則因對奧克拉荷馬州造成的傷害，支付了五億七千兩百萬美金。沒有人因此坐牢。

起因於利益衝突的脫序

貪得無厭的顧問也是一丘之貉。白領菁英主導的麥肯錫企管顧問公司，曾向普度製藥公司建議如何提升銷售量。根據《紐約時報》報導，這「甚至發生在製藥公司二〇〇七年認罪之後……他們誤導醫師和監管單位，對疼始康定的風險產生錯誤認知。

」[8]令人震驚的是，麥肯錫顧問公司估算過，每位疼始康定用藥過量和成癮者的可能賠償金，只有一萬四千美元。

在未迴避利益衝突的情況下，二十二名麥肯錫顧問一邊建議美國食品及藥物管理局（FDA）立法規範疼始康定的使用，一邊建議普度製藥該如何推銷藥物。這樣的利益衝突持續了十五年。到了某個階段，麥肯錫因為認定監管單位會疏於監督，甚至建議「摧毀我們所有文件和電子信件」。眾議院監督委員稱他們是「衣冠楚楚的運毒犯」，將利潤看得比「最高專業標準」重要，這群穿著愛馬仕華服的菁英就是利慾薰心。麥肯錫全球管理合夥人施南德（Kevin Sneader）坦承，麥肯錫並未「適切地認知到逐漸發生的濫用問題」[9]，而他們的回應一如預期，想要「參與解決方案」。

但這樣的補救力道太小、也太遲了。

這是**道德兩難**嗎？麥肯錫從普度製藥身上賺了八千六百萬美元，又從美國食品及藥物管理局那裡拿到一億四千萬美元，令人咋舌。公眾輿論與法院之聲認定，他們必須為造成的損害負起法律責任——和解金為五億七千三百萬美元，可透過各項勒戒康復計畫來支付。

有違道德的不當行為，不只出現在商業界、收買新聞或政府合約，科學家也會為了達成目標不擇手段，罔顧良心之聲，比如，美國塔斯基吉大學的研究員對非裔美國人的剝削。

一九六〇年代，美國心理學家彼得・紐鮑爾（Peter Neubauer）在雙胞胎和三胞胎一出生後就拆散他們，用來研究天生基因或後天養成對於社會發展的影響。他從未向收養家庭透露實情，並將拆散手足的殘忍行為合理化為先進的科學實驗。直到被拆散的手足在鄰近的城鎮意外重逢，才揭發了他的所作所為。

雖然客戶有所要求，但是他們也不樂見專業的顧問、代理人、稽核員、治療師、教練或專項顧問做出違背道德的不當行為。然而，當牽扯到龐大金額、職業生涯和備受矚目的措施時，違反政策和利益衝突就難以避免。畢竟規則、罰款和懲罰的管轄範圍有限。

這並非新鮮事。想想看貓王艾維斯與帕克上校複雜的相互依賴關係吧[10]！帕克這位處於衝突位置的非法移民，讓艾維斯三十逾年來只辦過三場國際演唱會。

你不能只仰賴自己所見的一切。

要提出問題，然後質疑答案。

有時做正確的事情可能是不對的

現代的顧客、員工和公民透過表達出對不公義的零容忍，以此期待官員、顧問和執行長做正確的事。監管人員和機構應該盡本分，讓犯錯的公司和人員負起責任。從很多方面來說，他們都肩負著如同第十二名陪審員一樣的責任，以致有時專業人士會面臨最艱難的兩難困境。

美國聯邦調查局局長詹姆斯・柯米（James Comey）就面臨了「布里丹之驢」（Buridan's Ass）兩難。二〇一六年美國總統大選的前一個月，他得知民主黨總統候選人希拉蕊，因為從個人伺服器寄送機密信件而違反相關規定。這起案件的政治風險極高。所有高層人員在公開場合上都與政黨沒有瓜葛。假如柯米對這次調查保持沉默，會讓聯邦調查局看起來像選邊站；假如之後才公開調查，想當然耳他被指控是在替希拉蕊粉飾太平也是情理之中的事。但如果柯米公開調查案件，不論她是否真的有違反規定，都會讓形象可靠的候選人選情岌岌可危，如此一來，她的共和黨對手川普就能撿到便宜；同時，聯邦調查局和柯米都會捲入醜聞，被指控因為支持川普而產生偏見。

大選前三個星期，柯米告知國會這個消息，媒體因此掌握到了調查的風聲。

大選前十一天，聯邦調查局正式宣布他們正在調查希拉蕊。

大選前三天，他們證實希拉蕊沒有犯任何錯。

對許多人來說，這是道德上的正確決定，但在政治上卻錯得一塌糊塗。柯米被抹黑成川普勝選的推手。柯米聽了自己內心的聲音，卻低估情勢的嚴峻。他付出政治代價，儘管他手握大權，卻還是被川普開除。

總是有更大頭的熊存在！

柯米這個從黑手黨到美國富商瑪莎．史都華（Martha Stewart）都起訴過的男人，依然十分頑強：

> 將道德權威交給團體而壓抑自己的聲音，這樣是不對的……有道德的領導者會更忠於核心價值，而不是個人的收穫[11]。

雖然他做了正確的事，但其做出的決定會在更廣大的生態系統中掀起**漣漪效應**（ripple effect）——這是否合理化了川普的外交政策髮夾彎、把移民兒童關籠，或國會山莊暴動事件？有些人認為不會。

這個世界不盡然是公平的，雖然許多好人一直在努力打造公平的世界，但壞人不總是會受到懲罰，好人也不見得總能得到獎賞。忙碌的人無法及時解讀訊號。

正義之聲聽起來很高尚，但不是總能保證得到正面的結果。我們再來看看有害的併購案。其實只要一直低著頭，就能幫助你躲過無可避免的斧頭。儘管如此，立意良善的員工還是經常會堅持指點新雇主如何做事——用以前的方法。雖然這種聲音會被忽略，掌權者還是會聽見一個訊息：「有麻煩了！」我看過許多同事勇敢發聲後，最後卻成為公司削減掉的「成本」。沒人想聽到別人告訴自己「你錯了」。

大家都是「好人」

就如前面討論過的，根深蒂固的**優於平均效應**（above-average effect）表示，大多數人不僅認為自己是更好的駕駛、舞者或決策者，也比其他人更誠實。**人們對自己的道德準則感到很自豪，以致對自己想成為的樣子產生了浪漫的想像。**話雖如此，多數人仍會為了搶得先機而誇大履歷、扭曲事實和說出善意的謊言。

價值觀有時會相互碰撞，即使在最高層級的地方也無法避免。

二〇〇四年，美國最高法院的大法官安東寧・史卡利亞（Antonin Scalia）拒絕迴避一起緊急政治案件，儘管該案件牽扯到與他一起獵鴨的好友迪克・錢尼（Dick Cheney）副總統。史卡利亞認為自己可以公正地主持庭審。雖然存在利益衝突，他還是告訴《洛杉磯時報》：「我不認為自己的公正性會受到合理質疑。」光是暗示就已經冒犯他的職業自尊。

第三任美國總統湯瑪斯・傑佛遜（Thomas Jefferson）挺身而出，反對家庭奴隸貿易和販運奴隸至殖民地。雖然一七七六年美國《獨立宣言》的簽署者都公開支持逐步解放奴隸，但這些人大部分仍私下擁有非裔美國人奴隸。傑佛遜在蒙蒂切洛莊園（Monticello）蓄有六百名黑奴，其中包括莎莉・海明斯（Sally Hemings），據傳傑佛遜與她生育了幾名子女[12]。

傑佛遜聽見的是什麼聲音？公平與義務是否超越了情感依戀？他可能用理性推論合理化自己的雙重面向，以此抵抗認知失調。

如果付出代價的是其他人，同時看不見受害者，人們就更容易做出失職行為。這就是為什麼有人說「讓肥貓付出代價吧」（let the fat cats pay），也是為什麼騙子每五分鐘就會造假申請保險金，一年下來高達十二億英鎊。這是一種**道德風險**（moral hazard），而這會造成職場上的誤判。

問題出在文化

二〇〇八年，法國興業銀行（Société Générale）被政府和股東放大檢視。兩年多來，欠缺經驗的交易員傑宏·柯維耶（Jérôme Kerviel）造成銀行損失七十二億美元，比尼克·李森（Nick Leeson）造成的霸菱銀行（Barings）損失高出六倍。

柯維耶是在貪婪的文化中操作一切？還是文化放大了柯維耶的貪婪？以我的經驗來看，投資銀行是個有毒的環境，在這裡，所有對話都在談如何創造、投資或隱藏財富。敢於冒險的人會得到聘用和獎勵，所以這裡成了不滿與欺騙的溫床。科學研究發現，與金錢相關的事物，例如現金或顯示貨幣符號的螢幕保護程式，都會讓人更容易做出自私和缺乏同情心的行為[13]，而這會加劇不健康的**道德氛圍**。

三十九歲的柯維耶是美髮師與老師之子，他並沒有像其他同事一樣，上過名氣響亮的法國菁英學校。他是否因此渴望融入同事[14]？公司管理上的漏洞給了他機會。柯維耶忽略要他遵守規定的聲音，違反風險限額、忽視所有政策，拿銀行的流動性冒險。如同連環殺手會上癮，交易員的癮頭更加嚴重。當時的背景是法國興業銀行正在快速成長。銀行有十三萬名員工，但是風險相關的人才不足。柯維耶明白銀行本身就存在失能問題，也知道高層不會逮到或懲罰違規的交易員，他權衡比較了「被逮個正著的極低機率」與「受到同僚賞識的高度誘因」。

我們總想把差錯歸咎於一個部門或一個人，因為這樣也更容易解釋來龍去脈。但是人類的行為鮮少如此單純；**體制、情境和同事，都會在潛意識中影響判斷**。

大部分的經理都會把企業DNA分享給他們所召募的員工，換言之，要他們看出這些「分身」身上的缺點，根本是天方夜譚！某種程度上這說明了法國興業銀行管理層為何充耳不聞，他們忽略了法遵部門的警告，且沒有質疑為何一個初級交易員突然能造就百分之五十九的交易收入，反而大力讚許他脫穎而出的表現。

由於法遵部門對交易規範的瞭解不是很全面，加上他們的知識落差和外團體身分，因此對交易員抱有一定程度的尊敬。資訊不對稱是個會妨礙判斷的陷阱，因為我們不希望自己在同事面前像個笨蛋一樣。

二〇一四年，柯維耶因為偽造、背信和未經授權使用電腦而被判處三年刑期。後來他提起反訴，稱法國興業銀行也是共犯，最終達成和解。

假如你跟其他人一樣，或許也不會暫時停下腳步，思考你的工作環境對行為所產生的影響。在充滿競爭和以自我為主的氛圍中，失職行為可能源自於老鼠屎，也可能是因為近朱者赤、近墨者黑。運動界亦是如此。

獎牌、金錢，還是道德？

截至目前為止，已經有來自三十六個國家的一百四十九名運動員，因為服用提升運動表現的禁藥而被撤回奧運獎牌[15]。二〇二三年，世界運動禁藥管制組織（WADA）共回報了一千五百六十起選手服用禁藥案例。這個比例相對而言或許很低，但非常多的選手為了在運動場上大放異彩，承受著極為嚴苛的訓練和飲食規定，所以任何不公平都會摧毀運動的誠信原則。

雖然個人或組織裡難免會有違反道德的行為，但整個國家層級的勾結串通，其實並不常見——然而凡事總有例外。二〇一四年索契（Sochi）冬奧，大量俄羅斯選手透過國家贊助的禁藥管制計畫，操弄檢測結果。他們的明目張膽撼動了整個體壇。世界運動禁藥管制組織禁止俄羅斯參與奧運會四年。

世界田徑總會主席賽巴斯欽．柯伊，從二〇一五年開始就不辭辛勞地推廣運動公平，修訂管理組織的章程，因為他認為索契冬奧事件十分丟臉，但給了體壇當頭棒喝的警鐘。「這個訊息再清楚不過了……我們無法容忍任何層級的作弊行為。」[16] 這是必須改革的訊號，其他運動項目都能從中學到教訓。

柯伊預測，在推廣乾淨運動的道路上將出現重大里程碑：保護運動員的誠信，確保賽場上的平等[17]。柯伊自一九八六年在斯圖加特（Stuttgart）歐錦賽奪得金牌的那天起，他就是個充滿自我信念的領導者，他的想法是「我會做他們最沒料到我會做的事」。這或許就是他為何會獲選代表英國，前去爭取二〇一二年奧運會的主辦權，接著又擔任籌備委員會主席；或許也是為何超過兩百個世界田徑總會的會員都聽他的聲音，又連三屆選他擔任主席。二〇二三年，世界田徑總會成為第一個達到性別平衡的國際運動組織。這是全新的世界紀錄！

禁藥管制計畫引出更大的問題。代價這麼高昂，運動員為何還願意冒險？是為了獎牌、金錢，或者兩者皆是？鐵定是為了獎牌。研究顯示，如果確定絕對不會被發現，百分之九十八的美國奧運選手都願意使用提升運動表現的藥物。每兩名運動員就有一名表示，如果能連續五年贏得每一場比賽，他們就願意使用禁藥。

對此，更令人震驚的，是運動員對勝利的渴望程度。就算有可能因為禁藥的副作用而喪命，他們還是願意使用[18]。對他們來說，報酬能夠合理化風險——聖母峰登山家道格・韓森和賽車手艾頓・賽納也是這麼認為。

對某些人而言，作弊合情合理。身敗名裂的自由車選手蘭斯・阿姆斯壯（Lance Armstrong），在二〇〇〇年宣稱使用藥物促進紅血球生成是標準作法，不存在**道德兩難**問題。自行車隊伍甚至會公開為選手輸血。他在紀錄片《阿姆斯壯的謊言》（*The Armstrong Lie*）中坦承：「我很有自信，認為自己永遠不會被逮到。」他錯了。這都多虧了死纏爛打的記者其解讀資料和調查的能力。

並不是說來自贊助者、出書和出席活動的收入無法成為努力的動力，只是相對來說，田徑運動員的獎金非常低。二〇二三年布達佩斯（Budapest）田徑世錦賽，各個項目前八名選手的總獎金是八百五十萬美元；金牌得主可以拿到七萬美元，銀牌三萬五千美元，銅牌兩萬兩千美元。相較之下，在前一個月舉行的溫布頓網球錦標賽中，冠軍卡洛斯・艾卡拉茲（Carlos Alcaraz）的獎金就是三百一十萬美元。

不論是運動員、交易員或領導者，多數人的出發點都是好的，但貪婪有毒的環境很可能使人捨棄正確的行為。治療師可能會破壞客戶的保密協議，就像將艾瑞克・梅內德斯（Erik Menéndez）的自白內容告知其女友的傑洛姆・奧吉歐（Jerome Oziel）；檢察官可能會掩蓋可以讓被告開脫的證據；製藥廠商可能會提高藥品的售價，比如，在二〇一五年，圖靈製藥公司（Turing Pharmaceuticals）將治療寄生蟲感染的藥物達拉匹林（Daraprim）的價格，一夜之間從十三點五零美元調漲至令人瞠目結舌的七百五十美元。

不論是竄改證據或哄抬物價，我們會找藉口合理化糟糕的行為，對此，心理學家稱之為**道德解離**。

了不起的辯解

誠如在第七章提到的，有個人物既令人著迷又令人唾棄，就是死亡天使約瑟夫・門格勒，他戰後在南美洲躲藏了將近四十年。根據專門追蹤納粹新聞的記者約翰・韋爾（John Ware）所述，門格勒家族認為他們這位親戚「被人誤解」了。

門格勒的兒子勞夫與父親闊別二十一年後，他想更瞭解父親，但門格勒警告他：

> 我內心沒有任何一丁點的渴望，想要合理化，甚至解釋我這輩子做的任何決定、行動或行為。我的容忍是有限度的。

一九七七年，波賽特夫妻安排了一場祕密會面，勞夫終於見到「一個支離破碎的人」和「一個受到驚嚇的生物」。兩個星期的時間內，三十三歲的律師交互詰問勞夫的父親，然而勞夫沒有聽見父親任何哀悼、懊悔或指責自己的聲音。

門格勒漠視幾萬名用運牛車載來「篩選後要淘汰」的猶太人，對他們進行殘忍無道的育種實驗、感染健康身體、將嬰兒丟下屋頂、縫皮膚、注射眼球染料和電刑耐受度等種種惡行。他一點也不在乎自己曾叫奧斯威辛集中營的Ａ二四八四零號囚犯「脫光衣服，踏進裝滿滾水的大水缸裡」。九十二歲的倖存者希爾拉・葛威茲（Cyrla Gerwertz）回憶：「我說水太燙了，他說如果我不聽他的命令，他就會殺了我。在那之後，我得踏進一個裝滿冰水的水缸。[19]」

門格勒為希特勒創造最優越人種的意圖做辯護，並振振有詞地說「他個人這一輩子從來沒傷害過任何人」。他也撇清自己的責任：「奧斯威辛不是我發明的。」他對自己道德敗壞的不注意失聽，展現出由盲點、聾點和啞點所混合而成的偏見，這是非常少見的情況。

儘管門格勒忍不住哀嘆自己的遭遇，勞夫卻認為他就是徹頭徹尾的陌生人，對他沒有絲毫同情。其中，最令勞夫震驚的，就是門格勒對事實的充耳不聞以及對良心之聲的無視。他父親的道德圍牆局限於德國的邊境內。

> 我意識到這個男人，我的父親，實在是太剛愎自用了。他雖然擁有知識和才智，卻始終不願意看清在奧斯威辛最基本的人性原則和底線。他沒有意識到光是他的存在，就已經讓他成為那種極致非人道行為的幫凶。

儘管如此，勞夫還是與波賽特夫婦一樣，不打算將他的父親交給當局。過了不到十八個月，他也不必舉報父親了。門格勒疑似因心臟病發而溺水，死亡天使溘然長逝。

我們很擅長找藉口，例如「大家都這麼做」或「這是為了更長遠的利益」。根據加拿大心理學教授艾伯特．班杜拉（Albert Bandura）所言，行為與道德標準產生衝突時，我們會調整思維好讓行為與自身脫節，以免產生自我制裁。

當內心的聲音合理化一個錯誤行為後，就會促使你繼續做出更多錯誤行為：門格勒「必須盡自己的義務，必須執行命令」；吉姆．瓊斯在拯救信徒；辛普森的律師要為委託人辯護；柯維耶是為法國興業銀行賺錢；霍姆斯則是在研發無痛血液測試。

一旦你做了好事，就很容易合理化壞事。

爲什麼好事能合理化壞事？

我們合理化行為的另一種方法是平衡道德天秤。有時，如果有人虧待你，對方會試著亡羊補牢：對你不忠的伴侶會送花賠罪嗎？吝嗇的老闆會給你大家夢寐以求的專案以表安撫嗎？補償或許能減緩罪惡感，但無法矯正原本就做錯的事情。

正如消費者會衡量消費選擇，做錯事的人也會衡量道德選擇[20]。你可能會購買昂貴的服飾，搭配便宜的首飾；如果你做了無私利他的行為，或許就能自在地做出自私的行為，而這就是所謂的**道德許可**。

為了證明沒有偏見的決定將如何為後續帶有偏見的決定給合理化，美國普林斯頓大學的研究人員請受試者連續做兩個聘用決定[21]。研究人員發現，在資歷平等的應徵者中，如果男性受試者選擇了女性應徵者（無偏見決定），受試者就比較不擔心自己在做下一個聘用決定時，看起來像性別歧視者（偏見決定）。

這不只存在於理論中，道德許可也經常出現在實際行為上。第二章提到的英國DJ和戀童癖吉米・薩維爾，他藉由強調自己的慈善舉動來化解大家對他猥褻青少女的質疑；他合理相信好行為能抵銷壞行為，因此他告訴對他產生懷疑的同事，這些都是他與「天上那位」談好的交易[22]。

這個心態也能反過來運作。美國眼鏡製造零售商沃比派克（Warby Parker）和法國保養品品牌歐舒丹（L’Occitane en Provence）等公司，每售出一樣產品都會捐贈給慈善團體。研究發現，這種由他人代為捐贈的策略，會對員工產生正面的外溢效應，讓他們覺得受到激勵，願意在未來繼續做好事[23]。

知道其他人如何接收或忽略聲音，可以有效提升決策的判斷能力。

滑坡效應

想像一下，有位律師助理每天上班都要填寫工時表，而他每天都會偷偷多寫個十分鐘，好讓工時湊滿一個小時。十分鐘看起來沒什麼，但漸漸地，十分鐘變成三十分鐘，然後變成一小時，接著變成一天。每次多寫一點工時，這名律師助理內心的掙扎和不安也愈來愈少——**滑坡效應**（slippery slope）就是這樣開始的。

忽視良心之聲都是從不痛不癢的小違規開始，例如：稍微提高收費、搶奪其他人的功勞或善意的謊言。高爾夫球員把球從難打的位置移開，心想「不會有人看見」；職業足球員假裝受傷，以此得到罰球；做出詐欺行為的會計師爭取時間修正錯誤；帕克上校靠著說謊踏上美國領土，續寫他的人生故事數十年。

人們究竟會在錯誤的道路上走多遠才會回頭，或是尋找正確的道路？對此，麥斯・貝澤曼和安・坦柏倫塞（Ann Tenbrunsel）在《盲點》（*Blind Spots*）一書中解釋：「當我們太過專注於一般的企業目標，例如季營收或銷售配額，那麼重大決策可能產生的道德影響就會在我們心中褪色。」[24] 他們稱之為**道德褪色**[25]。

不論是個人、企業或政府都難以招架道德褪色和不注意失聰的夾擊，尤其當對象是人微言輕的弱勢族群。

在視線範圍之外，通常也表示在聽力範圍之外。試想一下囚犯的困境。世界監獄簡報（World Prison Brief）預估，目前全世界有一千一百萬名囚犯。許多囚犯在公然違背人權的環境中飽受聾人聽聞的折磨。根據國際刑事改革組織（Penal Reform International）的報告，有一百零二個國家的監獄收容率超過百分之一百一十[26]。例如，剛果民主共和國的布卡伏中央監獄（Prison Centrale de Bukavu），收容率是令人瞠目結舌的百分之五百二十八。長期的過度擁擠問題，讓囚犯飽受疾病和營養不良所苦。

不只開發中國家有這個問題。根據《紐約時報》報導，美國監獄的平均收容率是百分之一百八十二。風險較高的囚犯必須換牢房，以免遭到暴力對待。在阿拉巴馬州有一座監獄，一名囚犯被獄友綁起來折磨了整整兩天[27]；另一名囚犯不知為什麼有辦法傳訊息給獄友的母親，恐嚇對方若不給他八百美元，他就要「把她兒子碎屍萬段，然後強暴他」。另外，你或許會想起傑佛瑞·達默在獄中遭到謀殺、以及殺害喬治·佛洛伊德（George Floyd）的警察德瑞克·蕭文（Derek Chauvin）在監獄遇襲的事件。國家和行政單位都患上充耳不聞症候群，忽視弱勢族群的聲音。

事情沒有你想得那麼糟

學者坦柏倫塞和大衛·梅西克（David Messick）主張，為了將行為正常化而輕描淡寫的委婉言詞會加劇道德褪色[28]。一九八六年的世界盃，阿根廷足球選手馬拉度納（Maradona）在對戰英格蘭的比賽中違規以手擊球，裁判雖然沒有看見，攝影機卻拍得一清二楚。他稱之為「上帝之手」。

委婉之詞會沖淡、偽裝或軟化一個行為的嚴重性。掌權者特別喜歡玩這種文字遊戲。舉例來說，中情局表示他們採用的是「加強的情報取得技巧」，而非對哈立德．謝克．穆罕默德嚴刑逼供。醜聞爆發時，共和黨員喬治．桑托斯（George Santos）承認假造履歷，但並非為了爭取選票而說謊。我們所聞之事不能盡信。

討論到敏感的話題時，我們會大量使用委婉之詞。例如：美國國防部先是將核輻射測量單位稱為「陽光單位」，之後才改稱為鍶單位；我們讓寵物「安樂死」（put to sleep）；被解雇的員工是「去追求其他志向」；狡猾的經理會對帳本「動點手腳」；彭帥只是「有所誤解」。

委婉之詞蘊含著知情人士才知道的資訊，彷彿一種特別的密碼；若未經過解讀，就會將其他人排除在外。

檢察官將惡毒家長殺害兒童的案件和家庭暴力事件稱為「一時衝動」或「激情犯罪」。泯滅良知的罪犯經常使用這種委婉之詞。泰德．邦迪說他被「紊亂的心智」控制，而非發狂的心智。美國賓州州立大學的惡狼教練傑瑞．山達斯基（Jerry Sandusky），坦承自己「只是在淋浴間與年輕男孩打鬧」。「我們是一個大家庭」，他為自己做出熊抱、共浴和對學生肚子吹氣的行為辯駁：「我只是做自己而已。」[29]

貼上婉辭標籤是其中一種道德解離機制，解釋了人們為什麼會容忍而非遏止暴行。我認為這些案例都發人深省。舉例來說，開膛手傑克說自己聽見上帝的召喚，以此分散責任；盧安達的胡圖族（Tutsi）將圖西族（Hutu）去人性化，稱他們為蟑螂；銀行詐欺犯柯維耶怪罪公司的法規漏洞；帕內爾將假造安全報告書的行為，重新標籤為業界標準；天主教會將犯錯的神父轉調其他教區以推卸責任。各式各樣的辯解綜合在一起，放大了聾點。你一旦明白這些，就能在日常生活中注意到它們。

雖然這些與道德相關的偏誤會導致我們誤判，模範人物依然存在。

接收：良心之聲

在這個嘈雜的世界，人人都覺得自己沒被聽見。股東、顧客和員工抗議行動遍地開花，對抗著社會不公和人權侵害行為。有些企業選擇主動接納這些人權原則，更有一個企業為此與母公司對簿公堂。

被聯合利華（Unilever）以三億兩千六百萬美元收購之前，Ben & Jerry’s 冰淇淋一直運用自己的聲音，呼籲民眾注意氣候變遷、貧富不均和人權議題。被收購後，Ben & Jerry’s 冰淇淋曾經大膽控告聯合利華，因為他們在約旦河西岸的以色列占領區販售冰淇淋。這場爭議最終以和解收場，但是他們已經成功傳達自己的訊息。

真誠運用自己聲音做好事的公司不計其數，例如：戶外活動服裝品牌巴塔哥尼亞（Patagonia），捐贈百分之一的營業額保護環境；穆罕默德．尤努斯（Muhammad Yunus）的微型貸款機構，貸款給全世界最貧窮的人民和邊緣企業，且還款率竟高達百分之九十八。許多企業和慈善組織都存在真正的利他主義，我們務必區分這些善舉，以及只會表面散播美德形象的品牌。

另外，道德立場也會不斷演變，好比囚犯懺悔、政策受到監管、貪腐組織改革、高階主管精進自己的領導作風，以及人們重新發現自己的人性。

與門格勒形成對比的，是身為天主教商人和納粹黨員的奧斯卡．辛德勒（Oskar Schindler），他接收良心的聲音。起初他靠著在黑市搜刮好貨致富，一九三九年他在克拉科夫（Krakow）市郊買下一間工廠，作為納粹軍隊的經濟後盾。到了一九四二年，工廠擴展成擁有八百名員工的琺瑯和彈藥廠區，其中一半的員工都是猶太人[30]。如同奧斯卡金像獎得主電影《辛德勒的名單》（*Schindler’s List*）的描繪，他原先追求享樂與財富的生活方式，轉而成為拯救「必要」的工人，以免他們被送進毒氣室。辛德勒為了救人而假造文件，他的納粹同志卻只憑著他們看見的外貌，決定猶太人能否活下去。

戰後身無分文的辛德勒往返以色列和德國，在猶太人救濟組織的援助下生活。他的墓碑上刻著：「拯救了一千兩百名受到迫害的猶太人，令人永難忘懷的英雄。」我走訪琺瑯工廠時，注意到一塊牌匾紀念著這一位選擇傾聽良心之聲的人。除此之外，日本外交官杉原千畝和夫人幸子，也冒著生命危險假造兩千一百三十九張過境簽證，拯救了六千名立陶宛的猶太人[31]。

不計其數的正派人士，每天都聆聽良心之聲、做出善意之舉，為其他人的生命帶來真正的改變，就如同第十二名陪審員。儘管如此，我們依然無法將所有倫理道德訂為法律。為什麼？因為倫理道德並沒有放諸四海皆準的標準。

一份名為「道德機器」（Moral Machine）的全球調查分析了兩百三十三個國家和地區，共兩百三十萬人所做出的四千萬種選擇[32]。受試者要回答十三個題目，都是關於自動駕駛車安全的假設情境。在每個案例中都一定會有乘客和行人死亡。受試者必須選擇要拯救哪些群體：年輕人、有錢人、無家可歸者、長者或女性。你會如何選擇？

該調查結果在各個國家之間出現巨大的分歧，顯示並沒有全球一致的道德準則。

與道德相關的圍牆陷阱主宰了這個喧鬧的世界，日常生活中嘈雜的資料、錯誤資訊和干擾，讓我們難以聽見良心之聲。現在，愈來愈多個人、組織和國家層級的加害者被繩之以法，接受正義的制裁，但是進度太慢，又是選擇性的。世界不總是公平，窮凶極惡的加害者有可能可以逃過法律制裁。

大量激勵人心的聲音選擇了正確的道路，以道德觀點重新解讀動機。機構也貢獻一己之力，藉由提高獎勵和懲罰，防止偏離正軌的行為變成家常便飯。任何一點努力都能造就改變。人類是否能抵抗權力、自我、風險、身分、記憶，甚至是道德陷阱，取決於如何看待過去、現在、未來。你會早一步想到後果嗎？你是否會堅守過去的選擇和懷舊之聲？雖然看似毫無關聯，但這些破壞決策的因素，都會影響與時間有關的圍牆陷阱。關於這點，我們將在下一章討論。

本章重點

- 在符合與違背道德的決定之間，只存在幾個極少的主觀判斷，但這些判斷足以決定你的人生是一帆風順，還是在獄中度過餘生。

- 做出違背道德決定的是人，而非機構。當掌權者汲汲營營於達成目標，其眼界就會變得狹隘，忽略良心與利益衝突。
- 社會大眾期待現代領導者成為道德判斷的楷模，並為其設定道德標準。因此愈來愈多違規行為受到懲罰，愈來愈多違規者不見容於社會。
- 大多數人都對自己的道德感到自豪，但又屈服於違背道德的壓力、誘惑、相對比較和競爭。
- 滑坡都是從小事開始。我們經常可以在藉口、婉辭、言語、道德許可和意識形態中聽見早期的警告。
- 人們會先道德褪色，接下來產生複雜的道德解離，使人們容忍和合理化惡劣的錯誤行為。
- 世界不總是公正或公平的。對組織最好的決定，不見得對個人最有利；對個人最有利的決定，不見得對社會最好。
- 極端的惡行可以用極端的善舉抵銷嗎？領導者肩負道德責任，必須明白箇中差異，重新平衡自身所見與所聞之事。

Time-based Traps

第10章

時間陷阱：今天在，明天呢？

溫故而知新，可以為師矣。

中國教育家、哲學家　孔子

一九七七年三月，一個霧氣瀰漫的星期天下午，飛航管制員和機長們因起飛不斷延遲，愈來愈煩躁。

西班牙田尼利夫島（Tenerife）的塔臺人手不足，環境視野不佳，跑道上擠滿飛機。經驗豐富的荷蘭機長雅各・范贊頓（Jacob van Zanten）雖然語帶怒氣，仍耐心地等待起飛。他詢問羅迪歐斯機場（Los Rodeos）的西班牙飛航管制員，荷蘭皇家航空四八〇五航班是否已得到起飛許可；副機長梅爾斯（Meurs）告訴塔臺，他們現在已經「準備起飛」。塔臺的回應是「好」，接著又加一句：「繼續等待起飛，我會通知你們。[1]」

與此同時，泛美航空一七三六航班正在用無線電呼叫，導致三秒鐘的頻率干擾。梅爾斯和范贊頓都沒有聽見最後一句話。他們沿著三十號跑道前進，與此同時，前進的還有接獲起飛許可的泛美航空班機。兩架飛機以一百六十英里的時速相撞，導致五百八十三人喪生。

急著想起飛的范贊頓，只聽見並牢牢抓住他最熟悉的訊息，那正是他預期、也想聽見的字詞。天氣、聽錯和壞運氣，再加上人為失誤，造成航空史上最慘絕人寰的一起災難。航空業隨後採用了全新的標準語言。**但是，之所以會判斷錯誤不只源自於語言和過程。**

我們不太會認為時間是影響決定的因素，因為這太抽象了。但事實上我們會在潛意識中以過去、現在或未來為導向來接收聲音和評估情勢。與時間相關的因素，例如沒耐心、念舊和拖延，都會抑制理性思考，使我們的選擇偏離正軌。

本章將說明五個與時間有關的偏誤如何在不經意間，扭曲了我們所聽見的資訊。時間倉促時，我們只會擷取對話的重點得出結論，而不是對話的細節。大部分的人都會以短淺的目光，選擇活在永遠存在的現在，儘管事實證明長遠才有利益（**現時偏誤**〔present bias〕）。有些人害怕改變，因而緊抓著熟悉的事物不放，而非實驗或改造策略（**保持現狀**〔status quo〕）；有些人則會在事件發生後重做相同的選擇（**後見之明偏誤**〔hindsight bias〕），認為「既然之前成功，就會再次成功」。我們大多數人都會錯誤預測自己未來的感受（**情感預測偏誤**〔affective forecasting error〕），並隨著時間逐漸變得不一致（**雜訊**〔noise〕）。

世界不是非黑即白。極端的長期或短期思維都會做出導致損害的決定。第二次世界大戰之後，倫敦遭遇的最嚴重住宅火災事件，就說明了短視近利的危險。

經驗和直覺

二〇一七年六月十四日午夜過後不久，在一棟二十四層樓建築的四樓內，一臺冰箱著火了，不到幾分鐘，整棟高樓陷入火海之中。火舌包覆外牆，四十輛消防車只能勉強控制住火勢。倫敦的肯辛頓（Kensington）與切爾西（Chelsea）緊急救難服務遵循標準流程，建議住戶「留在原地，靜待救援」，雖然有些人無視他們的指示。

凌晨兩點四十七分，住戶才接到疏散指示。愛莫能助的旁觀者，只能看著電視臺直播這場熊熊惡火。不到四小時，就有一百戶被火海吞沒。不到二十四小時，整棟格蘭菲塔大樓（Grenfell Tower）燒得面目全非[2]，七十二人在火災中送命。

發生什麼事？

結構與心理因素相互結合，再加上貪婪、不稱職和惰性加劇了問題。這棟一九七〇年代的建築物，火災前幾年才以八百六十萬英鎊翻新。為了符合預算，承包商將高品質包覆層改為易燃的聚乙烯填料，還沾沾自喜表示：「我們要賺大錢了。」[3]文件顯示：「原先提案中的鋅製包覆層，被換成防火性能較差的鋁質材料，節省了將近三十萬英鎊。」但是「包覆層和外牆隔熱系統皆未通過所有的初步測試」。

短視近利的管理層對建材的安全問題充耳不聞，賺取利潤變得比傾聽誠信之聲更重要。偷工減料和超出預算，遇上聾點和組織不善。

經驗豐富的消防員忙著撲滅格蘭菲塔的火焰，幾乎沒有應變的時間。他們憑著長年經驗累積而成的直覺，預測火勢的延燒方向，但他們得到的資訊卻是不完整也不正確的。他們不知道這座大樓沒有灑水器和消防水系統、防火門未達安全標準，也沒有人協調緊急服務和警方的溝通[4]。除此之外，大樓只有一座中央樓梯，導致逃生路線嚴重不足。

關鍵問題在於，想完整得到所有消息再做出判斷是一種謬誤。在時時刻刻過度注

重成本而忽略重點的世界裡，當我們承受壓力的時候，有時只能依靠直覺，所以會倉促地做出判斷。身經百戰的專業人士憑藉直覺，預測消費者和病患的反應；律師也會預測旁聽席上的人產生的各種反應，正如西洋棋選手和玩家會預測對手的下一步。

知名暢銷書《決斷兩秒間》（*Blink*）的作者麥爾坎・葛拉威爾（Malcolm Gladwell）認為，直覺對我們很有幫助，但「會導致我們依循根深蒂固的偏見行事，帶領我們走向自我毀滅的歧途[5]」。當我們薄片擷取（thin-slice）資訊時，仰賴的是我們自己的直覺，然而此舉助長了系統一思維，進而可能會妨礙我們做出好判斷。這也是為什麼從小到大，我們經常聽到有人說「草草決定，慢慢後悔」。

作出高風險的決定前，可以先請別人談一談，為何他們認為自己的直覺沒錯，或許你會覺得受益匪淺。

在嘈雜的世界裡，我們經常在時間、金錢、政治和道德壓力下做出艱難的決定。外科醫師決定是否為年長的病患開刀、將軍決定何時入侵敵方領土、陪審團決定是否給予死刑建議。直覺和大數據讓我們接二連三地快速做出判斷，然而，這種判斷還是會被短視近利偏誤給破壞。

今天在，明天呢？

當你在思考一件事時，實際上它通常沒你感覺的那麼重要，例如：下一餐、遊戲、計畫、發薪日、股東會議，或者以荷蘭機長范贊頓的案例來說，就是起飛時間。最重要的就是當下──這是現代社會最緊急的事。

這不是什麼新鮮事。追求即刻滿足，深植在商業和我們的心靈結構中。消費者會衝向快速結帳櫃檯；現在，有兩百多個國家、九億三千多萬名的 LinkedIn 使用者，渴望得到立即回饋。這解釋了人們為什麼會有一夜情和賭癮，以及氣候危機、儲貸危機，**現時偏誤**讓我們的大腦對立即回報產生了反應。

假設你答應現在給小孩一顆棉花糖，等十五分鐘的話則可以得到兩顆，你覺得大多數的小孩會怎麼選擇？這是一九七二年進行的實驗。只有三分之一的小孩願意等待。十四年後的研究發現，耐心與成年之後的自信心和高智商呈正相關[6]。

這不只能套用在棉花糖實驗上，財富亦是如此。大部分人都會選擇今天加薪百分之十，而非明年加薪百分之十五，因為比起不確定的未來收穫，我們更偏好今天就能得到的報酬。我們評估決定時會局限於現在的狀態──這並非邏輯思考，而是心理效應。我們的思考，不太會超越今天；我們的心思，是在今天晚上和明天的工作之間擺盪起伏。

我們從小開始就是採取短視思維。以天主教的堅振禮為例。我十二歲時，修女鼓勵女孩們發誓二十一歲前都滴酒不沾。只有少少幾人發誓，真的履行承諾的人更少。天主教、基督教震顫派（Protestant Shaker）和東正教的教會也會發願禁慾，但這種誓言可能會產生反效果，正如性侵醜聞所示。

短期主義對職場的影響甚鉅。工作量過大的團隊要求迅速便捷的解決方案，而非慢慢篩選填滿資料的試算表；公司獎勵短視近利的決策，即便他們的客戶願意花大錢尋求經過深思熟慮的解決方案；在追求高升的道路上，野心勃勃的員工會選擇最快或最經濟實惠的道路。以上這些都極有可能是格蘭菲塔管理層核准使用次等建材的原因。

我們更想得到立即的回報。我以主管身分給予表現傑出的員工認股權時，有些人不知為何並不感激。我忍不住想，他們是不是更想要亞馬遜的現金抵用券？因為股票授予的週期通常是五年，這個報酬實在太遙遠了——這是先進國家人才有的煩惱！

你可能聽過「活在當下」這句忠告，這確實有道理，但等到明天到來可就不一定了！有時候，「以後再說」就變成「永遠不做」。這說明了我們為什麼會延後明智的決策，例如：儲蓄、研究和繼承規劃，也說明了為什麼某些組織會販運穿山甲和獵捕珍貴野生動物、為什麼氣候危機會從一個世代延續到下一個世代，同時遭遇高溫、洪水和火災。

除此之外，這也說明了我們為什麼甘冒不必要的健康風險。

活在當下

長年以來，道路維護工人都暴露在挖土機的巨大噪音中。二〇〇三年，歐盟相關單位發布指令設立最低標準要求，以保護工人免於聽力損傷。儘管如此，還是有些工人拒絕配戴保護耳塞。我詢問其中一人原因。「因為以前沒人這麼做。」同儕壓力遇上現時偏誤。現在，那名工人已經喪失大部分的聽力。短視近利的思維會導致我們的判斷偏離正軌，削弱我們的幸福。

關於這點，所有組織都同罪。想想看接觸到石棉的人，儘管石棉有害健康，但諸如漢威聯合（Honeywell）、雷貝斯托（Raybestos）和通用汽車（General Motors）等大型企業，依舊都使用石棉產品製造煞車、水泥和閥門。世界衛生組織估計，全世界每年會有九萬人死於與石棉相關的疾病。

在比利時，金屬工廠工人死於與石棉相關的間皮瘤（mesothelioma）的機率，比普羅大眾高出百分之八十七[7]。在造船廠、煉鋼廠、鐵路和煉油廠工作，沒有受到任何保護的軍方人員、水電工、消防員和工人，全都在毫不知情的情況下將受汙染的衣物穿回家。現在，各國政府都針對支氣管問題和肺癌給予醫療補助。

此外，從社會層面來看，領導者們忽略了衝突對於未來幾個世代產生的影響。聯合國預估目前仍然有一億一千萬顆未爆地雷[8]。蘇丹、柬埔寨和辛巴威，至今仍會發生地雷爆炸事件，同時，車諾比的孩童仍飽受駭人的身體缺陷和畸形之苦。掌權者往往只顧眼前利益，不顧長遠需求。若真是這麼做，未謹慎思考的組織就會傾倒化學廢棄物、販運人類器官、血汗工廠剝削勞工、為了非法盜獵象牙或開採血鑽石而侵害人權。許多組織刻意給予低於最低標準的薪資，使得存在已久的貧富不均問題每下愈況。

短視近利的例子多不勝數。還記得前英國首相特拉斯的多次誤判嗎？前英國財政大臣夸西・夸騰（Kwasi Kwarteng）曾經勸她「慢下來」，但是她忽視他的建言[9]。「我最後悔的是我們的策略不夠精明，而且太沒耐性了……包括我在內的主事者都搞砸了。」特拉斯太急於讓所有人刮目相看，又意識到二〇二四年大選在即，因此太過專注於今天，而非明天。

我們很容易失去眼界，就算是暫時的也一樣。二〇一七年，英國與愛爾蘭雄獅橄欖球隊的巡迴賽，讓我見證到何謂失去眼界。在五萬名球迷的搖旗吶喊中，雄獅隊在奧克蘭的伊甸公園體育場（Eden Park）與紐西蘭橄欖球國家隊「黑衫軍」（All Blacks）戰成極具歷史意義的平手，然而，賽後更衣室的氣氛變得十分凝重。這次巡迴賽沒有贏家，這是雄獅隊巡迴賽史上第二次以測試賽平手收場；同時，這也是紐西蘭橄欖球國家隊第一次沒有在自己的國家贏球。

這需要重新心理建設。隊長山姆．瓦伯頓和教練華倫．葛藍（Warren Gatland）都試著堅定地鼓舞球隊的士氣、拓展隊員的眼界、超越當下的時刻——這招重振旗鼓奏效了。很快地，在由悲轉喜、充滿感激的氛圍中，強尼．塞克斯頓（Johnny Sexton）、歐文．法瑞爾（Owen Farrell）、馬羅．伊陶傑（Maro Itoje）和強納森．戴維斯（Jonathan Davies，我當年頒發的系列賽最佳球員獎得主）用渾厚的嗓音唱起愛爾蘭民謠《阿森利之田》（*Fields of Athenry*）。

優秀的領導者會告訴所有人，沒有獲勝不見得表示落敗。

有些人非常明白這個道理。在網球界，我總是對拉法．納達爾（Rafa Nadal）的目光長遠感到無比佩服。他雖然是右撇子，卻從小訓練左手持拍打球，讓他在球場上不會屈居劣勢。現在，他坐擁九十二座ATP（職業網球聯合會）的單打冠軍，生涯總獎金達到一億三千五百萬美元。

懷有雄心壯志的決策大師會做長遠規劃，而不是安於當下只做過於簡單或熟悉的事物。

當保持現狀不再令人振奮

在我的職業生涯中，曾經有機會在其他地方得到更好的職位。我當時過得很不順利，一切跡象都告訴我該轉變了。我諮詢了幾位討厭風險的朋友，重新評估優缺點，拚命尋找答案！我知道現狀不會改善，但還是屈服於熟悉和方便的舒適圈，最後，這成為我生涯中最後悔的其中一次選擇——我只顧著眼前，沒想到明天。

熟悉感會讓我們抗拒改變，以致即使有更好的選擇，我們還是會選擇**保持現狀**，哪怕從長遠來看，這可能不是最好的決定。人類之所以如此，主要有兩個原因。

首先，**我們會認為自己「已擁有」的事物，勝過「可能擁有」的事物**，這就是為什麼消費者會看同樣的電影、買同樣的品牌、投票給同樣的政治人物。這讓我想到我的婆婆。她在一九五九年結婚，新婚丈夫讚美她的拿手菜培根佐甘藍，因此結婚第一年的每一天，她都做同一道菜，只有在公公提議換口味時，餐點才會改變。

其次，**高風險的決策結果**，例如：離婚、手術、搬家、併購或退休，**感覺都是格外龐大的大事**。這很嚇人，尤其這種事通常不可逆，所以只要什麼都不做，就能逃避這種創傷。如果你將改變視為確定性的敵人，而非新機會的朋友，圍牆效應就會在你身邊虎視眈眈。

無論在任何層級，維持現狀的偏好都很明顯。美國最高法院會重新檢視下層法院的裁決，但翻案機率只有百分之零點五。二〇二二年，保障墮胎權的〈羅訴韋德案〉（Roe vs Wade）被推翻，僅是最高法院成立兩百三十二年來，第兩百三十四次推翻法院的命令[10]。

過去和現在是方便的思考捷徑，直到明天到來。

除非我們做出改變的誘因令人難以抗拒，否則所有人都會緊抓著預設的選項，例如：消費者通常不會想更換美髮師或取消訂閱。我的銀行帳戶每個月都自動扣款給慈善組織，這樣的捐款持續了二十四年，直到那家銀行關門。

話雖如此，維持現狀並非人類普遍的天性，否則我們現在應該還在看黑白電視，過著宛如《摩登原始人》（*The Flintstones*）那樣的生活，而非投資開發機器人、人工智慧、7G和元宇宙。有些人很明白這個道理。一九九八年，斥資約一千五百億美元，由十五個國家耗時十年打造的國際太空站升空了——他們真的是放眼未來！

違反事實的思維：引火燒身

我們對風險的厭惡以及不願意讓他人或自己失望的心態，使我們選擇維持現狀。我們會錯失更好的選擇嗎？**在你得到那個東西之前，你不會知道自己錯過了什麼**。我以為自己不在乎開什麼車，直到我嘗試過自排車；我以為自己失去在公司中的角色就會迷失，直到我建立自己的事業。是我們的風險偏好阻止了我們。但萬一未知才是最糟糕的呢？

一直沉浸在現狀的舒適圈，會使你根本沒想到要跳出框架來思考。可有時候，這種思維能救人一命。一九五〇年代的美國電影《火燄山恩仇記》（*Red Skies of Montana*），講述的是十五名空降消防員在曼恩峽谷（Mann Gulch）山區與凶猛野火搏鬥的真實故事。突如其來的強風，阻斷了他們的逃生路線。不到十分鐘，火勢就蔓延了三千英畝，隨時可能吞噬掉所有空降消防員。火舌竄到面前一百碼時，領隊華格納·道奇（Wagner Dodge）做出一個違反一般邏輯的決定。他在自己面前生起另一堆火。為什麼？

道奇希望野火繞過這個燒過的區域[11]。在驚慌失措的時刻，這是他憑著經驗累積的直覺所做出的孤注一擲。他蜷縮著趴下，開始祈禱，另外兩個人也照做。最後，只有這三名空降消防員活下來。

人們經常認為違反事實的策略太過偏激。但不願意改變可能會拖累決策，因此，明白我們為什麼不願改變是寶貴的資產。問問你自己，維持現狀是不是實用的衡量標準。你、你的公司、社群或國家可能會失去什麼？你可能會錯失什麼機會？

滴答滴答：回顧過去，展望未來

事後來看，一切都會不一樣。事後諸葛們顯然早就知道九一一事件、新冠肺炎疫情、英國脫歐和加密貨幣會發生。馬多夫是這樣解釋他的龐氏騙局：「事後看來，我倒不是真的無法停止一切。[12]」前雅虎執行長瑪麗莎・梅爾反思，如果當時以四十億美元買下 Netflix，或是以十三億美元買下 Hulu 影視平臺，而非以十三億美元買下 Tumblr，那就會是更聰明的「轉型收購」選擇[13]。上述這些，很少人會不同意！

過去定義了我們的面貌。貧窮的童年如鬼魅般，在貓王艾維斯身邊陰魂不散。他因此被困住，只能拍攝乏味的電影、毫無意義地揮霍無度，害怕逃離他的控制狂經紀人。「我一直以來都是這樣。」究竟是福還是禍？不同於塞翁掛在嘴邊的那句話，這並不難回答。當高階主管開始重複所有奏效的習慣、策略或例行公事，而不是重新設計出更好的解決方案或流程，現有的作法就會成為體制的一部分——**流程是關注過去，而解決方案是關注未來。**

光是回憶昨天的選擇就足以影響今天的決策[14]。你會一直耿耿於懷自己犯過最大的錯嗎？那十五間拒絕出版《哈利波特》的出版社怎麼想呢？在遊戲驛站（GameStop）軋空事件中損失數百萬元的避險基金經理會勇敢地再次重新投資嗎？錯誤會深深烙印在記憶中，但經濟衰退還是一再發生，醜聞依然源源不絕。

歷史會重蹈覆轍，我們卻還是認為這次會不一樣，但事實上，大多數的時候並沒有不一樣。全球投資之父約翰・坦伯頓爵士（Sir John Templeton）說得沒錯：「投資界最危險的五個字是：這次不一樣。」面對感情問題和減肥時，我們也經常把這幾個字掛在嘴邊！

敏銳的決策大師可以接收並掌握他人已經摸索出的最佳智慧。有些人從過去的錯誤中學習。比如迪克．羅威（Dick Rowe），他是英國笛卡唱片公司（Decca Records）的星探。一九六〇年代，羅威決定不要簽下四位來自利物浦的年輕人，因為他認為「彈吉他的樂團快要過氣了」，而且他們「在娛樂界沒有前景」[15]。於是，他選擇簽下當地樂團布萊恩普爾與顫音樂團（Brian Poole and the Tremeloes），而非不久後變得家喻戶曉的超級巨星披頭四。哥倫比亞唱片（Colombia）、HMV和飛利浦唱片（Philips）隨後也犯了相同的錯，拒絕簽下披頭四。披頭四就如同Apple Watch和《哈利波特》，曾幾何時，他們都顯得太與眾不同了。

多年後，笛卡唱片公司與滾石樂隊（Rolling Stones）談合約時決心不再重蹈覆轍，最終以高於一般權利金三倍的價格，成功簽下滾石樂隊。

如果你沒有意識到過去的決定對現在的影響力，那些決定就會成為累贅。

我們很容易回想起自己最棒的決定，它就像我們最機智風趣的笑話一樣，存放在顯眼的位置，因此，下次我們做相似決定時，會更快、更有自信地做出選擇。我在商業界和運動界都見過有人運用這樣的心理資產。在二〇二二年的溫網決賽，當時世界排名第一的球員諾瓦克・喬科維奇（Novak Djokovic）對陣非種子選手尼克・基爾喬斯（Nick Kyrgios）。在此之前，喬科維奇從未贏過基爾喬斯一盤。在這個記憶的加持下，基爾喬斯贏下第一盤，但他的勝利止步於此。喬科維奇傾聽自己拿下六座草地大滿貫冠軍的經驗記憶，鼓舞自己要拿下這第七座的溫布頓冠軍，同時也是生涯第二十一座大滿貫冠軍。

就像羅威或基爾喬斯一樣，比起自己的成功，我們更容易記住自己的錯誤；對某些人來說，這些錯誤可能會導致他們在未來變得愈來愈難以做出判斷。

經驗成爲累贅？

時間會對高風險決策造成嚴重破壞。根據美國心理學家提摩西・沙特豪斯（Timothy A. Salthouse）的研究，他預估失智症的症狀每隔五年就會翻倍[16]。長者經常在Netflix追劇，但幾分鐘內就忘記角色和劇情。哈佛大學甘迺迪學院的教授大衛・賴布森（David Laibson）曾說過一句令人產生共鳴的話：「到了某個年紀，一生成就斐然的人，其晚年可能會面臨窘迫十年的風險。」為什麼？許多公司的掌權者都很資深，時常吹噓自己擁有豐富的經驗，卻無法精確回憶往事。他們對過往策略、經驗或資料的仰賴可能存在重大瑕疵，卻不願承認，甚至從未察覺。

如同先前所討論的，這些陷阱都息息相關。與記憶相關的錯誤是眾人鮮少提起或承認的累贅。人們都很害怕被指控是年齡歧視，但這是現實，也是個風險。假如再結合權力，就會成為劇毒。與此同時，時間會改變我們取得資訊的方式。以儲蓄決策為例，研究顯示，年長者通常不喜歡太多選擇、搜尋的資訊量也比較少，對負面消息的接受度也比年輕人低[17]。

這個現象十分複雜，因為理性思考因人而異，而且事實證明許多人都能在超過八十歲後繼續擔任要職，例如：Nike 的共同創辦人、八十五歲的菲爾・奈特（Phil Knight），依舊在他的運動帝國掌舵；澳洲媒體大亨魯伯特・梅鐸（Rupert Murdoch）直到九十二歲才退休。我撰寫本書時，高齡九十三歲的「奧馬哈神諭」股神巴菲特是《財富雜誌》評比的全球五百強企業執行長中最年長的一位；九十六歲的伊莉莎白二世女王是最年長的君主；畢卡索（Picasso）一直到九十一歲都還在畫畫。

不論到了幾歲，我們依然都難以想像出未來的感受、結果或處境。

明天？我無法想像

當我在倫敦工作時，曾經主動提出可以在度假時參與電話會議——我知道，這聽起來有點可悲！但當我躺在沙灘上時，那股工作熱情很快就消失了。

我們經常根據今天的感受，做出明天的決定。但事實上，我們很不會預測自己的心情，對此，科學家稱之為**情感預測偏誤**。我們放鬆時很難想像憤慨的心情；左支右絀付不出帳單時，很難想像財務安全有多快樂；我們很難想像跟伴侶在一起四十年後還會感到快樂，但是有些人確實如此。

簡言之，我們很難想像與現在生活不一樣的場景或生活方式。

你或許會同情無家可歸者，但除非你曾經睡在街上，否則你完全不會知道他們的感受。在西班牙網球選手艾卡拉茲的成長過程中，他或許很難想像，在二十歲贏得溫網冠軍會多麼令人欣喜若狂，直到他真的做到這件事。

公司處在成長階段時，管理層很難想像未來的狀態。貝萊德收購美林投資管理公司時，我是國際行銷業務的主管，我記得自己在二〇〇六年的某一天，在員工大會報告策略行銷計畫。為了說明長期願景，我將公司標誌與《財富雜誌》全球五百強企業的截圖畫面重疊，表示貝萊德總有一天會躋身五百強。我還清楚記得當時有哪些人在竊笑！二〇〇九年，貝萊德成為全球第一的資產管理商，到了二〇二一年，在《財富雜誌》五百強企業名列第一百九十二名。

我沒錯，但人們確實很難想像距離現在很遙遠的未來。

不只高階主管如此。我有位朋友以健康相關的情境說明了這點。辛蒂（Cindy）的丈夫入院做例行身體檢查的幾天後，她被迫做出令她痛徹心扉的決定——關閉他的維生系統。巧合的是，在幾個星期之前，辛蒂的朋友才在類似的情況下做過相同的決定。辛蒂當時聽完還感到無比震驚，她沒想到一個人能那麼快做出如此令人肝腸寸斷的決定。

處於冷靜狀態時，很容易錯估心情。在那一刻發生之前，我們永遠不知道情況會如何。我們是不是會高估自己對升遷、假日或考試的好心情或壞心情？正如斯多噶學派哲學家塞內卡（Seneca）所言：「我們在想像中所受的苦，比在現實中的還多。」[18]

我們很難預測自己對從未體驗過的事會產生什麼反應，但即便如此，我們還是會做出判斷，以及誤判。

你穿著什麼？

心理學家茱莉‧伍茲卡（Julie Woodzicka）和瑪麗安‧拉法蘭西（Marianne LaFrance）研究，人們為何會做出與自己預期不同的反應。她們在實驗中找來兩百名女性，假設她們在面試工作時遇到構成性騷擾的問題，例如：「其他人會渴望得到妳嗎？」、「妳有男朋友嗎？」和「妳覺得女性穿胸罩去上班很重要嗎？」

你覺得那些女性會預期自己做出什麼反應？大約九成的女性都預測自己會強硬或充滿挑釁地回應。有人預測自己會迎頭痛擊不恰當的言詞、起身離開，甚至給面試官一巴掌；百分之六十八的人說她們會拒絕回答至少一題。

隨後進行一項實驗，看看女性是否會做出預測中的行為。研究人員招募面試者，詢問她們同一組問題，並錄下她們的回應。

你們知道結果如何嗎？結果是，百分之百的女性回答了所有問題[19]。沒有人怒氣沖沖地奪門而出、沒有人舉報不當行為，也沒有人給面試官一巴掌。

我們不只預測情緒的能力很糟糕，預測時間範圍的能力也很糟糕。

許多企業錯估了完成專案所需的時間，以致造成大範圍的超支、延誤和投資浪費，而這就是**規劃謬誤**（planning fallacy）。澳洲雪梨歌劇院預估的建設成本是七百萬元，但最終花了一億兩百萬元且十六年才建成。與其相反的例子是規劃者預計花十一年蓋好金門大橋，但最終只花兩年就蓋好。規劃者究竟是經驗不足、太過樂觀還是準備不足？可能以上皆非。無論如何，我們會用今天的假設，預測明天的可能性。這種以時間為導向的認知會破壞判斷，也會隨著時間改變而變得不一致。

判斷的不一致

二〇〇四年美國總統大選時，小布希推出以「見風轉舵」（whichever way the wind blows）為主題的競選廣告，藉此痛斥對手約翰・凱瑞（John Kerry）參議員，對伊拉克戰爭和恐怖主義的看法有如牆頭草。

在某些文化中，改變想法是社會禁忌。當然，如果不是醫療診斷、司法量刑或購置房產，只是改變想看的電影就沒那麼嚴重。無論是在會計、醫學、藝術、賽馬還是移民領域，儘管各行各業的標準不同，但專家之間的判斷仍存在極大差異。對此，心理學家丹尼爾・康納曼、法律學者凱斯・桑思汀（Cass Sunstein）和商業政策教授奧利維．席波尼（Olivier Sibony）稱之為判斷的**雜訊**[20]。他們認為這種差異是受到眾人忽視的商業風險，因為鮮少有經理會比較不同時間或不同單位的決策結果。

如果所謂的專家得出不一致的結論，那就是在警告有事情不對勁，需要花更多的時間考量。

為了說明這一點，康納曼請五十名保險人員評估一個常見的風險。你覺得他們的評估會有多大的差距？高階主管猜測大約百分之十——他們遠遠低估了。評估結果的差異達到令人詫異的百分之五十。同理，如果請軟體開發人員在三個月內，多次評估六十項工作的完成時間，預估時間的平均差異會達到百分之七十一[21]。

如果請人們形容「文化」，或解釋「合理懷疑」、「公平」或「殘忍」這類抽象詞彙的定義，也會出現相似的差異性。差異，是源自於主觀性，但也源自於自我主義、自我信念和確認偏誤，人們會為既有的看法尋求佐證的資訊。

情況複雜時判斷也會產生分歧。以量刑為例。一名冷靜沉著的法官有義務屏除個人情緒，不能受到加刑因素的過度影響。一九七四年，美國大法官馬文．福南克（Marvin Frankel）提出全美上下針對各種罪行的量刑並不一致——他發現海洛因毒販面臨的刑期可能是一年到十年，銀行搶匪則是五年到十八年，刑期完全取決於法官。

如同保險人員，專業人士分析相同資料時，也經常彼此意見不合。你會與同事意見不合嗎？新冠肺炎疫情期間，每個國家對於適當的封城策略和時機的看法，可說是南轅北轍。另外，精神科醫師對診斷方法也經常意見不合。分析評估一九七〇年代的山坡絞殺狂（Hillside Strangler）時，專家對於凶手肯・比安奇（Ken Bianchi）是否患有多重人格障礙產生根本上的分歧。另外，病理學家分析霍奇金氏病的一百九十三個檢體載玻片時，得出的診斷結果並不一致[22]。病理學家應該能看出疾病的多重特徵，但他們會依據各自的教育和學派背景的不同，而著重於不同的可能性。

我們在家裡、酒吧和職場做出的判斷也存在著差異。不論是在餐桌、法官席、手術臺還是會議桌上，意見分歧都是無可避免的。

敏銳的決策大師會在倉促做出判斷前，預見這種差異存在。他們會比其他人更早發現，以此獲得優勢和影響力。

每一秒都很重要

只要付出努力就能提升判斷力，不下功夫努力就無法維持優秀的判斷力。那麼要付出多少努力？**只要停下腳步反思**。根據幾項研究顯示，光是每次多花幾秒鐘反思，就能提升大部分的決策結果。

首先，美國教育家瑪麗・巴德・羅威（Mary Budd Rowe）證明，只要在回答前暫停三秒鐘，反思能力就能提升三到七倍。除此之外，也會提升批判思考的意願[23]。

其次，是荷蘭鹿特丹大學的席薇亞・瑪梅德（Silvia Mamede）的研究，她測試醫師在壓力之下是否能提升診斷的準確度。她請他們重新思考自己最初的直覺，結果最終診斷的準確度提升了百分之十。在後續的研究中，她請醫師們寫下自己最初的想法，再確認是否有支持其論點的證據。這兩步驟技巧大幅改善診斷精準度，提升了百分之四十。給人們時間重新思考直覺判斷，可以提升決策的準確性[24]。

在第三項研究中，研究人員請兩組人猜測全美國有多少機場。一組人必須快速回答，另一組人則可以在幾週後修改評估數字。事實證明，有時間重新考慮的人猜得更精準[25]。不出所料，匆忙做出判斷會導致糟糕的決策。

我們的時間就像砂金，我們甚至願意賺更少錢，以換取更多時間，好比一週工作四天。那麼我們為什麼總是在浪費時間，難道不就是因為不願意先花點時間思考如何節省時間嗎？

最好的作法，就是只要多花一點點注意力、解讀說出口和沒說出口的話，就能抵銷決策錯誤和不注意失聰的風險，真正節省時間。

接收：觀點之聲

做出與時間有關的判斷時，我們還有一個古怪的習慣，就是會讚賞「花時間」——所謂的**努力錯覺**（labour illusion）是指我們讚賞努力過程而非結果。例如，假如派對主人親自下廚而不是點外送料理，即使你不喜歡對方做的印度香料燉雞，還是會在心理上讚美主人；明明用功念書，每次考試卻還是不及格的後段班學生也是如此——我們會讚賞努力的過程，而非結果。

網紅懂得善用這點。Podcast 節目《Nudge》的主持人菲爾．艾格紐（Phill Agnew）解釋為何網紅 Mr Beast 可以靠著 YouTube 影片獲利五千四百萬美元，以及兩百六十億次的觀看次數[26]。Mr Beast 做了什麼？其實也沒做什麼，只是展現自己的努力——他花兩個多小時背誦最長的英文單字，獲得三千萬次觀看；他花超過四十小時複誦「羅根．保羅」這個名字十萬次，吸引兩千六百萬次觀看。這也太累人了吧！

如果我告訴你，我花了四千三百八十個小時寫這本書，因為我每天寫作六小時，寫了整整兩年，這並不代表你會更喜愛這本書，但科學證實你會更欣賞我付出的努力。這就是為什麼顧問會做一百頁的簡報，而水電工會從容不迫地修理你家的水槽再開帳單給你。付出的努力不夠多，就會遭到輕視。

我們大多數人會在無意識中，以過去、現在或未來的視角做決定。沒有方法是毫無風險的。總是活在未來會讓人成天做白日夢，最終一事無成；老是活在過去可能會使人墨守成規，不願意放手，同時失去眼界；永遠活在當下，則會讓我們無法從歷史中學到教訓。你必須明白與你切身相關的人是以什麼預設模式解讀世界——這是權力的泉源，也是重新平衡所見所聞的方法。

你一旦接收了其他人的聲音，其他人也會接收你的聲音。他們會更敏銳地傾聽建議或指示，節省所有人的時間、金錢和精力。

與時間有關的決策破壞者，總會在某種程度上帶給你挑戰，但只要像坐上直升機一樣綜觀全局，就能減輕倉促決定所帶來的傷害。這對決策大師而言是一大優勢，尤其當情緒非常亢奮之時——這或許是最厲害的一組圍牆陷阱，我們將於下一章探討。

本章重點

- 時間壓力會放大誤判，而沒耐心、即刻滿足和念舊之聲則會加速誤判。
- 我們聽見的是過去、現在還是未來之聲，會影響我們所做出的決定；每一種時間之聲都可能造成決策上的損害。
- 如果過度看重當下的獎勵，人們通常會拖延、延誤以及對未來的行動猶豫不決，而這會導致我們的決策能力下滑。
- 儘管有更好的替代方案，大多數人還是喜歡維持現狀的安定感，而非改變現狀的新鮮感。領導者有責任要預見這些心靈枷鎖和心理偏誤。
- 公司可以透過建立強大的企業文化來提供員工所重視的穩定性，進而激發出員工的潛力並留住人才。
- 在後見之明偏誤的合理化之下，後視鏡效應會過度美化以前的決定。「我一直以來都知道」是過時的策略，因為如果你一直往回看，就無法往前看。
- 人們預測喜好的能力糟糕透頂。我們會根據今天的感受做出明天的決定，這是心理作用，而非邏輯思考。

- 先前是成功或失敗會影響客觀性。從未來的角度看事情吧！問自己：「這件事一天後、一週後或一年後還重要嗎？」在今天是對的事情，到了明天可能就變成錯的了。
- 我們低估了預期對解讀和判斷所產生的影響。我們會聽見自己預期聽見的資訊，而非必要或真實的事物。
- 已經投資的時間很寶貴，別放棄你的努力，勇往直前。
- 反思太少會提高判斷風險。每多一秒的反思時間，都是判斷力的寶貴資產。

Emotion-based Traps

第 11 章

情緒陷阱：雲霄飛車推論

用眼睛去聽、用耳朵去看，
是瞭解一切的關鍵。

印度哲學家　吉杜．克里希那穆提（Jiddu Krishnamurti）

光是在美國，每年就有將近五十萬名兒童失蹤，同時，世界各地還有許多未通報案件。即使在這個科技掛帥的時代，還是有許多綁架案、人口販運案和謀殺案懸而未決，這不只折磨著家屬，也折磨著耗費多年尋找那些人的專業人士——一位身經百戰的聯邦調查局探員就是其中之一。他擁有三十年傑出的FBI工作資歷，名叫傑佛瑞．瑞內克（Jeffrey Rinek）。

一九九九年七月二十四日，瑞內克找到一名與博物學者喬伊．阿姆斯壯（Joie Armstrong）謀殺案相關的證人。阿姆斯壯在美國優勝美地國家公園內遭到殘忍斬首，並陳屍在一條小溪中，距離她住的小屋僅僅一百碼。前一天晚上，她在日記裡寫下「怪物都消失了」。畢竟聯邦調查局當時已逮捕兩名住在當地的罪犯，其罪名是殘忍殺害三名公園遊客，包括：卡蘿・桑德（Carole Sund）、她青春期的女兒茱莉（Juli）和女兒的友人席維娜・佩羅索（Silvina Pelosso）。專家的聲音值得信任。

好巧不巧，這名證人是優勝美地雪松小屋旅館的打雜工卡瑞・史泰納，而他的弟弟正是七歲那年被綁架的史蒂芬・史泰納。

瑞內克因為道路正在施工，所以走另一個高速公路出口，以致平常只要四十五分鐘的車程，拉長至九十分鐘。在這段期間，兩人意外培養出融洽的關係。瑞內克對史蒂芬的遭遇表示同情，批評綁架犯的判刑不公正，並詢問他們家是否需要協助。

瑞內克坦承，懸而未決的兒童案件讓他深感不安，但每獲得一點線索，對他來說都是向前邁進的一步[1]。

在警局裡，瑞內克技巧純熟地展開問訊，結果史泰納突然脫口而出，說他能讓事情有個了結。瑞內克問他「是什麼」，而史泰納喃喃自語：「關於這件案子……還有更多。」那是一個彷彿一捏就碎的脆弱時刻。在我讀過最扣人心弦的其中一本書《以兒童之名》（*In the Name of the Children*，暫譯）中，瑞內克回憶：

> 在一來一往取得嫌犯自白的過程中，處處都是地雷。這就好像在跳一支舞。問了不對的問題、做出錯誤的假設、逼得太狠或太急，嫌犯都可能永遠閉上嘴[2]。

善解人意的瑞內克傾聽對方的聲音、穩住對方的情緒，創造出足夠的空間以取得對方的信任，最後得出令人跌破眼鏡的謀殺自白。超過六小時的時間，不斷啜泣的史泰納，鉅細靡遺地描述了阿姆斯壯的謀殺案，還承認了桑德與佩羅索三人的謀殺案。

瑞內克告訴我，他歸功於**同理式傾聽**（empathetic listening），聽見偵訊錄音內容的同仁也是這麼認為。重點就是在聆聽虐待狂殺手講述駭人聽聞的犯案過程時，不要做出任何評判。

> 我學到的教訓是，人生中沒有一件事情像我們希望的那樣非黑即白，連謀殺案都不是。我遇過的受害者和殺手，他們都既有英雄般勇敢的一面，也有破碎得嚇人的一面；既是無辜的載體也是憤怒的火山。而我或多或少都能同理他們。

不論是在偵訊室、商業談判桌或自家餐桌上，純熟的解讀技巧以及對人類行為的興趣，能讓你聽見預料之外的聲音；同時更重要的，就是必須「面對」你所聽見的訊息，不論內容有多令人不安。

> 是他們的聲音深深震撼了我——那種年輕甜美的聲音，和他們對我所說出的話之間的強烈反差，這些話是任何孩子都不該說的。

正是這種時候，才需要做出真正的判斷，而這也讓我們的日常抱怨變得微不足道。

本章不會告訴你們如何管理情緒，因為已經有太多書教導過了。事實上，大約有兩萬三千本書的書名有「快樂」二字[3]。本書提到的每一次誤判都可以追溯到一種或多種情緒。七到二十七種的情緒，存在於程度與時間不同的光譜上。對此，我會把重點放在六個很常見且會觸發決策者強烈反應的情緒偏誤，包括憤怒、嫉妒、後悔和否認，會讓我們忽視重要的聲音；希望和同理心則能讓我們接收正確的聲音。

有時，充滿腎上腺素的情緒，例如：憤怒或嫉妒會破壞我們的客觀性（**狂熱／冷靜狀態**〔hot/cold states〕）。我們聽見不喜歡的資訊時，會陷入恐慌或全盤否認（**鴕鳥心態**），以避免產生哀傷的後悔之情（**迴避後悔**〔regret aversion〕）。你會和瑞內克一樣，希望你聽見的不是事實（**一廂情願式聆聽**）。幫助處於劣勢的人或許是善舉（**同理心**〔empathy〕），但也是一種偏見。幸好，情商和自我調節能幫助我們保持距離，從而聆聽得更清楚並做出理性的決策。

轉瞬即逝的狂熱和冷靜狀態

二〇二二年奧斯卡金像獎頒獎典禮上，演員威爾・史密斯（Will Smith）因為主持人克里斯・洛克（Chris Rock）說了不合時宜的笑話而揍了他一拳。那本該是史密斯從影生涯中最重要的一晚，然而一拳出去後，不僅是他自己、他的家人和整個《王者理查》（*Richard Williams*）劇組的美好夜晚，皆毀於一旦。

無論是聽見喜歡或不喜歡的資訊，人們都會啟用系統一思維（直覺反應），做出情緒化的反應。不理性的聲音在我們的腦海中擊鼓，此時，良好的判斷被淹沒。由此可證，最大的問題出在，我們最重要的決定都是以充滿情緒的視角所做出的。

情緒是強而有力、普遍存在、可以預測；有時充滿殺傷力，有時又是十分有益的決策推動力[4]。

處於狂熱狀態時，多數的反應都是出於衝動。同事可能會激怒我們、愛人可能會讓我們失望、孩子可能會讓我們擔心，而這也是路怒症、家庭暴力、仇恨犯罪和酒醉後亂傳訊息的原因之一；同時，這也解釋了人們為什麼會一時衝動就辭職。二〇〇〇年，英格蘭以零比一敗給德國，在球迷的噓聲中離開溫布利球場的幾分鐘後，凱文．奇根（Kevin Keegan）就辭去英格蘭國家隊教練一職[5]。

狂熱與冷靜狀態之間的切換非常快速。脾氣一下高漲，然後瞬間消退，就像時速三百英里的龍捲風。歌星小甜甜布蘭妮（Britney Spears）在賭城結婚，二十四小時後就宣布婚姻無效。處在狂熱狀態時，很難想像冷靜狀態的樣子，對此，美國經濟學家喬治．羅文斯坦（George Loewenstein）有過實驗性的嘗試。他在一項實驗中以約會強暴為情境，測試性興奮對男性強硬態度的影響[6]。其中一組受試者看見裸女照片後便喚起了性欲。在這個狀態下，男性承認他們會鼓勵女性喝更多的酒，以增加她發生性關係的意願。真勇敢！他們也承認願意在酒中下藥，而且不太能接受女方拒絕。

隔天，同一批男性回到實驗室。他們有什麼感受？在冷靜狀態下，他們預測自己會更在乎女性的意願。情緒的轉變非常迅速，當我們忽視公義之聲、甚至自己的價值觀時，就會引發充耳不聞症候群。

狂熱和冷靜狀態的轉換解釋了人們為何會撤回家庭暴力通報。新冠肺炎疫情爆發前，據聯合國婦女署估計，每天有一百三十七名女性遭到殺害，其中百分之五十八是遭到親密伴侶或親人毒手，然而只有百分之四十的受虐女性像妮可·布朗·辛普森一樣尋求幫助。不過，在狂熱狀態下通報虐待事件的受害者，通常會在進入冷靜狀態後撤銷指控。因此，現在美國有幾州實施「不得撤案」政策，強制逮捕加害者。儘管全球有一百四十個國家明文規定家暴是犯罪，法律的威嚇力仍然有限[7]。

當我們被二十七種情緒中的任一種給吞噬時，掌權者和決策者該如何接收到真正重要的聲音？在狂熱狀態下，憤恨、嫉妒、罪惡感或貪婪，都可能促使我們做出不好的判斷。憤怒情緒、錯誤資訊與差勁的決策有科學上的關聯；反過來說，敬畏、感激和自豪，可能會在商場或賽場上激勵人們做出致勝決定。

情緒宛如懸頂之劍。**我們無法掌控情緒的思維，但我們可以掌控自己的反應**。我們必須明白哪些情緒在過程中對我們有幫助，以及會遇到哪些情緒。狂熱狀態轉瞬即逝，但諸如報復、仇恨、驕傲或失望等卻可能持續發酵，有時甚至長達七十年之久。

怒火：奔跑的競爭對手

路怒的不是汽車，而是人；贏得比賽的不是 Nike 的 Vaporfly 競速跑鞋，而是人；成為世仇的不是家族，而是人。

第二次世界大戰前，有一對德國兄弟的運動鞋生意經營得有聲有色。一九三六年的奧運會上，穿著他們品牌運動鞋的選手奪得十二面獎牌。十年後，兄弟倆拆夥。愛迪（Adi）和魯道夫．達斯勒（Rudi Dassler）表示，他們再也不會跟對方說一句話——沒人知道原因。

坊間傳言是魯道夫與弟媳有一腿，也有人說是專利爭議，但也有人說和是否支持納粹的意見分歧。《每日郵報》（*Daily Mail*）提出另一個理由[8]。

> 一九四三年，同盟國轟炸他們的家鄉黑佐根諾拉赫（Herzogenaurach）時，魯道夫和家人躲進防空洞，而愛迪夫婦已經先一步躲進去。愛迪說了一句：「齷齪的***又回來了。」他顯然是指同盟國的戰機。但是魯道夫深信弟弟指的是他和他的家人。五年後，公司一分為二。

魯道夫聽見了什麼？他是不是聽錯了？他的解讀是什麼？愛迪遷址到河流以北，將公司命名為愛迪達（adidas），魯道夫則搬到南邊，公司取名為彪馬（PUMA）。[9]兩大經典品牌就此誕生，但兄弟間的仇恨，將城鎮一分為二。酒吧、理髮店和雜貨店都各有立場，勢不兩立。雖然股東報酬豐厚，但一個家族就這麼毀了。兄弟倆再也沒說過一句話。

是哪一種情緒主導了情勢？憤恨挑起了手足之間的衝突，而驕傲或失望之情是否讓衝突延續下去？你下一次看見愛迪達的運動鞋時，別忘了，放大錯誤的聲音和無法調整的心態會讓人付出代價。

根深蒂固的情緒每天都會導致我們做出誤判，這對於有志掌權或領導者來說，可能會是職業生涯中的危險懸崖。

試想一下針對喬治・佛洛伊德（George Floyd）的仇恨犯罪。長期以來白人霸權和權力的不平等，讓警察接收了偏見之聲，誤以為被懲罰的風險很低；佛洛伊德非我族類的外團體身分，則結合了對黑人罪犯的刻板印象。在道德準則失準的情況下，警察帶著被仇恨點燃的優越感濫用武力、肆意逮捕嫌犯。佛洛伊德「我不能呼吸」的呼救被忽視後，這名黑人的故事就如星火燎原，掀起全球人權運動。這呼應了先前提過的例子，佛州的黑人司機比白人司機更容易被警察攔下，以及白人傑佛瑞・達默的說詞比黑人鄰居格蘭達・克里夫蘭的證詞更可信。

根據五十七份的研究分析顯示，我們可以從帶有情緒的態度來看出一個人是否有種族歧視[10]。當時還是警察的德瑞克・蕭文（Derek Chauvin）忽略了良知之聲，佛洛伊德案件的每一個面向都充斥與情緒有關的誤判。他後悔自己的行為嗎？達斯勒兄弟後悔他們成為世仇嗎？

後悔讓人寸步難行，但**迴避後悔**是一股強大的動力，既有助於決策，也可能帶來負面的影響。

後悔：要是時間能重來

你犯過最大的錯是什麼？你不想記得，對吧？因為很心痛。沒有什麼比希望自己沒對某個人大吼、沒有搞砸談判或沒有掉進騙局更難受的事。我們之所以會感到後悔，是因為覺得如果自己當初做不一樣的選擇，現在的情況就會更好。幾乎沒有人像幼童或本書提到的那些精神變態和認知功能障礙者一樣，完全不會感到後悔。

領導者經常後悔沒有用另一種方式解讀資訊；消費者後悔挑選商品的眼光太差；投資人後悔沒有在崩盤前脫手股份；員工後悔沒有換工作；董事會後悔自己的管理能力低落；傑斯・史戴利和吉絲蓮・麥斯威爾後悔認識傑佛瑞・艾普斯坦；陪審員蓋瑞・麥克朗後悔讓布蘭登・伯納德成為死刑犯。這種「後悔名單」多得舉例不完。

在某些階段，我們多數人都會後悔沒有聆聽建議或指示。這種讓人力不從心的狀態會促使我們迴避後悔，有助於我們放慢決策速度，專注於聆聽正確的聲音。至於那些沒後悔過的人，通常都會誇耀一下。例如，法國歌手伊迪絲・琵雅芙（Edith Piaf）有句著名歌詞「Je ne regrette rien」（我不後悔）。這種說法是可以理解的，尤其是如果你從未感受過哀悼的痛楚；演員馬龍・白蘭度（Marlon Brando）認為「後悔對人生無益，那是過去的事」。

比起強制、被迫或預設做出的決定，自己主動做出的選擇更傷人。為什麼？因為你會把錯怪在自己頭上[11]。我們會用兩種方式減少後悔和自我責怪的感受，亦即：委託他人和打預防針。關於第一種，比如病患會委託醫師做決定，以及商人會將資本密集或市場敏感度高的決策委託給顧問；至於第二種，則好比消費者會藉由品牌忠誠度給自己打預防針。美國行銷學教授伊塔瑪・賽門森（Itamar Simonson）請消費者在購買智慧型手機前思考自己會不會後悔[12]。最終，大部分的消費者選擇了比較安全但也比較昂貴的索尼（Sony）手機，而非白牌手機。

後悔之聲與迴避後悔的程度會影響你接下來所做出的選擇。一九九四年，黑石集團（Blackstone）共同創辦人史蒂芬・施瓦茲曼（Stephen Schwarzman），將他在貝萊德抵押證券業務的股份，以兩億四千萬美元賣給PNC銀行。後來他公開坦承這是「天大的錯誤」，令他後悔不已。貝萊德抵押證券業務管理的資產價值兩百三十億美元，重新整頓後成為貝萊德的重要基石，現在管理的資產已達到十兆美元[13]。施瓦茲曼忍不住哀嘆：「我應該多注意自己的情緒，更嚴謹地檢視事實。」

他學到教訓了。「我們每個人都會摔倒，但還是會繼續走下去並從中獲得一些成功。不過，看到自己做錯事之後，真的會讓人變得更謙卑。」他相信，了解人的行為很重要。「心理學是我身為投資人的強項之一。」[14] 這也成為了他的超能力。現在，黑石集團已是全球最大的另類資產管理公司。

人每天都會對平凡小事感到後悔，例如工作太辛苦、吃太多東西或車開得太快。我們也會對自己選擇不作為感到後悔，像是我們可能會後悔自己參加的派對不夠多、沒有經常拜訪親戚、沒有早點換工作、沒有結束一段感情、沒有快點開始儲蓄，或沒有舉報做錯事的人。

就連一心為子女好的家長也會感到悔不當初。瓊貝妮特・藍西（JonBenet Ramsey）的父親，後悔讓女兒參加選美比賽，因為她在科羅拉多州住家遇害一案至今懸而未決。卡瑞・史泰納的母親後悔自己忽視兒子的情感需求，乞求法官饒了兒子一命，她說「卡瑞是完美的好兒子」[15]。卡瑞自己則寫了一封信，後悔自己殘忍殺害優勝美地的被害者、年僅十五歲的茱莉・桑德，他嘗試以此獲得寬慰。那封信也是個重要的資料來源，可以瞭解他異於常人的幻想。

馬多夫的兒子馬克（Mark）請求母親與父親離婚，但是她並沒有。在父親被逮捕滿兩年後，馬克上吊自盡。露絲・馬多夫（Ruth Madoff）悲痛欲絕：「我直到死亡那一天，都希望我當時有聽他的話。」這些刻骨銘心的懊悔，決定了我們的幸福與未來。

美國作家丹尼爾・平克（Daniel Pink）整理了一百零五個國家的一萬六千件後悔事件後，主張後悔對人生有益。假如後悔能促使我們回首過往、做出更好的決策，那麼確實有益。沒有人比垂死之人反思得更多。誰會想在臨死之際，還想著要是人生能更好就好了？

澳洲一名護理師記錄下垂死病患感到後悔的事，發現幾乎沒有人提到想要多點 Ferragamo 手提包、法拉利跑車或臉書追蹤者。那麼，大多數人最後悔的是什麼呢？

> 我希望有勇氣忠於自己活完這一生，而不是依照其他人的期望而活[16]。

第二大後悔的事情是工作與生活失衡。那就是我！太空人阿姆斯壯如同我們許多人一樣，後悔沒有將與家人相處的時光放在第一位。「我的工作需要我耗費大量的時間，還要經常四處旅行。」[17]在那個當下，許多看似有道理的解釋都能合理化我們投入工作的選擇。病患後悔的其他事情，還包括「缺乏表達感受的勇氣」或「沒有讓自己更快樂」。共通點都是做自己，而非為取悅他人而活的勇氣。

有個簡單的技巧可以校準自己做決定前的選擇，那就是**後悔測試**（regret test），這用來面對道德兩難時非常有用。你可以問自己：「我會後悔嗎？」這能達到立即的情緒降溫冷靜效果。

你應對圍牆效應的能力，決定了你的人生是充滿悔恨還是收穫滿滿。後悔雖然令人心痛，但它的親戚——嫉妒和復仇則是會摧毀人生。

嫉妒和復仇：墮入黑暗

如果你見識過嫉妒的醜惡，就知道這種情緒堪比劇毒。我猜是嫉妒催生了心理學界最極端的從眾行為研究。菲利普．津巴多和史丹利．米爾格蘭（Stanley Milgram）是紐約布朗克斯詹姆斯門羅高中的同學。津巴多說：「他畢業時贏得了所有獎項，所以可想而知沒有人喜歡他，因為我們都很嫉妒他。但是他超級聰明，而且超級認真。」[18]

職場上的嫉妒情緒有輕重之分。當資源和晉升機會稀少時，嫉妒可能會引發怒火與報復——這種情況比你想像中的還常見。在一項研究中，百分之四十四的員工坦承想要報復其中一名同事[19]。我知道有位嫉妒心很強的執行長，駁回了受歡迎的直屬部下參觀白宮的難得機會。

我自己就曾親眼、親耳體會過。有次獲得好業績後，一位精明的投資長告訴我：「成功之後要格外小心，真正的考驗現在才開始。」你的成功，會在其他人心中滋養嫉妒的種子。捏造故事、削弱他人的信心、搶奪功勞和一點一滴地散播仇恨，這些還只是開始。他們的作法不總是從背後捅刀，有的時候，敵人會在你面前慢慢扭曲事實，讓警覺心不夠的決策大師難以察覺。如同所有負面情緒，報復會逐漸「潰爛」——例如，杭特·摩爾遭到拒絕後，為了報復而架設的色情網站。嫉妒與報復是判斷力殺手，不論是實際上或比喻上皆是如此。

沉默殺手

一個與此相關又令人擔憂的現象，就是家庭報復。在經歷轟動社會的審判，以及陪審團無法達成共識的僵局後，英俊迷人的兄弟檔艾瑞克·梅南德茲（Erik

Menéndez）和萊爾・梅南德茲（Lyle Menéndez），因為於一九八九年在價值一千四百萬美元的比佛利山莊豪宅前廳殘忍謀殺雙親，被判處終身監禁。辯護律師主張兄弟倆是多年來遭到性侵和情感虐待所以崩潰，檢方則稱他們只是貪得無厭。

遭到丈夫唾棄的貝蒂・布羅德里克（Betty Broderick），她住家與梅南德茲家僅相隔一百英里。弒親案發生十個星期後，這位被丈夫背叛的家庭主婦也展開極端的報復——這是潰爛的嫉妒心加上錯誤的判斷。經過多年的心理虐待和對家庭的單方面奉獻，她終於忍無可忍，在前夫與他的新婚妻子熟睡時近距離槍殺兩人。

情緒，會讓你錯失其他選擇。每一次怒火中燒，都可能表示我們的生產力、反思能力、親密關係、連結、創造力減少，或者說，愈來愈不自由。

復仇所造成的影響十分嚴重，其中一種防禦機制就是完全忽視壞消息。

否認：鴕鳥心態與不願面對的真相

古希臘哲學家亞里斯多德（Aristotle）說：「所有人天生都渴望求知。」（All men by nature desire to know.）但真是如此嗎？

如同否認後悔的人，我們會避開讓我們抓狂、憤怒或悲傷的壞消息。經理真的想聽見有人發牢騷、微攻擊或抱怨嗎？聯邦調查局高層得知卡瑞・史泰納出乎意料的自白後，對此充耳不聞和忽視大量的證據長達三年，不願意讓公眾知道他們先前因為受到誤導而倉促做出的誤判。被排斥和排擠的瑞內克對正義做出貢獻，卻從來沒有得到公開或私下的表揚。

情況類似的還有山姆・班克曼—佛萊德的父母，他們都是史丹佛大學的法律系教授，深信兒子是無辜的。他母親表示：「山姆永遠不會說謊，這就不是他會做的事。」[20]當我們忽視與自己或他人利益相關的警告時，就是所謂的**鴕鳥心態**——我們就像鴕鳥一樣把頭埋進沙地裡。

科學證明只要我們接觸負面新聞三分鐘，一整天悶悶不樂的機率就會提高百分之二十七[21]。難怪我們會想逃避。但結果呢？家裡的帳單沒有付、手術延後、法規束之高閣，以及本可避免的意外也會發生。

市場上許多投資人都會忽視讓他們不願面對或感到不適的徵兆。美國經濟學家喬治・羅文斯坦和他的同事們測試了帳戶監控的偏好，他發現，投資者主要會在市場上漲時查看投資組合，而不是在市場下跌時查看[22]。為什麼呢？忽視令人沮喪的消息簡單多了。

否認，是個微妙卻極具破壞力的決策破壞者。

有些享有特權的掌權者會否認他們所造成的錯誤。美國聯準會前主席艾倫・葛林斯潘（Alan Greenspan）無視反覆出現的次貸危機警訊和申訴[23]，最終造成史上最嚴重的金融危機，以及長達十年的經濟衰退。葛林斯潘曾在一九八七年告訴一個參議院委員會：「如果你覺得我說得太清楚，那肯定是你誤會我的意思了。[24]」

就連王室都要求「變成鴕鳥」的專業人士把話說清楚。二〇〇八年金融危機爆發的兩個月後，已故的伊莉莎白二世女王前往我的母校倫敦政治經濟學院參與新建築啟用典禮。她的資產損失了兩千五百萬英鎊。經濟學家向她做簡報時，她忍不住違反守則地問了一句：「如果這些情況如此嚴重，怎麼會所有人都沒看見？[25]」四年後，她告訴英國央行的工作人員：「大家有點鬆懈了……這或許很難預料到。[26]」她說得沒錯。

貓王艾維斯顯然也沒有預料到，他的收入會銳減幾百萬；馬雲也沒有預料到他在外灘金融峰會的演講會招來惡果！為什麼？我們很容易否認現實。

好萊塢明星湯姆・克魯斯（Tom Cruise）在電影《軍官與魔鬼》（*A Few Good Men*）中飾演的律師在法庭上質問傑克・尼克遜（Jack Nicholson）所飾演的角色。他要求道：「我要知道真相！」尼克遜只是冷冷地回道：「你接受不了真相的！」

我們經常因為無法承受苦惱，於是選擇裝聾作啞，這是我們最大的麻煩。

儘管如此，領導者還是有接受壞消息的道德義務。奇異公司（General Electric）有個惡名昭彰的特色，就是只會在員工大會上報告好消息，因而被眾人戲稱為「成功大劇院」。過度樂觀的啦啦隊隊長，是公司裡十分危險的一群人。

在《人類大命運》（*Homo Deus*）一書中，作者尤瓦・諾亞・哈拉瑞（Yuval Noah Harari）斷言，人類不管以什麼方式傳達壞消息都會太感情用事，因此認為機器人比較好。他或許沒說錯。

聽好這個！你們可能從未聽過空氣動力學和機械工程師羅傑・波哲雷（Roger Boisjoly）的大名，但一九八六年一月二十八日，數百萬人目睹了忽視他的聲音所帶來的後果。波哲雷早就提出對挑戰者號太空梭的擔憂。早在幾個月前，他就預測火箭推進器的 O 形環會在低溫中失效。發射的前一天，焦慮萬分的波哲雷建議不要發射，但是所有人都忽視他的警告。他並非孤軍奮戰。波哲雷作證，另一名摩頓泰爾克（Morton Thiokol）工程師也提出反對意見，只是他被回了一句：「摘掉工程師的帽子，戴上管理人員的帽子想一想吧！」

為了讓最大的客戶美國太空總署滿意，管理層不得不在壓力下投票同意發射。而美國太空總署只聽他們想聽的話。在全世界的注目下，STS-51L任務的太空梭在升空七十三秒後，斷送了七條人命。

在此之後，波哲雷崩潰了。四十年後，他在一部電視紀錄片中回憶這起事件，眼眶含淚地說道：「我坐在那裡，我的情緒崩潰了。」

十七年後，歷史重演。哥倫比亞號太空梭在太空軌道航行十六天後，於準備返回地球大氣層時爆炸解體。工程師沒有預期、意識到或提出，脫落的隔熱泡棉會對太空梭機翼造成損壞。又有七名太空人喪命。

在我的職業生涯中，我見過太多組織拒絕接受令他們感到不適的資訊。我自己就曾這樣；我們都曾如此。是什麼促使我們產生這種錯覺？有三個理由。

首先，認為「自己做錯了」是件很痛苦的事，因此我們更容易接受市場力量和時機不對等這類藉口。其次，壞消息會與親身體驗、直覺或想像產生衝突。我們很難依據從未體驗過的事情調整心態，比如破產、裁員、死亡或疫情。第三，我們會滿心期待壞消息不是真的。

這會催生另一個判斷力的殺手——基於情緒的盲點：**一廂情願式聆聽**。

希望：彩虹彼端的某處

你是否曾應徵過自己明知無法勝任的工作，卻還是在被拒絕時感到詫異？有時候，我們會因為太希望某件事情成真，進而對邏輯思考充耳不聞——這就是一廂情願式聆聽。舉例來說，弗雷德·古德溫希望荷蘭銀行收購案可以提升收入、左巴揚希望霧氣在他的直升機起飛前散去，以及瓊斯鎮居民希望獲得更好的人生。

你現在是否迫切渴望什麼事成真？小心點！因為一廂情願的心態會取代理性，同時，很容易受到獲得報酬的承諾和期待所影響。

我們之所以希望最好的情況發生，是因為無法想像最糟的情況。我們需要希望，希望是驅動我們前進的燃料，但關鍵在於如何拿捏得當。教練會用獎牌作為誘因，激勵拳擊選手、跨欄選手、馬拉松跑者和體操選手忍受令人筋疲力竭的訓練計畫。在為期四年的奧運週期中，運動員犧牲了大量的時間與精力，但最終取得資格的人少之又少。他們忽視實際的機率，只希望能贏得獎牌並代表國家出賽。

在企業中，一廂情願的心態是管理上的風險。如果董事會或委員會聽見過多的樂觀自信之詞，他們應該視之為警訊。雖然樂觀的人很投入工作又很有創意，相處起來通常也非常愉快，但他們更容易輕忽風險。懂得品味生活的人，鮮少負責需要邏輯檢查的投資工作。

企業會向員工兜售希望，以加薪、晉升和前程似錦的夢想吊員工的胃口——這就是他們用來確保員工順從的誘餌。企業接著會兜售希望給總是上鉤的消費者，例如：雅詩蘭黛（Estée Lauder）販售美麗、馬爾地夫販售天堂、哈雷機車販售帥氣、Tinder 販售浪漫愛情。

希望也會感染那些創業家，讓他們天真地無視平均高達百分之九十五的失敗率。千萬不要低估錯失恐懼症的力量，就連創業投資人和私募股權投資公司也無法免疫。他們夢想著找到下一隻獨角獸，以致有時會被過度自信的人物所吸引，太早將那些人捧為超級巨星。當然，還是有些獨角獸會成功。《彭博社》預估 ByteDance、SpaceX 和 Stripe 等一千家新創公司的價值，將超過十億美金[27]。

儘管如此，希望是個**動力陷阱**（momentum trap）。誠如英國作家 G．K．雀斯特頓（G.K. Chesterton）所寫：「希望，就是在我們感到絕望的情況下，繼續保持樂觀的能力。」如何面對希望？訣竅就在於視情況運用這種能力。

你或許還記得新冠疫情期間的口號：「戴口罩能救人一命。」神經科學家塔莉・

沙羅特（Tali Sharot）發現，比起製造恐懼訊息，滿懷希望的訊息通常會對人類行為產生更長遠的影響[28]。比較一下「繫上安全帶就能長命百歲」和「不繫安全帶就可能死掉」之間的差別。

語言的包裝很重要。希望的力量可以同時迷惑夢想家，或撐住奮力求生之人。

決策大師要考量的下一種情緒，是公關高手和媒體最擅長利用的情緒：**同理心**。雖然對傑佛瑞．瑞內克而言，運用同理心以產生連結很有用，但這就跟自我信念一樣，可能是把雙面刃。

同理心：為處於劣勢的人加油打氣

大部分的人與生俱來就會同情被害者、被虐待者和處於劣勢者。當劣勢的一方逆流而上贏得勝利時我們會歡呼喝采，這就是為什麼全世界會團結一心幫助烏克蘭、為什麼電影製作人能夠讓觀眾為洛基．巴波亞（Rocky Balboa），以及電影《貧民百萬富翁》（*Slumdog Millionaire*）的賈默．馬利克（Jamal Malik）大聲叫好的原因。粉絲希望第二名的隊伍成為第一名；消費者希望約翰．雷納德獲得廣告中的百事可樂戰鬥機。

這樣的情緒表現，在一九八八年的冬季奧運會上尤為明顯。首位代表英國參加跳臺滑雪競賽的選手，是個表現特別差強人意的運動員。「飛鷹」艾迪（Eddie 'The Eagle'）雖然打破的骨頭比打破的紀錄還多，但他那「無才的堅持」卻贏得觀眾的熱烈歡呼。在七十公尺和九十公尺的跳臺賽事中，所有人都為他搖旗吶喊。即便他在兩個項目的成績都墊底，媒體還是歡欣鼓舞，彷彿他贏得了金牌。

我們希望處於劣勢的人逆襲成功，為什麼？因為我們在那個弱者身上看見了自己，我們也面對著挑戰，而不是輕易得到機會。對此，想想看：同理心會對公司、求職者和競爭對手產生偏見嗎？法官、裁判、藝術評論家或星探應該給予處於劣勢者比較高的分數，而不是給符合資格的競爭對手嗎？應該把課程的最後一個名額給弱勢學生嗎？

雖然是出自善意且會讓人打從心底感覺良好，這仍然是一種**正向歧視**。

身為弱勢者其實有其優勢。所有其他人眼中的劣勢都可以轉化為優勢。我以贊助人身分參與二〇一四年萊德盃高爾夫球賽時，前歐洲隊隊長保羅．麥金利（Paul McGinley）改變了我的觀點。戰術大師麥金利的思維有別於傳統，他分享了第二名是如何被低估了。衛冕冠軍通常不會將處於劣勢的人視為威脅，同時還要承受殷殷期盼、令人窒息的壓力。相較之下，處於劣勢者可以自由實驗各式各樣的戰術。在蘇格蘭谷鷹高爾夫球場（Gleneagles），全世界見證歐洲隊擊敗堅不可摧的美國隊，以十六點五比十一點五分收下意料之外的勝利。不被看好的歐洲隊強勢崛起，獲得他們在歷史上應有的一席之地。

不論在賽場、商場或瑣碎的日常生活中，聰明的領導者都懂得調整自己，與弱勢的一方產生共鳴。每個人都喜歡逆襲的故事，無論是老虎伍茲在二〇一九年美國名人賽封王，或是萊斯特城突破一賠五千的誇張賠率，於二〇一六年奪得英超冠軍的勵志故事。

接收：關懷之聲

有件事是確定的，那就是：有策略地運用情緒有助於職業發展。我們繼續以高爾夫球選手為例。

荷塞・馬利亞・奧拉薩瓦爾（José María Olazábal）贏過兩座美國名人賽冠軍，在二〇一二年於麥地那（Medina）舉行的萊德盃率領歐洲隊贏得勝利。事關數百萬美元，奧拉薩瓦爾很擅長在壓力下發揮。我問他如何在關鍵時刻應對緊張情緒。他說身體會在緊張時變得僵硬，但同時也會逐漸熟悉這種感覺，從而產生預期，然後學會忍受。內心的聲音會撫慰你，將恐懼的時刻重新包裝為期待。每次要上臺發表時，我都覺得這個見解十分有用。

儘管如此，並不是所有人都能將情緒放在邏輯之前，即便是在商業界。奧美集團（Ogilvy）副總監羅里．薩特蘭（Rory Sutherland）批評，商業界不應該將理性思考看得比直覺思考更重要。他認為穿著一身西裝，不會讓你更有邏輯、更不情緒化。他主張心理學比邏輯學重要，過度看重邏輯會摧毀靈感的本質[29]；這麼做的結果往往是錯失機會，產品只會跟風模仿以及企業將停滯不前。

正如成功的消息傳遞者、談判專家、演員、表演者和製作人會利用情緒引導觀眾，慈善組織也會運用情緒獲得支持和募款。一九八四年，英國廣播公司報導「二十世紀的嚴重大饑荒」，奪走了一百萬名衣索比亞人的性命。全世界都沒有接收到這個聲音，並對這場遙遠的糧食危機毫無感覺。隨著八萬五千名饑餓兒童的照片開始廣泛流傳，他們嚴重缺乏金援的困境才終於被世界聽見。

Boomtown Rats 樂團的主唱、同時也熱中參與政治活動的鮑伯．蓋朵夫爵士（Sir Bob Geldof）受到啟發，決定發起「援助樂隊」（Band Aid）活動，號召七十五位全球巨星協助募款。暢銷單曲〈四海一家〉（We Are the World）熱銷七百萬張，收入六千萬美元[30]。多虧他及時接收正確的聲音並領導眾人，來自一百一十個國家、全世界將近四成的人口都觀看了這場星光熠熠的演唱會，為緩解饑荒盡一分心力。

透過這首公益單曲和「拯救生命」（Live Aid）演唱會，以及四十個電視節目馬拉松式的不停募款，最終總共募得超過一億五千萬英鎊的善款，拯救了兩百萬名非洲人的生命[31]。

> 我們選擇了沒有任何政治人物放在心上的議題……解決了在這個資源過剩的世界，卻有人因為渴望資源而死的荒謬矛盾，以及世人對此的強烈反感。

不過，所有事情都要付出代價。諷刺的是，蓋朵夫因為無私的行為而失去了音樂人的身分。他現在成為「窮人的救世主」。三十年後，他回想起這件事是如何毀了他的熱忱。

> 沒人有興趣。聖鮑伯，他們都這樣叫我，不能再做這件事了，因為太

> 微不足道、太沒有意義。所以我迷失了[32]。

他做了一件道德上正確的事情，但無意間為此失去了身分，這也是另一個多種圍牆陷阱合而為一的例子。

沒有任何情境或決定，可以與情緒分開，這是一張複雜的網。「情緒做決定，理性給解釋。」這句話是老生常談，因此大家經常忽略，就像大家總把飛行安全指示當作背景雜音一樣。但這句話還是有道理的。在情緒的箝制下，我們會比想像中更容易失控或動彈不得，以致聽錯和忽視理性。

成功的決策大師會學習如何調節情緒，並在日常對話中管理情緒流露的問題。為了讓自己更客觀、減少情緒的影響，有些人會採用自我疏離的技巧；該技巧的核心是重新評估情境，亦即找出會產生偏見的不安定情緒並為其貼上標籤的能力。

所謂「解讀對話」就是要破解隱含的訊息。你必須願意暫停足夠長的時間，才能更瞭解其他人真正的意思，或者他們究竟想說什麼。傑佛瑞·瑞內克就是這麼做的。他讓自己變得夠脆弱，將心力投入失蹤兒童案件和理解人類行為中，才得以與道德敗壞的加害者產生連結。但是，情緒連結會招來情緒代價。他曾公開提及自己遭遇創傷後壓力症候群之後，拚命找回心理平衡的心路歷程。

「我無法放下那些我找不到，或幫不了的人。」我想這位奉獻一生的聯邦探員，帶給人們的慰藉與平靜遠超出他自己的想像。現在，身為一位年過七十的退役探員，瑞內克仍會陪同被害者家屬出席令人備感壓力的假釋聽證會，他的聲音對其他人而言具有永恆的價值。

我發現，經常得做出決定的專業人士鮮少意識到他們自己的聲音、建議和文字承載了多少意義。瑞內克終其一生都在傾聽受虐兒童和虐待者的聲音，而現在，他人生中最重要的聲音，來自他摯愛的妻子洛莉（Lori）。

意識到「暫停」與「圍牆陷阱」的力量是一大進步，也能帶來相對更大的影響力與內心的平靜。對此，問問自己，假如你不暫停下來反思，有誰可能會因此受到影響呢？談到其他人集體對我們的決定產生的影響時，情況尤其是如此。接下來我們要討論的，就是以人際關係為基礎的圍牆陷阱。

本章重點

- 情緒會決定你聽見的人、聽見的資訊和聽見的時機。
- 所有決定都包含情緒。磨練你的「情緒風向儀」，以預測陷阱的出現。重要的不是情緒，而是你的回應。
- 情緒瞬息萬變。做決定時愈是一頭熱，愈有可能淹沒了理性的聲音，導致我們損失時間、浪費金錢、破壞人際關係、削弱自己的影響力。
- 科學研究顯示，藉由視覺刺激所產生的情緒反應，會讓我們做出更具歧視性的判斷。
- 情緒有許多面向。同理心雖然可以讓人自白、拯救生命，但也有可能招致意料之外的惡果。
- 良好的判斷源自有意識地解讀情緒，而非無意識地壓抑情緒。
- 情緒有很多層面，所以請考量溝通情境，確認自己是否有被挑起情緒。
- 高情商能提升判斷力，而情商的進一步延伸則是傾聽商數，也就是在冷靜、無噪音的心境中聆聽我們所聽到的聲音。

- 所有情緒都很有用。只要運用得當合理，就連罪惡感、驕傲、擔憂、敬畏、嫉妒、尷尬和羞恥都可以改變行為。
- 用後悔測試減緩未來可能犯的錯誤。
- 重新包裝話語可加速達成理想的結果，並在做出誤判的時刻發揮平衡觀點的作用。

Relationship-based Traps

第 12 章

人際關係陷阱：群衆感染力

就算大多數人都這麼說，
錯誤的觀念還是錯誤的觀念。

俄國小說家　列夫・托爾斯泰（Leo Tolstoy）

菲利普（Phillip）跟所有平凡員工一樣，只是他的故事並不平凡。

在公司辛苦工作三十年後，五十四歲的菲利普離開原先工作的經銷公司，成為英國一間郵局的局長，開啟事業第二春。他想過輕鬆一點的生活。一九九九年，英國政府斥資十億英鎊在全國一萬一千五百間郵局，採用富士通設計的先進帳務系統，教導七萬名員工使用。

菲利普的海岸郵局業績蒸蒸日上，不過，郵局開始出現無法解釋的金額不一致問題，帳目無法平衡。同樣的問題月復一月地出現。菲利普不斷向上回報但屢遭忽視，他得到的回應是：「只有你的分局這樣。」最後，僅有一份長達四十頁的合約要求所有員工自行填補金額缺口。

九個月後，菲利普散盡積蓄、抵押房產，甚至向高齡九十二歲的母親借了兩萬零八百三十三英鎊。身無分文的他只好篡改帳冊以爭取時間。在宛如卡夫卡小說的噩夢中，英國郵政以偽造帳目起訴他。儘管是情勢所逼，菲利普還是認罪了。他告訴我：「這是唯一避免牢獄之災的方式。」由於名聲受損，他淪落到只能靠救濟金度日，家人也遭到社會的孤立排斥。

數千個與菲利普處境相同的人被指控瀆職，超過七百人遭到起訴。二十多年來，許多無辜的英國郵政員工遭到起訴、脅迫和定罪，背上詐欺、作假帳和盜竊的罪名。這些人失去家園、孩子、婚姻和尊嚴。其中，至少有四個人因此選擇輕生。

帳目金額之所以短少，不是因為員工突然間集體開始偷雞摸狗，而是源自新資訊科技系統的瑕疵。只要明智地重新解讀，就可以推論出這一點。員工的集體喊冤並沒有被聽見，而英國郵政反而在英國法律史上最龐大的誤判案件中致富。

二〇一四年，英國郵政總局持續以鴕鳥心態否認一切。「絕對沒有證據顯示，電腦系統出現任何系統異常。[1]」事實並非如此。

二〇一九年英國高等法院裁決，管理層明明很清楚系統有瑕疵卻沒有透露這個消息。從那之後，將近一百人得到平反，根據《衛報》報導，英國政府總共支出超過一億兩千萬英鎊的賠償金給兩千六百名受到影響的人員。每個人最終都拿到六十萬英鎊的賠償。

但掩蓋真相的動作並未停歇。《衛報》記者瑪麗娜．海德（Marina Hyde）報導，有六十人直到過世都沒有見到正義伸張或始作俑者得到報應——這符合美國社會心理學家傑夫瑞．菲佛的理論。當時的執行長卸任時「多了五百萬英鎊資產」，也沒有任何高階主管遭到起訴。但是，在所有受到影響的地區，傷疤永遠不會消失，而菲利普還在等待賠償。發生什麼事？在群眾集體做出倉促誤判的情況下，真相被掩蓋了。富士通和英國郵政高層對問題置若罔聞。動機性聆聽和充耳不聞症候群，成了團體集體迷思的基礎。管理層做出未經深思的判斷，過度放大發生機率較低的詐欺模式。他們沒有接收到正確的聲音。

本章將點出團體關係（亦即群眾）對我們聽到的內容所產生的六種扭曲影響。我們何時該接收？何時該停止接收？我要處理的不是一對一的人際關係困境，而是解釋集體之聲會如何在至關重要的時刻使決策者失聰。

決策脫離正軌的過程，往往始於對歸屬感的需求（**從眾偏誤**〔conformity bias〕）。我們過於注重其他人的想法，還會拿陌生人和所屬團體與自己進行比較。「他們」怎麼做，「我們」就怎麼做（**模仿**〔mimicry〕）。另外，我們也過度重視自己與他人的差異（**社會比較**〔social comparison〕）以及相對的階級。諷刺的是，如果我們心存疑慮，就會更看重大眾的意見。我們會假設群眾是正確的，因而模仿群眾的行為（**浪潮效應**〔bandwagon effect〕），因為跟著團體行動比較容易（**團體迷思**〔groupthink〕）。問題是，與此同時，我們會為了融入團體而牴觸自己的觀點（**偽裝偏好**〔preference falsification〕），以致在群眾中失去了自己的聲音。

雖然群眾的力量確實能激發秩序、促進改革、提升社會凝聚力，有時還能伸張正義，但也會讓我們在重要時刻忽視客觀之聲——即便我們明明更清楚該怎麼做。

群眾的沉默吼聲

人往往相信自己是行動的主導者，但這種信念會使人容易低估了陌生人對我們的影響。我們以為自己是自主做出決定，但實際上卻會在辦公室、健身房、教堂、酒吧、俱樂部或餐廳**模仿**其他人的行為。

以下有個令人意外的例子，證實了美國經濟學家理查．塞勒所提出的**理應不相干因素**會在潛意識中對判斷造成影響。一起用餐的對象、用餐的地點和用餐的人數會影響你的選擇[2]。科學研究發現，當七個人一起用餐時，一個人所吃下的食物，平均會比獨自用餐時多百分之九十六[3]；與體重過重的人一起用餐時，人們通常會選擇更不健康的食物[4]。除此之外，你在餐廳裡坐的位置也會影響食量。坐在燈光昏暗的角落，通常會吃得比較少[5]。甚至連盤子大小都會影響。如果飯店或餐廳提供較小的盤子，食量也會跟著減少。這顯示了那些理應不相干因素是如何影響了我們的選擇和聲音。

如果群眾的規模更龐大，其產生的影響會更明顯。試想一下，一名聽見球迷嘈雜聲音的足球裁判。球迷的歡呼和噓聲，真的會影響裁判的決定嗎？研究人員想一探究竟[6]。有四十名合格的裁判，評估了一九八九年一場利物浦對萊斯特城的比賽。結果他們發現群眾的喧鬧聲與有利的裁判判決呈現高度相關。相較於沒聽見群眾鼓譟聲的裁判，聽得見的裁判給予地主隊的犯規少了百分之十五。可見，你聽見什麼就與你看見誰和什麼一樣重要。

不只裁判會受到這些喧鬧影響，球迷也會。雖然運動比賽或演唱會是個可以讓人盡情釋放情緒的安全場所，但是群眾會改變個人的心理狀態。隨著個人融入團體，身分會變得模糊[7]。有時候，這會促使球迷開始高歌或暴動。

群眾也不見得都是壞的。群眾的吼叫聲能激勵想成功的運動員，例如「飛鷹」艾迪或站上發球區的萊德盃選手。在二〇一二年倫敦奧運會上，我聲嘶力竭地為肯亞選手大衛・魯迪沙（David Rudisha）加油，見證他打破八百公尺的世界紀錄。歡聲雷動的群眾可以激勵跑者、足球隊和網球選手。美國網球選手約翰・馬克安諾常說，球迷不需要他也能贏，但他需要球迷才能贏球。

群眾的聲音確實會影響行為。群眾的聲音能銷售唱片、說服陪審團、動員軍隊和挑起暴動。同樣重要的，還有你在群眾中的位置，這會影響你的選擇。

來自社會比較的錯誤資訊來源

不論是個人或團體，我們都與別人緊緊聯繫在一起。從學校的湯匙接力傳蛋趣味競賽開始，我們就被教導要競爭、要讓人留下深刻印象，這就是為何我們要跟上同儕的腳步，或者與名媛家族卡戴珊（Kardashian）看齊。

你開什麼車？迷你汽車、輕型機車還是賓士？其實這是一種比較的形象裝置。愈常與其他人比較薪資、社群追蹤人數或車子，你的感受就會愈差，並且花愈多的錢。經常比東比西的人會嫉妒他人，且通常會更不滿足於現狀，尤其在經歷向下而非向上的社會比較之後[8]。想換車時，你可能會考慮成本、品質和外觀，對吧？但在那個當下，是否更容易在潛意識中被品牌形象、想吹噓誇耀的心態和鄰居可能的反應給動搖了？大部分的人都是如此。

除此之外還有**鄰里效應**（neighbourhood effect）。荷蘭郵遞區號樂透（Dutch Postcode Lottery）每週會隨機抽出一個郵遞區號，幸運兒可以獲得現金和一輛全新的寶馬汽車。美國經濟學家彼得・庫恩（Peter Kuhn）和同事想知道中樂透者對鄰居的消費行為是否會產生影響，結果發現住在中獎者隔壁但沒有買樂透的鄰居會購買更多的車[9]。

有一句名言是這麼說的：「太在乎他人的想法，你就永遠是他人的囚犯。」這個觀念是圍牆效應的伏筆。倘若我們不可自拔地執著於相對頭銜、階級和地位，就會更快失去自己的身分，浪費我們的幸福。

試著想想看，你希望得到誰的認可也是件很有意思的事。雖說他人是衡量我們自身成功的標準，但其實同儕能帶給我們意想不到的支持，使我們成功。從運動員到太空人，我們都更渴望得到來自同儕的認可而非上司。二〇一一年，我有幸在凡爾賽宮舉行的一場企業晚宴上，坐在尼爾·阿姆斯壯旁邊。我在投資業的同事很想知道，一架由七百萬個零件組成、與四十架波音七四七飛機一樣重的機器，如何將阿波羅十一號送上太空。雖然我既不是工程師也不是太空迷，但我想了解這位深不可測的人物。

如果你登陸過月球，又曾獲頒美國國會金質榮譽獎章或總統自由勳章，這些頭銜會是你人生中最自豪的成就嗎？我想是的。但阿姆斯壯告訴我，在他所有的榮譽與成就中，最令他自豪的是早年獲得的業界獎項。為什麼呢？他一開始就把自己定位為工程師，這大概也是為什麼在阿波羅任務結束後，他選擇回到工程領域授課的原因；同理，七十七歲的太空人麥可·柯林斯最鍾愛的獎項，是他一九五六年擔任試驗飛行員時所獲得的魯文銀獎盃（Luvin cup prize），他說「那比其他大獎更重要」。就連美國知名投資人卡爾·伊坎最自豪的，都是他那曾獲獎肯定的論文；對他來說，這或許比價值十億的商業帝國更令他驕傲。

還記得嗎？壞小子約翰·馬克安諾在一九八〇年的溫網決賽上，鏖戰五盤後輸給比雍·柏格，但是他說尼爾森·曼德拉在獄中觀看享受了這場比賽才是最令他高興的事。能被同儕和我們敬佩的人給聽見，其實比我們想像中的更重要。

群眾是神諭還是傻瓜？

群眾的規模重要嗎？所謂的群眾可以指寥寥幾位同事或整個國家。群眾是明智還是愚蠢的？那得看情況。根據詹姆斯．索羅維基（James Surowiecki）在《群眾的智慧》（*The Wisdom of Crowds*）一書中所言，聽群眾的聲音是明智的。「在正確的情況下，團體是智慧的，其通常會比團體中最聰明的人還要聰明。[10]」

新冠肺炎疫情期間，全世界都在瘋搶健身飛輪和衛生紙，現在則是流行太陽能板、匹克球和豐唇手術——**浪潮效應**促使消費者追隨群眾的腳步。然而，為了瞻仰女王伊莉莎白二世、教宗若望保祿二世、馬丁．路德．金恩和傳奇足球星比利（Edson Pelé），數萬名哀悼民眾排隊好幾個小時，是否有一部分的人也是跟隨潮流？

有時從眾不理性，但有時並非如此，因為我們會認為群眾一定是最清楚的。對此，美國心理學家羅伯特．席爾迪尼解釋：「如果其他人都這麼做，那一定是很棒的。」因為這樣可以減少思考，換言之，追隨流行是最簡便的方式——但這不一定是對的，也不一定是最適合你的選擇[11]。

知道其他人都在看什麼、下載什麼、聽什麼、吃什麼或做什麼，會讓人生變得簡單。大多數人都不想做錯，這就是為什麼 Meta 公司的 Threads 平臺上線不到四十八小時，就有七千萬名 Instagram 使用者註冊帳號，超越 ChatGPT 成為史上成長最快的消費者應用程式；這就是為什麼群眾外包（crowdsourcing）和黑客松（hackathon）會成為大受歡迎的集思廣益方式；這就是為什麼消費者在購物前會先接收陌生人的聲音，亞馬遜購物平臺上對鑽石、大型垃圾桶或電鑽的五星評價逐漸成為是否購買的影響因素。除此之外，這也解釋了為什麼四年來的匈牙利大選分析顯示，選民在察覺到某位候選人領先後，會轉而支持勝算較高的那方[12]。科學研究顯示，如果我們的觀點與大多數人不同，我們通常會往中間靠攏。

我們從其他人身上學到許多重要的事，但我們最大的錯誤也是其他人教導的。事實上，歷史也證明了群眾是愚笨的。大肆炒作宣傳，不是總能產生預料中的結果。

所謂的潮流殺手，就是追隨熱潮

二〇一七年，美國創業家比利．麥克法蘭（Billy McFarland）宣布將在巴哈馬群島舉辦超級高檔奢華的派對，開放五千人入場狂歡，門票一張要價十萬美元。然而，最後大咖名人一個都沒出現，參加派對的玩家只看見被雨淋得濕漉漉的床墊和起司三明治[13]——令人熱血沸騰的 Fyre 音樂節竟然只是空歡喜一場。投資人損失兩千六百萬美金，島上的居民痛失畢生積蓄。沒有投保的麥克法蘭並未取消活動，因為他怕「大家失望」[14]。跟風從眾鮮少得到好下場。

在瞬息萬變的股市中，緊張兮兮的投資人會立刻撤回資金，進而引爆擠兌潮。想想看矽谷銀行、國家金融服務公司（Countrywide Financial）、北岩銀行（Northern Rock）和豐川信用金庫。綜觀歷史，從網路泡沫到鬱金香狂熱經濟泡沫事件，群眾狂熱已經數次讓市場崩潰。

一六〇〇年代，一株荷蘭鬱金香「永遠的奧古斯都」（Semper Augustus）品種的球莖，其價值等同十二英畝的土地[15]；一七〇〇年代發生南海泡沫事件（South Sea Bubble）；大大小小的革命構成了一八〇〇年代；嬉皮的權力歸花兒（hippy flower power）精神是一九〇〇年代的時代標誌，而墊肩、女力和偶像男團則是一九八〇年代的代表。

現代的「鬱金香」就是加密貨幣。當時許多人滿懷希望，接二連三投入現已破產的 FTX。前軟銀營運長馬瑟洛·克勞雷（Marcelo Claure）談及自己一億美元的投資說道：「我們永遠不能出於錯失恐懼症而投資，且永遠都應該百分之百瞭解自己投資的東西。但我在這兩方面都徹底失敗。」如同投資人，我們會因為一時衝動跳上從眾的樂隊花車——這是判斷力殺手。

太多品牌和創作者只是循著眾人的喧鬧聲前進，而非創造自己的潮流。這樣是不對的。

美國社會學者伊莉莎白・摩斯・坎塔（Elizabeth Moss Kantar）教授認為，一味追隨流行的品牌往往會錯失脫穎而出的重要機會。公司宣稱他們想要更創新，卻又問「還有誰也在做？」這種跟風模仿的思維成了電腦產業、行動裝置、人工智慧、機器人或3D列印等顛覆產業最明顯的特徵。在這個資訊如病毒般快速擴散的超連結時代，有時即便是動作快的追隨者可能也會顯得太慢。

如同英國郵政的領導層，忙碌的決策者和問題解決者會看重群眾的聲音，遵循他們認定的：群眾是有智慧的。雖然從眾能簡化決策過程，但乘勢而生的群眾之聲，往往缺乏正確的資訊。重點在於，要知道哪一個群眾是正確的。

隨波逐流，只為了被群體聽見

渴望被群體接納是一種普世需求。柯維耶覺得自己與其他交易員格格不入，正如馬多夫也覺得自己在金融機構宛如「局外人」[16]；貓王艾維斯在中學就鶴立雞群，覺得自己在紐約沒有容身之處，在好萊塢則更像個「入侵者」；英國王室的哈利王子覺得自己是「備胎」。

不做其他人預期中的事要付出社會代價，但按照他人的期待行事會付出更大的代價。因此，我們會取悅他人和遵守規範，以避免遭到社會大眾的嘲弄和排擠，而「沒被聽見的人」最深切的渴望就是被聽見。諷刺的是，在群眾中，沒有一個人的聲音會被聽見——我們只會聽見群眾之聲。

從眾是根深蒂固的社會行為。當有人講笑話時，獨自一人坐在沙發上聽比較好笑，還是跟一群人一起聽比較好笑呢？當然，笑話本身在任何情境下都不會變得更好笑，然而，有研究顯示百分之二十一的人認為，比起一個人自己看廣告，三個人一起看時，同一則廣告會變得比較好笑。這無意間產生了一個社會影響，就是讓經常講笑話的人誤以為自己是查理・卓別林（Charlie Chaplin）！

不幽默的老闆講笑話時，你會笑嗎？會吧？這就是**從眾偏誤**。如果你是順從聽話的員工，就很容易失去自己的聲音。貓王身邊的「曼菲斯黑手黨」就曾慨歎他們失去了自己的身分。這些如同執行長身邊亦步亦趨的追隨者，當搖滾樂之王睡覺時，他們也睡覺；他參加派對時，他們也參加派對。專業人士也無法免於順從。有些人為了迎合付錢的客戶而不惜違反行為規範。在過往，有些人給予過多的藥物導致病患提早離世。據傳貓王艾維斯的醫生在一九七七年，開給他一萬劑興奮劑和成癮性麻醉藥。這位醫生聲稱，這些藥物是為了同時照顧貓王一百五十人的後勤團隊。他表示自己「太過關心」這位患有高血壓、肥胖、肝腸受損的客戶[17]。

另一個「感覺良好的醫生」康拉德．莫瑞（Conrad Murray），也違背了他的醫師誓言。他在流行樂之王麥克．傑克森（Michael Jackson）於二〇〇九年的巡迴演唱會前，為他施打了超高劑量的丙泊酚和苯二氮平類藥物，最終導致中毒致死。莫瑞因為過失殺人被判處四年刑期。

想要取悅他人的心態是可以理解的。開立過量處方藥、偽造帳目、販運、作弊、走私或超額收費，都可以用「就算我不做，其他人也會做」當作合理化的藉口。不過，世界需要專業人士遵循更高的標準，而不只是沒頭沒腦地聽從出資者的聲音。

在現代，愈來愈多的顧問必須對自己的行為負責。跨國建築商卡里利恩（Carillion）發出兩億三千四百萬英鎊的股利後，因為資產負債表嚴重失衡，在二〇一八年宣布倒閉，並欠債七十億美元[18]。英國國會指責畢馬威（KPMG, Klynveld Peat Marwick Goerdeler）會計事務所的稽查人員「沒有運用專業知識提出懷疑」，有共謀之嫌。他們被監管機構裁罰兩千一百萬英鎊，創下歷史紀錄。類似的情況還有貝恩策略顧問公司（Bain & Company），該公司管理層在提供稅收服務建議時「明目張膽地協助」貪腐行為，因此南非政府下令禁止與他們往來三年[19]。

當我們感到不確定時，往往不會獨立思考，而是會參考前人的做法。

「他們怎麼做的？」

但他們也會視群眾的態度來決定自己的行動。

在團體中思考與不思考的團體

不只伴侶、員工或醫生會順從，團體也會順從。我們順從隊伍、俱樂部或社會網路等集體共識，而這就是**團體迷思**。

以陪審團為例，誠如我們在第二章討論的，研究發現只有四分之一的陪審員改變了他們在庭審期間首先得出的結論。一份研究分析了將近四百起刑案的審理過程，比較與多數意見相左和相同的陪審員所投的票[20]。數千名陪審員列出他們個人的裁決與最終裁決結果，結果發現三分之一的陪審員其實私底下並不同意最終裁決。

在重要的時刻，他們選擇順從群眾。**有時我們寧可跟所有人一起錯，也不想自己一個人錯**。躲在人群後方很有安全感，但不見得明智。如果你是第十二名陪審員，必須決定是否無合理懷疑呢？現在，確認每二十五名美國死刑犯中，就有一人的定罪不合理、被接收了群眾之聲的陪審員給判處死刑。

每一個競爭激烈的職場都會放大團體迷思。如果你的經理很重視團隊合作，那麼你的晉升、薪資和人員鐵定取決於你有多合群，而這就會讓你開始順從！儘管上司都會在口頭上說「可以質疑我」、「不同意的話就說不同意」，但與上司唱反調還是會影響你討喜的程度。他們會忽視異議的聲音、無視他們不認可或不喜歡的人。我太晚才明白這個道理！這可是得到科學證明的。

在一項實驗中，心理學家茱莉亞・敏森（Julia Minson）將受試者分為兩人一組並記錄下他們的觀點。首先，讓每個人都閱讀同組夥伴對於死刑、大麻或工會等爭議議題的看法。接著請他們看看所有受試者，來選擇想要同組的對象、他們會尋求建議的對象，或是可以代表公司的對象。

他們會偏好原先和自己同組的人嗎？除非兩人立場相同才會。光是知道其他人的想法是否和你相同，就足以影響你是會批判他或喜歡他。歡迎來到政治的世界！難怪許多資訊總是沒有說出口。可見，**判斷不總是理性的**。誠如前述，科學研究顯示我們會與陌生人建立族群認同感，而這種認同感可以建立在任意一種喜好或外型上，例如：眼睛顏色、身高或鞋子尺寸等任何能夠區分「他們」與「我們」的事物都可以。

假如顧問、董事會、委員會和智庫沒有出手解決，團體迷思就是無可避免的問題。《推出你的影響力》（*Nudge*）一書的共同作者，同時也是前白宮顧問的凱斯·桑思坦（Cass R. Sunstein），推廣以「德爾菲法」（Delphi method）做決策。這個方法很簡單。團隊成員先匿名寫下自己的想法，再與其他人交換，如此可以避免團隊以某個想法為核心，並減少企業的拍馬屁文化。

沒有人想要落單。

然而，儘管我們重視他人的想法，卻往往被他人誤導，走上歧途。

另一種形式的從眾是**偽裝偏好**，其問題在於真相被掩蓋了，讓人難以聽見。

在外人面前偽裝個人偏好

你多常為了在社會、政治或職業環境中生存而隱藏自己真正的意思？或者，只是為了融入和有所歸屬而隱藏自己？你為了和其他人一樣，而假裝成別人的樣子。誰想被開除、嘲笑或排擠？當你私下的意見與公開發表的言論不同時，就會成為你自己和他人的錯誤資訊來源。

虛假的人物形象和意見充斥在我們的日常生活中，這也難怪當伊莉莎白．坎德爾和崔佛．柏德索得知他們的朋友邦迪和蘇克利夫是連環殺手時，會是如此震驚。

公民在壓力下會服從統治者，假裝自己支持現任政權的意識形態，而這就是土耳其裔美國經濟學家提穆爾．克蘭（Timur Kuran）所提出的偽裝偏好[21]。柏林圍牆倒塌時，記者顯然一個共產黨員都採訪不到。有人說，壓抑個人觀點就是生活在謊言中。克蘭主張人們會扭曲自己實際的偏好，使得個人觀點成為公開發表的言不由衷之語，而這種表面功夫會導致思想匱乏。這就是我們為什麼必須破譯政治人物、顧問或領導者真正的偏好。為此，必須時時思考「這是他們真正的意思嗎？」和「有其他解讀方式嗎？」若未能有意識地重新平衡自己所見所聞之事，要如何知道一個人真正的偏好呢？

美國資料科學家賽斯・史蒂芬斯—大衛德維茲（Seth Stephens-Davidowitz）主張，我們在 Google 上搜尋的內容是終極的自白，其揭露了我們內心深處的擔憂。我們會輸入自己的祕密：「我被洗腦了嗎？」、「我是惡霸嗎？」或「我要怎麼隱瞞婚外情？」**偽裝自己的偏好不僅會扭曲你的真實身分，還會讓不理想的體制持續存在。**想像一下，你表面上認同老闆說的，他認為混合工作模式沒有生產力，但實際上你認為老闆一派胡言，而你的同事也跟你一樣。接下來會如何？你的老闆依然不明白。於是，你們被綁在辦公室裡，一週五天都氣得七竅生煙，因為憤恨不滿而損失數百萬元。

偽裝偏好，是一種隱微的錯誤資訊來源。留意你私底下的想法與公開的說法是否不一致，這可能是你被挑起情緒、判斷力岌岌可危的警訊。偽裝偏好不只浪費時間和金錢，也會摧毀名聲和性命。

接收：共識之聲

沒有一個判斷力圍牆陷阱是百害而無一利的。事實上，群眾經常成為主要的良善力量。在社會層面上，社會運動可以改變法律、改革國家，讓受到忽視的聲音得到關注。在社群媒體出現之前，一九七〇年代的環保運動人士遊說公家機關，提出髮膠等產品的推進劑會導致臭氧層破洞。到了一九八七年，各國簽訂《蒙特婁議定書》（Montreal Protocol），逐步淘汰氯氟碳化物的生產和使用。

「黑人的命也是命」運動展開後，許多大型品牌都宣布推行多元包容措施，例如：雅詩蘭黛、銳步（Reebok）、蘋果和 Google。有些企業承諾投入數百萬元給黑人社群，以促進團結精神。這輛樂隊花車仍不斷前進。突然間，各地紛紛出現種族多元的工作安排、電視主播、訴訟司法委員會。

現代群眾將自己任命為法官和陪審員，開始抵制不合時宜的聲音，而這股力量愈來愈強大。當 Ye（也就是以前的「肯爺」肯伊．威斯特〔Kanye West〕）說出反猶太言論後，愛迪達立刻與他切割，因為據說銷售額大跌四億四千一百萬美元——群眾也立刻跟上。一個星期後，Nike 與布魯克林籃網球星凱利．厄文（Kyrie Irving）切割。「我們 Nike 堅信仇恨言論沒有容身之地，我們譴責任何形式的反猶太主義。」不過，幾個月後，愛迪達與肯爺的聯名鞋款 Yeezy 又重新回到架上，只是一部分的收益將捐給慈善組織[22]！有時候，原則就像風中之燭一樣，搖擺不定。

社會規範反映出人們如何建構和解讀世界。美國心理學家羅伯特．席爾迪尼傾其一生的研究，證明了**社會認同**（social proof）能改善行為表現。讓人意識到其他人做的事情，確實能促使人們去模仿。他的其中一項實驗是在醫院急診室放告示牌，鼓勵病人服用止痛藥。遵從率最高的告示牌是這麼寫的：「服用本止痛藥後，百分之九十五的病患都在十五分鐘內止痛。」同理，麥當勞將冰炫風稱為最受歡迎的甜點後，銷量就增加了百分之五十五。這樣做減少了消費者的不確定性。

社會認同不只說明了人群的力量，也說明了許多人都跟我們一樣！你跟團體愈相似，就愈有可能順從。如果有慈善團體登門拜訪，最聰明的宣傳人會告訴你哪一家鄰居捐款了。為什麼？他們知道你很有可能會跟隨與你相像的人。你可能有注意到，疫情期間推廣戴口罩的訊息也運用這一點。換言之，若是要放大影響力，就宣布有多少類似的人做了你想要大家做的事情。

政府也充分運用社會認同，來提升繫安全帶的習慣、資源回收、節省用水、器官捐贈和公益樂捐。這個方法也成功減少了酒駕、亂丟垃圾與逃漏稅。二〇一六年，在愛爾蘭的死亡車禍中，酒駕就占了百分之三十八。於是，政府就開始宣傳「喝酒不開車」，並搭配可口可樂熱播數十年的經典廣告「耶誕假期快到了」。這支廣告展現了想要改變人們想法和行為的雄心壯志。可口可樂主打「為當英雄乾杯」（Cheers for being a hero）和「好禮搭便車」（Gift of a lift）這兩句標語，並獎勵指定駕駛者兩瓶免費的可樂[23]。指定駕駛便逐漸成為常態，截至二〇一九年，因酒駕的死亡人數比前十年減少了百分之七十。

你與群眾的關係如何，會改變你的觀點。釐清要接收哪些群眾的聲音，其實比你想像中的容易。儘管如此，還是會有一個因素決定了你究竟會接收還是忽略群眾的聲音——訴說故事者所帶來的誘惑。現在，你已經熟知本書中那些聽見錯誤或正確聲音的人物。最後要討論的，就是以故事為主的決策破壞者。

本章重點

- 數大不一定便是美。群眾之聲有可能重挫或推進判斷，為此必須區分你看見的群眾與聽見的資訊。
- 「比較」會擾亂批判思考並引發從眾行為。我們往往不是依靠自己的標準，而是看別人怎麼說、怎麼做、擁有什麼來判斷自己是否成功。

- 心有疑慮時從眾行為會引導我們做出決定，然而這卻是錯誤資訊和不幸的來源。社會對收費的專家、顧問和領導者會要求更高的判斷標準。
- 將群眾奉為神諭的風險是聽不見對立的聲音，以及遏止獨立思考。
- 漣漪效應會促使人們順從、從眾和產生團體迷思。彈奏自己的曲調，不要盲目跟隨。
- 過度渴望得到接納會阻止我們接收正確的聲音；偽裝個人意見和擔心給別人添麻煩都是警訊。
- 如果一股腦兒地追隨群眾就無法與群眾拉開距離；若想真的脫穎而出，就得選擇正確的群眾。
- 千萬別低估群眾撻伐，以及抵制偽善者或犯錯者的力量。
- 留意你應該如何行動，或大多數人喜歡、購買或想要什麼的社會認同。
- 多多讚美同儕，這個行為比你想像中的還要有價值。但千萬別忘了，老闆不喜歡別人唱反調！
- 歷史已證明群眾關係的智慧、愚蠢和力量。訣竅在於知道何時聽他們的意見，何時聽自己的心聲。

Story-based Traps

第13章

故事陷阱：頭頭是道的解釋

如果你用爬樹的本領評斷一條魚，
那牠終其一生都會覺得自己是笨蛋。

猶太裔美國物理學家　亞伯特・愛因斯坦（Albert Einstein）

一九九四年，盧安達總統朱維諾・哈比亞里馬納（Juvénal Habyarimana）遭到暗殺後，為期一百天的種族大屠殺就此展開。在立場兩極化和階級分明的社會背景下，大約七十萬名以耕種維生的圖西族人，遭到以放牧為主的胡圖族人殘忍屠殺。在兩族混雜居住的地區，居民用大砍刀殺害鄰居，民兵強暴村莊裡的婦女。聯合國維和部隊卻袖手旁觀。

盧安達的「仇恨電臺」（Hate Radio）的惡毒言論傳送到七百萬民眾的耳中，根據一份研究預估，這些廣播節目又煽動了五萬人謀殺自己的朋友。美國國際開發總署署長珊曼莎・

鮑爾（Samantha Power）的描述非常精闢，她說那些殺人凶手「一手拿著大砍刀，一手拿著收音機」[1]。

美國公共廣播電臺找到一份珍貴的錄音檔，展現了胡圖人對圖西人的仇恨。

> 盧安達屬於真正捍衛這片土地的人，而你們這些蟑螂，不是盧安達人。你們這些蟑螂逃不掉的……如果我們殲滅所有蟑螂，世界上就不會有人批判我們[2]。

大屠殺後，盧安達政府展開調解工作，他們請教美國麻州大學的爾文·史陶布教授（Ervin Staub）。身為匈牙利猶太人的史陶布相信人性，但也明白去人性化是走向墮落的墊腳石[3]。許多年前，多虧一個朋友把他藏在家中地下室，他才沒有進入集中營。

史陶布協助訓練解決衝突專家，並在各個社群中展開資訊傳遞計畫。他還運用了另一種方法，就是**敘事的力量**。沒錯，正如廣播電臺被用於散播仇恨，廣播電臺也可以用來宣揚和平。他們推出名為「Musekeweya」的廣播肥皂劇，翻譯過來就是「新曙光」。導演是在大砍刀下逃過一劫的安德魯·穆薩加拉（Andrew Musagara），他曾公開表示「我不想記得」這一切[4]。這個廣播劇講述的是一個部落團結一心反抗高壓統治的故事。他們向聽眾灌輸和平與跨種族婚姻的思想，治癒他們的創傷、消弭徘徊不去的偏見——和解之聲非常成功。

盧安達的「愛之廣播」（Love Radio）位居全國排行榜榜首長達十六年。盧安達人接收了和平的訊息，開始以不同的態度對待鄰居。現在只有盧安達人不分族群部落。他們成功以聽覺作為媒介，改變無數人的人生。

關於圍牆陷阱的最後一章，將說明倘若我們過度關注社會、政治和組織的敘事方式，五個以故事為基礎的決策陷阱將會提高我們誤判的機率。這些陷阱會放大聾點風險，並涵蓋自我、權力、時間、道德和群眾關係等因素。

不論訊息內容為何，訴說故事的權威角色、偶像、專家或劣勢者，都會大幅影響接收資訊的對象（**信使效應**）。當然，外表也是重要因素，凸顯了視覺的優勢（**美貌偏誤**〔beauty bias〕）。模式尋求者想要為人類行為、謎語、黑天鵝和未解之謎填補知識缺口（**聯想思考**〔associative thinking〕），但問題是眾人會將敘事視為事實（**真相錯覺效應**〔illusory truth effect〕），而非明白那些虛構或假設是編造的。我們經常錯誤地以故事結局來判斷成敗（**結果偏誤**〔outcome bias〕），而不是以過程來評判。

與故事有關的決策偏誤都有個共通點，就是助長錯誤傾聽、錯誤資訊和錯誤判斷。

我們沒有探尋真相，而是被史匹柏（Spielberg）電影般的精彩情節牽著鼻子走，因此導致不注意失聰，而這是餵養假新聞的飼料。所有人都逃不過集體錯覺的魔掌，就連政府領導者、學者和政策制定者也一樣。

比起科學資料，更重視故事是人類的天性，這就是假新聞和陰謀論廣泛流傳的原因，也是為什麼聰明人會相信玄妙的降神會、仙女、耶誕老人和超自然現象。反過來說，這也是為什麼積極正向的敘事可以提升福祉、解決衝突和激發創新。希望，是永遠的主宰。至於決策大師的能力，就是有辦法將「訊息」與「信使」區分開來。

你就是我想要的人

在莎士比亞的《凱撒大帝》（*Julius Caesar*）一劇中，馬克・安東尼（Mark Antony）說：「朋友們、羅馬人們、同胞們，借我你們的耳朵。」我們確實會將耳朵借給特定的信使。有兩種信使是我們經常尋求的資訊來源——我們自己與其他人。

假如我們信任其他人，就不會繼續問問題，就像提耶西・德・拉・維雨榭和瓊斯鎮居民。人們相信虛幻的承諾、企業迷思和救贖神話。問題是，你所聞並非全貌——

你無法全然相信你聽見的所有資訊。這就是為什麼，人們每年都會被騙子、甜言蜜語的花花公子和金融詐欺犯騙走數千萬元；這就是為什麼，間諜和連環殺手會成功。我們不應該相信自己所聞，但在這個嘈雜的世界裡，選擇相信所聞比較簡單。

我們會聽見什麼樣的內容，取決於對說故事者的感受。你有沒有注意過，你在社群媒體上的貼文只會得到五十個讚，但別人發了一模一樣的內容卻能得到五萬個讚？同樣的情況也會發生在會議上，其他人複述了你的點子，卻得到滿堂彩。這就是**信使效應**。

伊隆・馬斯克於二〇二一年一月二十九日在他的推特放上「#比特幣」標籤後，比特幣的價值就飆升百分之二十，達到三萬八千五百六十六美元[5]。卡爾・伊坎在二〇一三年宣布投資蘋果公司五億美元時，其股價飆升了一百七十億美元。這就是信使效應。《信使》一書的作者史蒂芬・馬丁和約瑟夫・馬可斯認為，我們在聽見訊息之前會先聽見信使，進而影響「我們聆聽的對象和我們相信的事物」[6]。換言之，信使會成為訊息本身，甚至我們會先看見信使，才聽見信使。

我們為什麼會聽見特定幾個聲音？是因為他們的言詞、形象、投影片或影片嗎？在分析了一百六十六個醫療介入案例後發現，並非這幾個原因，最有影響力的信使都滿足下列三個條件[7]：

一、討喜度（Likability）

二、相似度（Similarity）

三、公信力（Credibility）

首先，誠如前述，我們會傾聽備受推崇的英雄、喜歡的同事或親近的朋友，而非我們不喜歡的人。假設傳來重大訊息的人是惡毒的競爭對手或自以為是的鄰居呢？我們會因此貶低訊息的價值，而這就是聾點。除此之外，我們還會給討厭的人貼上愚蠢或自戀的標籤。在等待審理期間，馬多夫說馬可波羅是「業界的笑話」。被討厭的人往往會成為外團體，但其實這樣是不對的。接收非主流者或與眾不同的聲音會得到意料之外的見解、優勢和觀點。

第二，信使的相似度會決定你聽見的資訊和對象，比如，挨家挨戶推銷的業務員或和藹可親的政治人物。綜觀歷史會發現，沒有人相信那些身處外團體的真相揭露者。想想看羅傑・波哲雷、格蘭達・克里夫蘭和弗瑞德・克雷。同族影響力之所以會出現，是因為你會對「像我的人」產生認同感。這會決定了誰聽見你的訊息，也會決定你聽見了誰的訊息。

從醫療照護到財務金融，信使效應都會影響你的決定。研究顯示，微型貸款借款人更容易向社會背景相似的人取得貸款[8]。結論是，社會地位較低的群體，通常會更在意他們是否熟悉這位信使，而這個觀點有助於預防愛滋病的傳染。在菲律賓，他們選中男性計程車司機和三輪車駕駛，花了兩年多的時間向乘客宣導使用保險套[9]，最後這個方法奏效了。經過精心安排的同儕介入，通常都可以成功改變態度。

第三，想要被聽見，公信力是不可或缺的要素。我們不會聽笨蛋的話！這就是為什麼受過訓練的人資召募專員會相信專家的誇大履歷，但誠如先前討論過的，過度依賴專家也會導致決策脫離正軌。別忘了，療診公司的董事會和蘇格蘭皇家銀行是如何接受了擁有各種學位的領導者所提出的預測和承諾。

人們喜歡聽有公信力的信使所說的故事。艾美・柯蒂教授（Amy Cuddy）在TED的演講「姿勢決定你是誰」，是基於只有四十二名受試者所提出的研究，但演講影片總共有四千三百萬人看過[10]。

並非所有聲音在每種情況下都是平等的，因此需要篩選過濾。公信力、相似度和討喜度決定了我們會接收和忽略誰的聲音。

美貌加成

我在本書中一直提到我們信賴、評判和相信他人的標準，其更多是來自視覺而非聽覺。漂亮的東西就是好東西，這是不理性的，而這就是所謂的**美貌偏誤**。多不勝數的研究都發現，有魅力的男性和女性在他人眼中都顯得比平庸之人更強壯、更體貼、更聰明和更謙虛。受試者評估論文品質與作者外貌時，儘管論文內容一模一樣，長相好看的作者得到的分數就是會比較高[11]。

在日常生活中，信使的公信力會因為外表或提升或縮減。金融界的傑出人才哈利・馬可波羅和麥可・貝瑞都不是大眾眼中的好萊塢帥哥——人們會評判他們看見的人，而不是聽見的話語。

沒有精心打理外表的英國首席醫療官克里斯・惠提醫師（Chris Whitty）遭到社群媒體無情訕笑。《新政治家雜誌》（*New Statesman*）報導，惠提之所以成為「無數網路搞笑圖片的主角，主要是因為他死氣沉沉的書呆子形象」[12]。

這在注重 Instagram 的視覺世界裡，有令人感到意外嗎？

雖然這麼說很不公平，但外表真的會影響我們對應徵者的選擇、薪水和升遷機會。

長相好看的學生會得到更好的成績；長相好看的員工薪水更優渥[13]。這世界上像好萊塢演員布萊德・彼特（Brad Pitts）和超級名模娜歐蜜・坎貝兒（Naomi Campbell）那樣的俊男美女，不僅擁有特權，也更容易受到信任、被認為具備更好的社交能力和才幹[14]。這就是為什麼航空公司、廣播公司、化妝品公司和精品產業都會聘用長得好看的人。

被面貌姣好的信使吸引是人的天性，儘管其中隱藏重大的商業和法律風險。即便這是個眾人皆知的陷阱，但依舊讓不少掌權者、監管單位和投資人陷入麻煩。

到頭來，敘事者如何呈現在我們眼前，會影響我們聽見與沒聽見的故事。

還記得 WeWork 的執行長亞當・紐曼嗎？他四處宣傳全世界第一個實體社交網路的概念時，他的外型是個身高六呎（約一百八十三公分）、留著黑長髮的男子。對某些人來說，這很有魅力！他集公信力、相似度和討喜度於一身，這幫助他從對創業者十分友好的資本家身上，募得了數十億美元的資金。

他很會說故事，他會告訴與會者：「只要我們同心協力，就能打造出改變世界的社群。」投資人紛紛拜倒在他的魅力之下。一名投資人告訴《紐約雜誌》的撰稿人查爾斯·杜希格（Charles Duhigg）：「他是我這輩子見過最有魅力的推銷員。」但杜希格對他的形容則不太一樣：「譁眾取寵的藝術家……彷彿是矽谷創業投資人都想吸食的古柯鹼。」[15]

人們鮮少懷疑相貌出眾、衣冠楚楚的專業人士會做出瀆職行為。社交名流吉絲蓮·麥斯威爾看起來像引誘青少年掉入性犯罪者陷阱的人嗎？律師西蒙娜·蘇（Simona Suh）認為西裝革履的馬多夫「不符合龐氏騙局策劃者的形象」；警方一開始也沒有懷疑英俊瀟灑的萬人迷泰德·邦迪、梅內德斯兄弟、卡瑞·史泰納或處事圓滑的約翰·韋恩·蓋西。鑑識心理學家席亞拉·史坦頓（Ciara Staunton）解釋：「我們經常會犯一個錯，就是認為罪大惡極的殺人犯一定長相醜陋。」[16]

容貌出眾的政治人物待遇更好，也更容易贏得選舉[17]。不只長相有影響，就連身材高䠷的人都更容易錄取工作、賺更多錢、打贏更多場選戰，以及有更多站上舞臺讓自己被聽見的機會。打從一七七六年開始，身高較高的美國總統候選人就不斷打贏選戰[18]。這是一種惡性循環。

在職場上，很容易察覺到美貌偏誤。看看你所處的部門就知道了。維珍集團

（Virgin）、Vogue雜誌和福斯新聞（Fox News）等這種公司的員工，都顯得與眾不同。可見招聘時以外貌為優先考量，是可以察覺出來的。

話雖如此，人們還是會以千奇百怪的因素判斷一個人的魅力。美國匹茲堡大學的教授理查．莫蘭德（Richard Moreland）分析了學生的出席率，發現在其他同學眼中，出席率高的學生比出席率低的學生更有魅力[19]。

對既得利益者而言，美貌偏誤是寶貴的資產。但對企業來說，這是累贅，因為美貌偏誤會加深我們重視視覺而非聽覺判斷的傾向。這種差異所造成的誤判在法庭上也會出現。陪審員會更注意自己所見，而非自己所聞。在犯下相同罪行的情況下，長相好看的被告其刑期通常比相貌平庸的被告少[20]，他們無罪獲釋的機率也高出兩倍。這就是**美貌紅利**（beauty premium）。有些陪審員會有意識地抵抗偏見，比如擔任艾瑞克．梅內德斯初審陪審員七個月的海榛．松頓（Hazel Thornton）就曾表示：「你不會信任面前這個人……不代表他們站在被告席上說的一定全部或部分是謊言。[21]」

在團體中社會規範會影響決定。幾乎在所有團體中，人們都會互相發脾氣、成為死對頭，而立場相反的陪審員會成為「愚昧無知的渾蛋」。沒有第十二名陪審員願意改變立場，讓陪審團最終陷入僵局，無法做出一致的裁決。

如果想被人聽見，有魅力的信使還是得說出令人信服的故事。

最重要的是解釋

決策者喜歡有理有據的推銷詞、報告和策略。**人類對確定性的需求，驅使我們將混亂的世界合理化，為或許根本沒意義的事情賦予意義。**最困難的問題依然懸而未決——兩難困境、黑天鵝或未解之謎。

據傳在百慕達三角洲離奇消失的七十多艘船和飛機，該作何解釋？失蹤的女童瑪德琳·麥坎（Madeleine McCann）、在一九三〇年代飛越大西洋的飛行員愛蜜莉亞·艾爾哈特（Amelia Earhart），他們在哪裡？尼斯湖水怪真的存在嗎？載著三百六十九名乘客，在印度洋上空失聯的馬來西亞航空 MH 三七〇班機，究竟發生什麼事？

人們在**聯想思考**中尋找動機或解釋。「為什麼這麼做」與「誰做的」都會在我們心頭徘徊不去。我們想知道麥可·彼得森和傑宏·柯維耶為何犯下那些罪行。我們的大腦是識別模式的機器，它會強迫我們自行填補空白、自動補足一個符合信念的故事。戀童癖肯尼斯·帕內爾說，史蒂芬·史泰納的父母同意他合法收養，這個說法聽起來很合理，畢竟他們家因為有五個孩子而經濟拮据。

解釋自己做出的決定時，我們會根據「現有事實」而非「精確事實」給出理由。為了說明這一點，一九七七年，美國心理學家李查．尼茲比（Richard Nisbett）和提摩西．威爾森（Timothy Wilson）請女性消費者從四雙絲襪中選一雙購買。消費者解釋她們選擇的原因，比如：款式、顏色和質感，但其實那四雙絲襪是一模一樣的。可見，我們會尋找各式各樣的辯解，並從有限的理性思考中編造出可接受的答案，用解釋填補那些空缺。另外，得知自己錯誤後，由於礙於面子還是會堅持尋找差異之處，以致愈陷愈深。事後提出的合理化說詞，可能有道理，也可能沒有道理，但無論如何我們都會為自己的錯誤辯駁。

客戶和消費者都喜歡聽解釋，也喜歡聽上位者解釋。我共事過最有成就的基金經理，都是說故事大師。他們會向客戶保證能得到極高的報酬，並振振有詞地解釋他們選擇股票和資產分配的策略。最終，其成果就是得到忠心耿耿的客戶，即便收益表現不佳，仍然對這位經理不離不棄。在表現不佳的時期，我注意到許多比較脆弱的大人物會失去信心。他們不僅需要同事安慰他們「光環會再回來」，與此同時，他們的客戶也需要安慰，並渴望聽見一個能減少焦慮的說法。

此時出來主導心智的，就是一廂情願的心態。通常只要拿出還說得過去的解釋便足夠了。解釋這些結果時，有一個詞很重要，就是「因為」。基金表現不好「是『因為』市場需要修正」或「『因為』我們把希望放在冰島身上，而不是伊朗」。**理由是什麼其實並不重要，重要的是給出一個理由**。少了策略方向，決策者就會在特定情況下失聰。美國經濟學家席爾迪尼的研究發現，如果在提出要求時同時提出理由，相較於沒有給出理由的情況，前者的順從率會增加百分之三百[22]。

給一個理由就對了！理由能串聯一切，就算一切都是假的也沒關係。另一個與故事有關的偏誤，就是我們會相信不斷重複的話語，不論那些話有多麼荒謬可笑。

重複的錯覺

我們在第八章曾提到波蘭心理學家扎榮茨的單純曝光效應，顯示琅琅上口的標語、耳熟能詳的旋律或口號，有多麼深入人心。想想看「騙子希拉蕊」、「地點、地點、地點」和「休息一下，來塊 Kit-Kat」就知道了。問題在於，當你愈常聽到這個訊息，就愈容易相信那是真的，而這就是**真相錯覺效應**。

不斷重複的故事、標語和座右銘是支撐組織與政治權力的基礎。希特勒並沒有將複雜的情勢過度簡化，而是靠著反覆講述《我的奮鬥》（*Mein Kampf*）和其他作品來支撐他的統治大業。現代領導者則運用社群媒體，作為反覆強調理念和塑造聲望的媒介。有「熱帶川普」之稱的前巴西總統賈伊・波索納洛（Jair Bolsonaro），採取反建制的時代精神，吸引了大批追隨者。他的競選口號狂熱偏執，甚至鼓勵和縱容暴力行為。他極端的仇恨言論彷彿盧安達事件再現。他說一名女性國會議員「沒有漂亮到會被強暴」，貧窮的巴西黑人「沒有好到值得繁殖下一代」，而黑人民權運動人士「應該滾回動物園」。他甚至告訴《花花公子雜誌》（*Playboy*）：「我寧可兒子在意外中死掉，也不想看到他是同性戀。」[23]

他驚世駭俗的言論吸引了眾人的目光，穿透了所有噪音，讓兩億一千兩百萬公民都聽見他的聲音。

重複報導如何強化了即時新聞的可信度

另一個吸引眾人目光且很容易造成誤判的敘事方式，就是即時新聞。雖然追尋真相是記者的命脈，但有時這種追尋會超出可以接受的範圍。一九九六年，在美國亞特蘭大奧林匹克百年公園，保全人員李察・朱威爾（Richard Jewell）發現一個可疑包裹，接著，他成功疏散炸彈周邊二十五平方英尺的地區人員，因而被捧為國民英雄。

幾天後，《亞特蘭大憲政報》（*Atlanta Journal-Constitution*）的記者凱西・史克魯格斯（Kathy Scruggs）根據未經證實的線報，將朱威爾列為聯邦調查局頭號嫌疑犯。朱威爾一夜之間從英雄淪為狗熊，被描述成「倒霉的冒牌貨、遲鈍的社會邊緣人、阿甘」[24]。生性內向的朱威爾被追殺騷擾，他回憶當時的情況說道：「他們找了會讀唇語的人，也準備了集音盤（sound dish）。他們可以聽見我們說的每一個字。」

沒有人聽見他的聲音，他的聲音被淹沒在聳動新聞所引發的狂怒中。錯誤資料的植入，取代了正確資料的破譯。即使最終朱威爾洗刷汙名，但他的自尊心和名聲已經被摧毀殆盡。「我誠摯希望和祈禱，不會再有其他人承受我遭遇的痛苦和磨難。」諷刺的是，唯一不肯結束爭端的媒體正是《亞特蘭大憲政報》。

《浮華世界》報導：「意指太倉促做出判斷的『朱威爾症候群』（the Jewell syndrome）一詞，成為新聞編輯室和憲法第一修正案討論主題的新詞彙。[25]」尋找罪魁禍首和渴望一個人承擔全責的心態，經常會結合在一起。

事實上，故事流傳好幾個世代之後，便會逐漸沖淡真相。一九九四年，心理學家戈登・奧爾波特（Gordon Allport）和喬瑟夫・波茲曼（Joseph Postman）發現，故事轉了五、六手之後，真實度會下降百分之七十[26]，而鼓吹宣傳往往都是這樣流傳下來的。因此，所聞不能盡信，因為你所聞並非全貌。

當然，故事結束的方式，決定了你是會歡呼讚美，還是痛斥撻伐結局。

最後發生了什麼事？

如果你加速闖紅燈但沒有人受傷，這算是個好決定嗎？如果療診的血液檢測儀器真的成功了呢？如果阿波羅十一號沒有進入太空軌道，發射火箭還會是個好決定嗎？

我們從來不是以「如何獲勝」判斷贏家！我們是以他們「贏得什麼」來判斷。**究竟社會是給予譴責之聲或認可之聲，是根據結果決定的**。如同法國興業銀行、富國銀行和英國郵政的例子所示，領導者和市場是根據結果做出判斷。盧安達現在或許會因為成為團結的國家而得到稱頌，但這無法為過往的殘忍屠殺開脫。你會評判他人，他人也會評判你。

沒有人想要認為自己做了糟糕的決定。就算在決策過程中得到最完整的資訊，事實也可能不如預期。假如結果感覺上比其他選擇的結果還糟，就會讓你的決定看起來像是錯誤的決定，而這就是**結果偏誤**，它是**後見之明症候群**（rear-view mirror syndrome）的產物，它會影響我們對決策的評估。

雖然有些結果顯而易見且可以理解，但對結果的評估卻不總是明確。有一個例子是持械銀行搶匪沃特・米勒（Walter Miller），他在一九七七年逃離北卡羅萊納州的監獄。他和羅斯・麥卡錫一樣逃亡了四十年。米勒過世前已經結婚並生了四個孩子，他還取了「鮑比・勒夫」（Bobby Love）這個假名。他終於被逮捕時，反而感到如釋重負而非後悔：「我感覺一個巨大的重擔終於從我的肩膀卸下來。[27]」

就算結果清楚明確，對結果的解讀還是可能讓人產生錯覺。WeWork首次公開發行失敗後，紐曼哀嘆：「最痛苦的是，我明明做了很多好決定。[28]」我想他應該是說了很多好故事，而不是做了很多好決定！

另一個會影響情勢評估的人類怪癖，是我們經常忽略差點成功或失敗的經驗，例如：差點得到的分數、差點相撞的車或差點錯過的飛機。對此，組織災難專家凱瑟琳・廷斯利（Catherine Tinsley）同意：「人類就是會錯誤解讀或忽略這些失敗經驗中所埋藏的警訊，以致經常沒有人檢視這些警訊，甚至反過來將其視為系統適應能力強、一切都很順利的徵兆。[29]」我們會錯失這個重要機會。

包裝結果的說詞會影響你的判斷。美國心理學家津巴多曾說：「包裝的人會成為藝術家或詐騙者。」包裝，是個強而有力的技巧，會影響你所聽見的內容。

重新包裝敘事：法院的敘事者

你會說自己跑完半程馬拉松，還是說自己半途而廢？你會說自己凌晨三點起床，還是說你晚上九點就睡了？是「暫時缺貨」還是「賣光了」？錯過班機對你而言是場災難，還是可以跟其他人分享的趣事？你每發現一個會自我毀滅的偏誤時，是因此失敗還是成長？希望是後者！

想像一下，外科醫師建議你動心臟手術，存活率是「百分之九十五的病患都活下來」或「百分之五的病患死亡」。機率一模一樣，但是別忘了，用損失來包裝的說法會影響選擇。資訊的包裝方式會影響我們解讀問題的角度——獲得或損失、好或壞、緊急或不急。零售商知道人類是二元思考又想規避損失，因此會用話術包裝讓你荷包失血。

懂得說故事的人會用話術包裝，以說服病患、消費者、員工、選民和投資人。正如擅長說故事的基金經理，刑事審判的結果也是取決於哪一方比較會說故事，而這就是法律的「床邊故事」。陪審員尋找邏輯清晰的論點得出裁決，被告律師則訴諸情感喚起陪審員的同情。

在影集《美國犯罪故事：公眾與ＯＪ辛普森的對決》（*The People vs OJ Simpson*）中，檢察官瑪西婭·克拉克提醒克里斯·達登：「辯方熱愛講故事，律師靠著說故事轉移人們對真相的注意力。」因為提起手套而導致檢方栽了跟頭的達登回道：「人們喜歡聽故事，因為故事能讓事情變得合理。[30]」

他說得沒錯。在發生羅尼·金恩（Rodney King）暴動事件的三年後，強尼·科克倫靠著講述種族不公義的故事打贏了ＯＪ辛普森案。妮可·布朗與羅納·高曼渾身是血的身影，被不公義引起的暴動畫面所取代。陪審員反覆聽見那句押韻的名言：「手套戴不上，就該無罪釋放。」一九九五年十月三日，一億五千萬名觀看者豎起耳朵，等待審判結果。我就是其中之一。

誰不想得到正確的結局？這個故事的新篇章在二〇〇七年寫下——辛普森因持械

搶劫被定罪，坐牢九年[31]。

在法庭上講述動搖人心的故事可追溯到數十年前。一九二四年，克萊倫斯・丹諾（Clarence Darrow）為兩位同性戀菁英青少年奈森・利奧波德（Nathan Leopold Jr.）與理查・婁伯（Richard Loeb）辯護，他們的罪行是綁架和殺害利奧波德的表弟、年僅十四歲的巴比・法蘭克（Bobby Franks）。他們出於好奇而決定追求完美犯罪，但在過程中，利奧波德不慎掉落他的訂製眼鏡，使兩人因此被逮捕。他坦承自己的動機是「純粹熱愛刺激……讓其他人瞭解自己的滿足感與自我中心」。丹諾重新包裝了這個精神失常的故事。結果呢？這兩個殺人凶手逃過死刑的制裁。

類似的情況還有陶德・史波戴克（Todd Spodek）——假富家千金安娜・索羅金的辯護律師。他將詐騙行為重新包裝成移民愚弄貪婪銀行家的故事，她因此逃過重大竊盜罪指控。一九九〇年代，萊絲莉・亞伯罕森（Leslie Abramson）將艾瑞克・梅內德斯的雙屍謀殺案，包裝成受到家長虐待的故事，最終導致陪審團無法達成一致裁決。

我們接受自己想聽的故事，對其他故事充耳不聞，或者不想重寫故事。史蒂芬．史泰納認為自己更像受害者而非英雄，巴茲．艾德林則可能認為自己更像英雄，而非受害者。

亞特蘭大的居民看見了媒體的即時頭條新聞，接受了國民英雄可能成為炸彈客的說法；俄羅斯、北愛爾蘭和瓊斯鎮忠心耿耿的追隨者，接受了以文化身分為基礎的敘事；被害者聽進了道德敗壞的凶手卡瑞．史泰納、肯尼斯．帕內爾、菲利普．加里多、泰德．邦迪和約翰．韋恩．蓋西充滿誘惑魅力的話術陷阱——所有人都誤判了。

我們經常因為深度投入值得獲獎肯定的劇情中，而沒有多加質疑那些引人入勝或令人驚嘆連連的故事。事實上，就連幼兒都可能為了討好父母而包裝說詞，這正是鞏固神話、陰謀論與民間傳說的基礎。

我也照單全收企業的話術三十多年。當然這樣做比較容易，但會造成根本上的誤判。內部溝通和人資部門擅長編排打造故事，以激勵工作表現和留住員工。傑夫瑞．菲佛鼓勵員工採取謹慎的態度，「適度地相信」那些振奮人心的故事即可。如果你心懷壯志，渴望平步青雲，這就是你能得到最棒的建議。

切記，厲害的說故事大師可以重新包裝任何訊息，進而改變其他人的觀點和行為。

接收：真相之聲

說故事的本領是種天賦。在 Tinder 上很健談的人能找到約會對象、被告可以無罪獲釋、政治人物會當選、面試者會得到工作，只要他們的故事說得比別人好就可以了。

我們來談一下歐贊・瓦羅。

二〇〇三年，一個二十二歲的年輕人，緊張萬分地去應徵火星探測漫遊者計畫團隊的工作。這是一輩子難得一見的工作機會，他這位應徵者既處於劣勢，又不是美國太空總署內團體的成員。面試官詢問他的與眾不同之處為何，而他的回答如下：

> 土耳其郊區住了兩個人，他們大半輩子都一貧如洗，其中一個是公車司機奧斯曼，另一個是牧羊人薩奇爾。他們的孫子在沒有人會講英語的家庭中長大，也不認識任何一個創造過偉大成就的人。他現在就坐在這裡，應徵一個參與火星任務的職位。

我永遠忘不了，面試官也忘不了！這位應徵者接到錄取通知電話時，他覺得「彷彿是穆罕默德・阿里打來傳授他拳擊技巧」。現在的歐贊・瓦羅，是前史丹佛大學法律教授、火箭科學家和暢銷書作者。

你的人生故事不是你的人生，只是個故事，但你說故事的方式會改變你的人生。

故事是強而有力的媒介，能幫助你做出更明智的判斷。崇高的理想能夠為反抗人士、俄羅斯布爾什維克黨、法國大革命人士和自殺炸彈客所用，也能激發勇敢的民權與人權運動。綜觀歷史，可以看見故事改變了許多人的行為與態度，造就過往的勝利、現在的苦難與未來的成功。這讓我想到偉大的馬丁·路德·金恩。我最近造訪洛林汽車旅館（Lorraine Motel），這個地方距離他遇刺的三〇六號房僅咫尺之遙。

對此，美國心理學家丹·麥克亞當斯（Dan McAdams）也同意：「我們都是說故事的人，也是我們訴說的故事本身。」你會同時具有私下與職業身分的敘事，即使很難區分。假如你不掌控敘事方式，你的敘事就會掌控你的判斷以及你的名聲。如同第十二位陪審員，你做決策時，便掌握了改變其他人一生的權力。這是個龐大的責任，應該對此抱持最高的敬意，並且明智地運用。

你們已經見過許多反派人物，包括：馬多夫、門格勒、邦迪、辛普森、隆巴德、史泰納、柯維耶和英國郵政。但你們也見到不同凡響的英雄，例如：傑佛瑞·瑞內克、奧斯卡·辛德勒、哈利·馬可波羅和羅傑·波哲雷；以及那些運用自己的聲音做好事的人，比如：比爾・柯林頓、蒂娜・透娜和鮑伯・蓋朵夫。還有太多人，在此無法一一點名羅列。

聽見真正重要的聲音，是下一個世代必須加以磨練的重要技能，而這就是第三篇的重點。

本章重點

- 故事是包羅萬象、引人入勝、動人心弦的機械，會觸發我們系統一的直覺思考。一旦被那電影般的力量吸進去之後，我們就無法暫停、慢下腳步來區分什麼是包裝、什麼是事實。
- 瞭解心智如何對故事產生反應就能幫助我們抵禦故事陷阱的圍牆效應。
- 每一個故事、宣傳說詞、新聞內容或報告內容都蘊含錯誤資訊的風險，它會在我們腦中加入更多相互衝突與競爭的聲音。
- 相似度、公信力和討喜度，將扭曲訊息的真實性，而這既會成為錯誤資訊的來源，也會是說服他人的祕密工具。

- 人們開始收聽時，最厲害的說書人便勝出了。我們相信有合理解釋、突出和有所共鳴並不斷重複的故事——但這往往是錯誤資訊的來源。
- 如果你希望被聽見，就在溝通時一直說「因為」。
- 我們會根據故事的結局來認定決策好壞，而非達成結果的過程。永遠都要同等考量方法與結果，才能磨練你的判斷力。
- 懂得說故事是種天賦，因為這樣你就可以重新包裝任何情境，以符合你的意識形態、提升你的影響力。
- 雖然故事會造成我們的判斷脫離正軌，但只要以負責任的方式運用在有利社會的行為上，就能改善這個世界，啟發後代子孫。

第三篇

接收：即時的判斷

說話，只是複述已經知道的事情，
但如果傾聽，就可能學到新知。

達賴喇嘛

圍牆陷阱和與之相關的偏誤，揭露了我們所聽見的資訊有多麼無法信任。你所聞並非全貌，同時你所言不見得是其他人聽見的內容。

在這個嘈雜、狂熱、所有人都忽略重要之聲的世界，決策者雖然想做出好決定，但他們通常會仰賴第一印象，且不會放慢腳步，給自己足夠的時間深究矛盾、巧合或前後不一。我們沒有時間，其結果就是製造出由各種錯誤資訊混合而成的汽油彈，引爆預料之中的人為錯誤、連帶損害和可以避免的後悔。

如果不放慢腳步，就無法篩選你所聽見的聲音；如果不重新解讀篩選過的聲音，就無法做出正確的判斷；如果無法做出正確的判斷，就無法做出正確的決定。

好的判斷可以為你省下時間、金錢，維護人際關係和名聲。怎麼做？只要適度的自律、冷靜、克制衝動、專注聆聽在特定情況下真正重要的聲音是什麼，並排除不相關的干擾就可以了。

學會接受正確的聲音，對個人、組織，甚至整個社會來說，都非常有幫助。接收正確聲音的個人會更有說服力、與眾不同，甚至更受歡迎；組織則會變得更值得信任、永續，也會更有成效；至於接收正確聲音的社會會更加包容、公平與和諧。

只要做好充分的萬全準備，就能避免可預見的損害。這條邁向權力、績效和繁榮的道路，如下圖所示。

雖然人類很容易產生偏誤，但這並不表示我們注定會產生偏誤。只要能確實看見、聽見並說出真理，就可以大幅提升表現、影響力，同時增進與其他人的連結與互動。

在本書最後一篇，我將指引各位成為接收正確聲音的決策大師，並抵銷我們在圍牆陷阱中提到的那些偏誤。

作為解決問題的人，採取我稱之為的**決策摩擦力**的方法，可以讓你後退一步，以「立體視角」重新解讀資訊，將心理上的盲點、聾點和啞點納入考量，如此一來就能重新平衡所見與所聞。

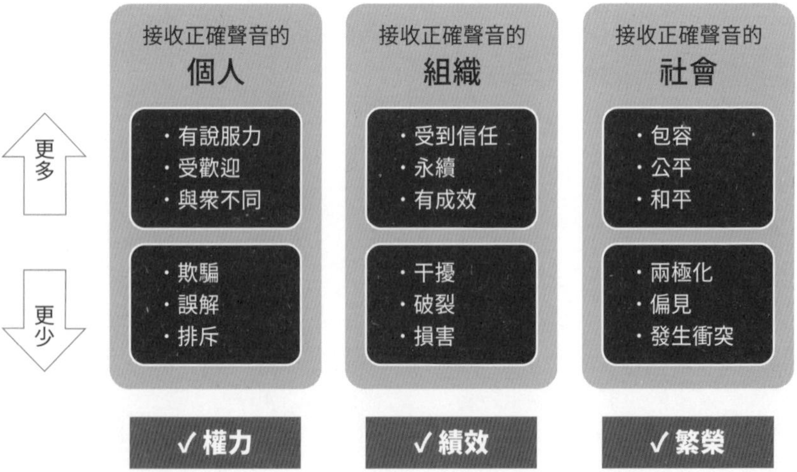

這是條超快捷徑，能幫助你成為超級幸福傳遞者和明智的第十二名陪審員。對於領導者、具有影響力的人士和掌權者而言，這既是你們的信託責任，也是你們的道德義務。

第14章

聽見重要的聲音：SONIC策略

人的一切都能被奪走，只有一個例外……在任何情況下選擇自己的能力——選擇自己要走的路。

奧地利神經學家　維克多・法蘭可（Viktor Frankl）

試想一個你即將做出的重大決定。在本章中我會提出一系列有科學根據的策略來刻意打斷你的思路，以幫助你做出最好的決定。另外，也可以用來回顧過去所犯下的錯誤，明白當時的自己還能夠怎麼做。

刻意、選擇性、為了解讀而傾聽資訊，是一種選擇。如果你下定決心成為成功的決策大師，首先就要採取正確的心態，將判斷視為可掌控的因素，再有意識地評估所有沒有察覺到的決策風險，並選擇應對的策略。

做出好判斷是一種選擇。這個選擇對你而言要麼成為資產，要麼成為負擔，取決於你是有意做出決定，還是默認錯誤發生。對於判斷結果究竟會感到後悔？還是得到收穫？取決於你花了多少心思留意圍牆陷阱。可以套用以下這個簡單公式，計算出你的後悔指數和收穫指數如何。

愈是有意識地留心潛在錯誤，愈有可能避免後悔，並且得到收穫。

AAA心態：資產與風險

我們無法控制局勢，但可以控制我們最寶貴的資產——心智。「薩利機長」切斯利．薩利柏格（Chesley Sullenberger）駕駛飛機時，無法阻止低飛的加拿大黑雁撞進飛機引擎，但他足夠信任自己內在的聲音，因此成功將飛機降落在哈德遜河上，拯救了一百五十五條人命。

在至關重要的時刻，我們可以透過內建的認知機制做出可靠良好的判斷，而這足以戰勝人類心智的缺陷。訣竅就是故意

打斷思考、放慢系統一衝動直覺思考的步調，給自己足夠長的時間停頓反思。

想想看你這輩子做過的所有絕妙決定。相對來說，其實沒那麼多災難，對吧？有時社會把錯誤描述得很聳動，以致我們總把自己的錯誤想像成災難。

只要能掌握三個因素，你的心智就能將風險化到最小，這三個因素分別是：**預期**（Anticipation）**結果**、**對結果的態度**（Attitude）和**接受**（Acceptance）**結果**——對此，我稱之為三A或AAA心態。

現在讓我們逐一檢視說明。

預期結果

這是第一步。只要預期最好和最壞的情況就能做好準備，進而避免自己做出過度的情緒反應。如果普度製藥公司對人命的重

視勝過利潤，或許就能控制住鴉片藥物危機；倘若希拉蕊能預期到個人電子郵件伺服器會引起媒體瘋狂報導，她或許早已成為第四十五任美國總統；如果亞歷・鮑德溫、馬克・史丹利和胡安・羅德里格茲沒有過勞或分心，或許就不會有人喪命。人生充滿後悔、假如與或許。

話雖如此，預期後悔會發生，可以讓我們想像到可能的損失，進而有動力去預防後悔出現。

對結果的態度

培養AAA心態的下一步，是事先決定你對於未知結果的態度為何——這是受到低估的心理資產。

麥可・彼得森被指控謀殺時，他選擇接受艾福德的認罪協議，預先選擇了自己對定罪的態度；魔術師哈利・胡迪尼（Harry Houdini）接受了水牢戲法的死亡風險。在《奧美傳奇廣告鬼才破框思考術》（*Alchemy*）一書中，奧美集團副總監羅里・薩特蘭（Rory Sutherland）建議我們創造態度：「給人們一個理由，他們或許不會因此展開行動；但是只要叫人們展開行動，他們就會自己找到行動的理由。」[1] 如果你的目標是成為了不起的決策者、牽線人、問題解決者或具有影響力的人，你可以透過小小的提醒，推動自己做出精明的判斷。

接受結果

我們不是「選擇」做出錯誤的判斷，而是我們並不是總能「掌控」判斷結果。

如果你無法逆轉決定，接受結果就是強而有力的心理資產。接受結果就是當下最好的選擇，如此一來，就不會沒完沒了的抱怨下去。你沒有百發百中的魔彈，無法每一次都正中紅心。匿名戒酒會鼓勵成員接受無法改變的事物，對於無法逆轉的誤判也該如此。

戴上ＡＡＡ王冠吧！有意識地掌握對結果的預期、態度和接受程度，會讓你的準備更充足，進而在嘈雜、視覺化、兩極化又高速運轉的世界中重新平衡決策依據，減少錯誤風險對自己的傷害。

「決策摩擦力」是心理的減速丘

破解偏誤的能力無關才智或個性。話雖如此，相較於因為火燒眉毛而慌亂行事的人，認真盡責的人還是比較能以更輕鬆的方式化解偏誤。

是否能成為決策大師的唯一根據，就是你是否有刻意留意到別人「說的話」與「沒說出口的話」。事實上，這就是記者查證資料來源、分析師審查收益、調查員破案和談判專家談成交易的方式。打斷原本的思考模式、放慢推論的腳步、拓展你的意圖解讀技巧，才能像FBI調查員傑佛瑞・瑞內克一樣，在正確的時刻聽見正確的聲音。正如瑪麗・巴德・羅威的發現，每多一秒的反思時間，都有助於提升判斷力。

在數位世界中，「摩擦」（friction）一詞總讓人產生負面聯想。這個詞描述的是效率低落又消耗能量的過程，導致我們無法獲得流暢的消費者體驗，例如：難以取消的訂閱服務或冗長的申請表格。聰明的公司都會選擇避開摩擦。但是在某個領域裡的問題，有可能是另一個領域的解決方案。

若能在做出判斷前先刻意打斷自己的思路，就可以賺到寶貴的反思時間，而這就是我所謂的決策摩擦力。這究竟是什麼？就是指一系列有意識的提醒、規則、推力、質疑或機制，讓你跳脫以衝動直覺主導的系統一思考，轉向更深思熟慮的系統二思考。換言之，這種摩擦力可以讓你暫停腳步。

雖然我們不想要數位摩擦，但我們很歡迎決策摩擦力，因為這能預防我們做出誤判。不妨把這個決策摩擦力想像成內心的減速丘，它能讓你暫停夠長的時間，以克服圍牆陷阱。這個方法實行起來非常容易，因為決策摩擦力是暫時措施，只需要暫停足夠的時間，讓我們在狂熱狀態下過濾掉會導致自己脫離正軌的聲音就可以了。

我將十八個有科學依據的策略分為五大類，並將其濃縮成「SONIC」（音速）一字，以協助各位記憶。決策者只要善用這五大類多多重新思考、重新解讀和重新評估，就能獲得更好的判斷結果。

- 放慢腳步（**S**low down）
- 整理注意力（**O**rganise your attention）
- 探索新觀點（**N**avigate novel perspectives）
- 打斷思緒（**I**nterrupt mindsets）
- 校準對情勢、陌生人與策略的判斷（**C**alibrate situations, strangers and strategies）

每一大類都包含幾種量身打造的工具，能讓聰明的決策者用以打擊偏誤。每次逐步增加重新校準的秒數，都有助於提升判斷力。

某些產業其一星期的標準工作時間是八十小時，因此個人決策者和團隊必須具備暫停思考的工具和方便使用的技巧，才能放慢腳步。沒有單一的解決方法能抵銷所有風險。每個解決方案都必須根據可用

S	O	N	I	C
放慢腳步	**整理注意力**	**探索新觀點**	**打斷思緒**	**校準對情勢、陌生人與策略的判斷**
五個爲什麼	重新設計決策環境	永遠都要先諮詢再決定	打斷自己：預設爲錯	圍牆偏誤檢查清單
反駁論點	排解數位干擾	狄波諾思考帽 2.0	打斷他人：決策診斷	解讀習慣
時間暫停工具	偏誤查證	抽離讓觀點獨立	採用第三隻耳	執行意圖
	番茄工作法	亞努斯正反思考	接納髮夾彎	

的時間、特定的決策類型、嚴重程度和可能發生的結果量身打造。

請根據你的信心以及曾做出類似決定的經驗，選擇你覺得最輕鬆的解決方式。沒有一種解決方式適用於所有人或所有情況，但有各式各樣的解決方法可供挑選，勢必能減輕你做決定時的焦慮和壓力。

實行SONIC判斷策略

古希臘哲學家畢達哥拉斯（Pythagoras）曾說：「我們能以言論判斷愚者，以沉默判斷智者。[2]」首先從「S」類的策略開始，探索該如何放慢腳步，給予自己足夠長的時間，以重新校準和重新解讀自己聽見或沒聽見的資訊。

S：放慢腳步

關於這一點，我發現有三個非常有效的技巧，分別是五個為什麼、反駁論點和時間暫停工具。

五個爲什麼

一九七〇年代，日本汽車廠牌豐田開發出一個能解決複雜問題的簡單方法，時至今日仍運用在全世界的製造商、顧問公司和新創公司愛用的**六標準差**（Six Sigma）中。**這個概念是假設企業中大部分的「技術問題」會掩蓋「人為問題」**。

顧名思義，出現決策問題時高階主管應連問五個「為什麼」，藉此探究潛藏的成因。這個實用技巧有助於探查錯誤推論，並診斷是否存在假設。除此之外，這個技巧還能減少忽略可能性、損失規避和承諾升級等偏誤。

感到脆弱或不確定接下來該怎麼做時，就能運用這個技巧。舉例而言，瓊斯鎮的提姆・史托恩可能會問：為什麼上帝只對一個人說話？如果我們是自由的，為什麼要拿槍？為什麼我們需要被保護？為什麼救贖要用到氰化物？為什麼不能讓孩童活下來？任何提問組合都可以。另外，這個方法也很容易記住。

當你聽見不合理的資訊時，先暫停一下，然後探問和思考，就像雅各斯警員在看見加里多身邊的孩子時那樣。連問五個問題，可以讓你慢下來；隨著你愈來愈深入分析和篩選最重要的聲音，你的視野就會愈來愈開闊。除此之外，這種有意為之的提問會成為一種習慣。

反駁論點

另一個能放慢腳步的技巧是違反事實，有時這稱為**採取反面觀點**。例如，假設你不確定大學是不是要讀工程學系時，可以運用違反事實思考一下，想像你主修新聞學系或園藝學系的未來；或者如果你認為安樂死可以預防憂鬱，就研究看看安樂死是否會導致憂鬱。

前美國國家安全顧問山迪・柏格（Sandy Berger）在美國總統口述歷史計畫（Presidential Oral History Program）中，分享前美國總統柯林頓的作法：

> 柯林頓會做出一個結論，再對那個結論提出反駁。我們準備召開記者會時，柯林頓會給出答案，我們再提出批判……他就會把那個答案撕成碎片。他可能是你這輩子遇過最懂得反問技巧的人。

研究顯示，反證資料和另尋其他方法能提升精確度並防止一個人過度自信[3]。因此，有些決策者也會對假設進行壓力測試，以驗證其參考點是否可靠。具體來說，你可以模擬更好或更壞的情況[4]。舉例來說，提耶西・德・拉・維雨榭應該設想更好的情況：「如果我聽馬可波羅的話，我客戶的金融資產會更安全。」或更糟的情況：「如果我聽馬多夫的話，我會毀掉更多客戶的人生。」

違反事實的思考，可以有效解決泰曼・希克斯、弗瑞德・克雷和喬治・佛洛伊德所遭遇的武斷、兩極化和歧視的判斷。

時間暫停工具

世界衛生組織建議世界各國應訂定「時間暫停日」為國定假日，並希望將「時間暫停」訂為全球醫療標準程序以提升病患的福祉。這個概念很簡單——讓醫療人員暫停工作一天，以反思至關重要的決定，如此一來就能檢驗醫療程序和交流想法[5]。

事實上，根據《新英格蘭醫學期刊》的報導，這項措施已經減少百分之三十五點二的不良醫療事件，以及百分之十六點七的手術部位感染[6]。從本質上來說，提高安全性表示失職和死亡率也同時降低了。患者也鼓勵採取這個解決方案，因為這樣能避免拖延或誤診。

在醫療環境中，運用時間暫停能提升患者安全，但其實這個概念可以運用在任何產業中。某些公司會採取效果相同的作法，比如：「無電子信件」星期五、人才休假、志工日和允許定期異地工作。對某些人來說，遠距工作讓人更容易進行心靈反思。因此，請選擇最適合你和你們團隊的時程安排和作法吧！

眾所周知的**認知負荷理論**（cognitive load），是假定策略性暫停可提升人們在壓力下思考的能力[7]。這是真的。雖然反省思考會耗費更多心力，但是你能夠因此更明智地推論和聽見真正重要的聲音；相較之下，這個代價一點都不大。

我是一個語速很快的人，策略性暫停的力量對我而言是很陌生的，因此我一聽說有個「暫停鍵」工具時忍不住充滿好奇。這是個能幫助你克制衝動的小技巧，有點類似輕推作用。就像是用 Fitbit 智慧手錶計算步數那樣，這個腕帶工具有「暫停／播放／倒帶」三個按鈕；當你需要時間調整行為時就啟動按鈕，像重設鬧鐘那樣。

有許多人主張，暫停下來反思其實就是換了一張皮的拖延症。對某些人來說或許就是拖延沒錯，但有策略的拖延可以幫助你放慢腳步，重新考慮你聽見而非看見的資訊。除此之外，這個方法也能從根本上舒解緊繃、維護關係，以及防止錯誤聆聽和錯誤資訊所造成的危機。

這些放慢腳步的技巧能幫助你刻意製造出「決策摩擦力」來避免潛在的誤判。當然，你也可以選擇散步、到外面走走暫停一下！重點不在於你選擇哪種方法，而是你在「暫停」時專注於解決問題。如果你能集中精力找到正確的聲音，將會皆大歡喜。

O：整理注意力

斯多噶學派的哲學家愛比克泰德（Epictetus）寫道：「你把注意力放在什麼事情上，你就會成為那個樣子。」

你是否投注了所有或一部分的注意力在重大抉擇上，還是說沒有投入任何心力？你可能會在潛意識中不成比例地放大兩難困境，從而阻撓了理性判斷，或抱持鴕鳥心態否認現實。

你會把注意力放在想要的事情上——我先生在這方面可說是爐火純青！有些人可能會認為，收看星期六的運動比賽比清理工具間重要。這很困難，我知道。當然，唯有在獎勵對你而言夠好的情況下，你才會精準判斷[8]，而這就是我們熟知的動機性推理。現在，來看看對付資料過量和協助你專注於決策的四個技巧：重新設計決策環境、排解數位干擾、偏誤查證和番茄工作法。

重新設計決策環境

當超市設計商品擺放位置時，陳列設計師能決定你會買水果還是水果軟糖、蘋果還是蘋果酒。**選擇架構**（choice architecture）是行為科學家和行銷專家的專業，能用來悄悄影響消費者在線上或線下的每個選擇。

以此類推，你也能夠以「決策建築師」的身分運用這個原則。試想一下你會在什麼地方反思和做出高風險的決策——可能是你的辦公室、廚房、花園或臥室？

這是不是讓你想到了年度最佳住宅廣告？簡言之，你可以掌控那個環境。改變現實環境的設計能促使你產生煥然一新的認知。這並非艱深莫測的道理。就像如果你想減重，可以把晚餐裝在早餐盤裡；如果你想戒菸，就把菸灰缸清乾淨；如果想有意識地反思和清理心智，就先清理和建構你做出決定的空間。

有些企業會刺激員工反思。馬可·班尼歐夫就在許多辦公室裡設置正念思考區。「創新是 Salesforce 的核心價值，深植於我們的企業文化中。[9]」

正念思考是時下趨勢，不過這個觀念可追溯到三千五百年前佛教的「初心」，其呼籲人們就算累積許多專業知識，也不要妄下判斷。

企業該做的事情，遠不只是提供反思的空間，而是應該減緩有損工作表現的壓力，以避免放大員工的直接和間接的心理壓力。試想一下投資銀行、新聞編輯室、醫院和急難救助組織的快節奏環境。我們見識過太重視和獎勵快速決策的企業文化會發生什麼事。當然，重新設計做出決策的環境，還可以進一步強化暫停思考這個策略的效果。至於要「如何」和「到哪裡」去重新轉移方向是個人選擇。你可以在任何地方做這件事。如果你身處的環境充滿干擾，那第一步就是整理你的注意力。

下一步，是好好管理那些震耳欲聾的鈴聲、簡訊聲和通知聲。

排解數位干擾

你讀這本書時，手機放在旁邊嗎？你通常會打開幾個瀏覽器分頁？我剛剛數了一下，是六十三個，真是慚愧！

你是不是經常被訊息、提示和通知打斷？你會聽見狗吠聲、汽車行駛聲或幼兒哭鬧聲嗎？其實最誇張的，是人們百分之四十四的時間是被自己給打斷[10]。難怪會出現注意力危機！

究竟是什麼在干擾你，以及干擾又從何而來？

「多工模式」導致我們無法接收正確的聲音或任何聲音！在《專注力協定》（*Indistractable*）一書中，作者尼爾．艾歐（Nir Eyal）提出我們的科技干擾來自無聊、焦慮或不安全感。無法克制地查看、瀏覽、滾動頁面和掃過資訊是種惡性循環。被設計用來服務我們的工具，反而成為我們的主人。

你能忍受自己被干擾多久，才開始克制不讓自己繼續分心？

諷刺的是，為了減少一天到晚跳出來的數位演算法海嘯，艾歐建議我們手動移除通知、封鎖電話或安裝擁有各種功能的應用程式，在設定的時段內隱藏訊息通知、移除吸引人點閱的內容、阻擋上網。身為長時間的多工工作者，我會運用**時間箱**（time boxing）技巧，也就是在行事曆上安排每個小時的工作。據傳前美國國務卿康朵麗莎．萊斯（Condoleezza Rice）也使用了這個技巧。我發現這個方法通常都十分有效。

總的來說，這些權宜之計可用來對付破壞我們注意力和判斷力的科技平臺；一旦這些技巧成為根深蒂固的習慣後，就會成為有效的長期解決方案，從而幫助我們躲避判斷力殺手。

偏誤查證

有一個比較簡單的方法能幫助我們獲得更多注意力，那就是再次檢查重要資訊。這可以為你節省時間和金錢，挽救你的名聲——火星氣候軌道太空船團隊想必會十分欣賞這個技巧。

誠如事實查證是一種思考訓練，偏誤查證也是。我與企業領導者共事時，建議他們用四個具有過濾作用的問題來評估重要的宣傳詞、報告或提案。這是前往決策奧運會場必經的一系列檢查站！這四個問題的字首剛好可以組成為「BIAS」（偏誤）。

- 偏誤（**B**ias）：哪些偏誤可能會阻礙解讀？
- 直覺（**I**ntuition）：我聽見什麼感覺不對勁或錯誤的資訊？
- 真實性（**A**uthenticity）：我應該深入探究哪些面向？
- 訊號（**S**ignal）：有什麼是我應該聽見卻沒聽見的？

偏誤查證是所有人都能快速上手的工具。有些客戶將這個概念做成海報貼在牆上或馬克杯上。將這個作法納入決策流程的人，也會自動納入決策摩擦力，進而減少人為錯誤的發生機率。

番茄工作法

另一個能直接管理時間、讓你得到反思時間的技巧，就是番茄工作法（Pomodoro method）。這個方法是由法蘭西斯科．西里洛博士（Francesco Cirillo）所創立，雖然名稱取自義大利文的番茄，但其實靈感來源是番茄造型的烹調用計時器——你從此以後都會對番茄另眼相看！

番茄工作法分為五個步驟：

一、選擇要專注的事項。
二、設定二十五分鐘的計時器。
三、專心做這件事。
四、休息五分鐘。
五、重複第二到第四步，直到問題解決。

對容易分心的人而言，這個方法能讓心思慢下來，並限制那些不請自來的干擾。這四個策略可以幫助你重新引導注意力，篩選出真正重要的聲音。你用哪一個策略並不重要，重要的是你必須選擇一個。

現在你已經懂得放慢腳步，以及整理做出決策環境的方法了。下一步就是選擇最精準的策略，以幫助你建立更多觀點和消除錯誤三部曲的影響。

N：探索新觀點

在客套的社交活動中，傾聽有時可能只是表面功夫，甚至偶爾會令人覺得無聊，但實際上真正讓你感到疲憊的並不是傾聽本身。我們都喜愛自己的聲音——還記得滔滔不絕唱起登山獨角戲的迪克．巴斯嗎？**我們太在乎別人有沒有聽見自己，而不是想想，我們有沒有聽見別人說的話。**

想當一個成功的決策大師，就必須探索其他的觀點。誠如亞里斯多德所言：「受過教育的特徵是不管是否同意某個想法，都願意接納和思考。」怎麼做？只需要去傾聽和思考那個想法。心靈就像降落傘一樣，必須時時敞開。開放的心態可以擊破狹隘思維、兩極化、印象管理和內團體偏誤等會造成決策脫離正軌的因素；與此同時，這也是社會邁向更加包容、公平和相互理解的捷徑。

在此類別中我建議採取四種技巧，包括：永遠都要先諮詢再決定、狄波諾思考帽二·○、抽離讓觀點獨立，以及亞努斯正反思考（Janus option）。

永遠都要先諮詢再決定

我是在哈佛法學院教授丹·夏畢洛（Dan Shapiro）的談判學課堂上，注意到這個技巧，他稱之為「永遠都要先諮詢再決定」（always consult before deciding，簡稱ACBD）。過度自信的領導者有時會像是非洲塞倫蓋堤大草原上驚慌逃竄的水牛，一股腦兒地往前衝，不事先諮詢，也不考慮後果。

然而，做決定前先請教他人，並不代表你一定會聽從建議，因為有時我們會產生**心理抗拒**（psychological reactance）。你不需要讓別人擁有決定權或否決權，但至少給他們一個表達意見的機會，就是一個不錯的開始。話雖如此，徵求他人的意見不容易。

對此，影響力大師羅伯特·席爾迪尼提出一個很有效的技巧：「如果將『意見』一詞改為『建議』，研究顯示這樣就能得到大量有利的回應。」其他人「會朝你靠近半步」[11]。同理，這也能化解敵意，促進和諧。為什麼？因為其他人會覺得你們站在同一陣線。

假如前英國首相特拉斯接收政黨的聲音而非自己的聲音，或許就能在首相之位上坐得更久！誠如貓王艾維斯和弗雷德・古德溫的例子所示，傲氣有時會阻止我們揭露自身的弱點，或在重要時刻阻礙我們尋求幫助。

狄波諾思考帽二・〇

知名心理學家愛德華・狄波諾（Edward de Bono）提出的六頂思考帽（6 Thinking Hats）技巧，非常適合用於橫向思考決策。這個技巧能幫助個人度過決策兩難，或者減少組織中的團體迷思。每個思考概念都有一個顏色，象徵著你在特定情況下可能產生的解讀方式。而之所以設計這種思考方法，是為了拓展腦力激盪中所產生的想法。舉例而言：

- 藍色：策略（規劃、預測）
- 黃色：樂觀（效益、收穫）
- 黑色：悲觀（風險、弱點）

・白色：事實（中立資料、統計數據）
・紅色：情感（直覺、本能）
・綠色：創意（新想法、替代方案）

不同的顏色能讓你聽見和尊重不同的觀點，同時這個思考方法可以根據各種場合量身打造，從探尋創新想法到預測股東的反應都可以。與客戶共事時，我會從六個角度思考問題與解決方案，分別是：客戶、股東、媒體、政府、員工和監管單位。每一個角度都可以視為一頂傾聽帽。

狄波諾的思考帽不僅能放慢決策過程、增加決策摩擦力，還可以激發我們從額外的路徑探究問題，聆聽其他的選項。舉例來說，療診公司可以嘗試用這個技巧，為愛迪生驗血儀發想其他解決方案。

一旦探索新觀點之後，就有可能做出更有創意和更好的判斷！

抽離讓觀點獨立

發生道德衝突、情緒激動或承受壓力時，很難保持客觀。事實上，就連許多人愛用的優缺點清單，本身也存在許多偏誤。

抽離和尋求第三方的建議，可以避開圍牆效應。社會心理學家史考特．普勞斯（Scott Plous）也認同這一點。「最有效率的技巧就是考慮其他觀點。」這就是為什麼董事會要任命獨立董事，以遏止利益衝突、道德褪色和團體迷思。

比起熟悉的聲音，新聲音能與我們產生更多共鳴。你是否曾發現，有時同事或伴侶會更讚賞他人、寧可接收他們的聲音，也不聽你的聲音？對此，你會忍不住哀嘆：「我上星期明明告訴過你一樣的事。」之所以會如此，是因為「新鮮感」。說到底，就是因為陌生的聲音比較突出，因此會顯得比熟悉的聲音更大聲。這點雖然很惱人，但有時也頗為實用。

關於這點，麥斯．貝澤曼教授在商業談判領域做了進一步的研究。他在談判過程中採行獨立的**觀點取替**（perspective-taking），也就是**換個角度考量外部建議**後，發現此舉能大幅提升成功談妥最終報價的機率[12]。誰不想談成更好的交易呢？

為了促進橫向思考和拓寬我們的心理圍牆，許多公司會推行借調、轉調、影子工作和區域交換計畫。與此同時，這個技巧也能夠促進包容決策。

另一個常見的觀點取替技巧，是詢問自己：「我的朋友在相同的處境下會怎麼做？」**設想其他人的處境（尤其是你在乎的人），會讓你產生情感上的距離，阻止自己往從眾和確認偏誤的方向靠攏。**除此之外，你的直覺反應也會加速產生立即的結論。

觀點取替是個大家鮮少善加利用的工具，然而，由於我們很容易產生自我相關的偏誤，更應該多加使用。

亞努斯正反思考

羅馬神話中的雙頭神亞努斯（Janus），其代表了能夠同時往前看和往後看、得到最全面觀點的象徵。這讓我想到標準人壽公司（Standard Life）的座右銘「往前看、往後看，往四面八方看」。有時，成為亞努斯是很有意義的！

誠如我們在第一章討論過的，我們會用思維狹隘的非黑即白選項，下意識地簡化複雜的兩難問題。美國教育家奇普．希思（Chip Heath）和丹．希思（Dan Heath）在書中告誡我們，用二分法處理兩難困境「是典型的警告，表示你還沒探索完畢所有的選項」[13]。永遠都有其他選擇。

在做每一個選擇時，不論是想買房子甚至是闖空門，都有六個選項可以考慮：

一、什麼都不做。

二、重新思考決定。

三、延後決定。

四、尋求幫助。

五、跟隨群眾。

六、做這個決定。

無論如何，思索、考量更多的選項，總是能減少做決定時帶來的焦慮，以及偏誤所造成的錯誤。若你像凱撒大帝那般思維寬闊，就能跨越自己的盧比孔河，重新書寫自己的故事。

除此之外，有趣的是，「讓選項消失」的技巧能幫助你得出更多選項。顧名思義，這個技巧指的就是讓現有選項消失[14]。要想像自己無法從正在考慮的選項中做出選擇，因此逼迫自己發揮創意。這在複雜的情勢下相當有用，比如：構思軍事策略、處理表現不彰或處理分手問題。如果你只是選個牙膏，這個方法就沒那麼好用了。當然，你也必須面對選項不斷增加的風險！

假如你覺得自己困在兩極化的心態中無法掙脫，可以問問自己以下這兩個問題：（一）哪個選項會讓我更後悔？（二）考量現有的時間、金錢和資源，我還能做什麼？除此之外，還可以運用我在 TEDx 演講中提到的**機率測試**（Probability Test）技巧：

- 可能出現的最糟情況是什麼？
- 這件事發生的機率有多高？
- 如果發生了，我會怎麼做？

這些技巧都能幫助你探索新觀點，從而打斷自己的思緒，爭取更多的反思時間。

I：打斷思緒

你在寫作、構思想法或規劃策略時，智慧型手機每一次震動或亮起螢幕都會打斷你的思考和創意思緒。《大加速》（*The Great Acceleration*，直譯）一書的作者羅伯特・寇維爾（Robert Colvile）指出，《財富雜誌》全球五百強企業的執行長，其每天平均只有二十八分鐘不受打擾[15]。經常被打斷的人只好加速工作，從而承受了更大的壓力。

美國加州大學爾灣分校估計，我們必須花二十三分鐘才能恢復被打斷前的狀態——真的得花很多時間，這絕對是判斷力殺手！

通常我們都不太樂意打斷自己的思想列車，但現在不一樣。誠如決策摩擦力，刻意為之的打斷可以成為決策大師的利器，也可應用在團隊、下屬或股東等你想左右心意的對象身上。我們可以用幾個方法有意識地進行策略性打斷，以減緩圍牆陷阱所造成的破壞，包括：透過預設為錯打斷自己、用決策診斷打斷他人、採用第三隻耳，以及接納髮夾彎。

打斷自己：預設爲錯

還記得艾倫·葛林斯潘和證券交易委員會是如何忽視金融警訊，以及他們的充耳不聞所造成的災難嗎？在你因為條件反射而下意識地認定對方一定是錯的之前，不妨先假設你自己是錯的，而非對的一方。

刻意預設自己為錯，能幫助你節省時間、金錢和焦慮。除此之外，假如想成為更以人為本、目標明確的領導者，就需要一點自制力和一點人性。我們應該將決策錯誤視為人性的象徵，而非才智不足的象徵[16]。對此，輕推理論很有幫助。在 Podcast 節目「機智事業」（The Brainy Business）中，主持人兼作家梅莉娜・帕默（Melina Palmer）探討了輕推理論的務實面。她建議我們**讓可預測的錯誤成為習慣，並在我們做特定事情時想辦法提醒自己**。舉例而言，汽車製造商用內建的「叮叮」聲提醒駕駛要繫安全帶，並設計閃爍警示燈提醒駕駛要加油了[17]。

假設他人為錯，表示我們得選擇性的半信半疑。你詢問店員遊戲機的價格時，你會預期對方告訴你明天遊戲機會特價，而不會假設他會隻字不提的「說謊」——但實際上對方確實有可能會說謊。

因此，預設為錯的心態是預防誤判風險的聰明保險措施，所以請隨時問自己：這個資訊合理嗎？這跟哪一個圍牆陷阱最有關係？哪些偏誤最有可能導致我衝動行事？這種健康的質疑能增加決策摩擦力。一流的警探、記者、治療師和調查員會接收重要的內容、說出的話與沒說出口的話，本能地展開這種質疑。誠如管理學大師彼得・杜拉克（Peter Drucker）所言：「溝通時最重要的，是傾聽沒說出口的話。」

除了主動打斷自己，偶爾也需要打斷猶豫不決的投資人、拖拖拉拉的客戶、闖禍的青少年、難搞的員工等人的心思。

打斷他人：決策診斷

為了避免聽信其他人的故事而上當，另一個選擇是採取**決策診斷**（decision diagnostic）。給其他人額外的時間，能幫助他們釐清煩人的資料、模糊的說明、矛盾的指令、委託工作或簡報內容。假如聯邦調查局暫停下來，重新解讀肯尼斯・威廉斯的備忘錄，或證券交易委員會分析過哈利・馬可波羅提出的二十九個警訊，結果是不是就不同了？**每一秒的反思都很重要。**

倘若聯邦調查員傑佛瑞・瑞內克沒有抱持同理心傾聽卡瑞・史泰納，就會有兩個無辜的人被定罪、被害者家屬將永遠無法釋懷；如果被家暴的蒂娜・透娜沒有離開艾克，你們就不會在這裡讀到她的故事了。

哈佛談判專案中心（Harvard Negotiation Project）的共同創辦人威廉・尤瑞（William Ury）提倡，我們應該「先把其他人往好處想，直到你提出釐清情況的問題，並自行查證事實」。什麼是釐清情況的問題？這可以是開放式的問題，也可以是有固定答案的封閉式問題。開放式問題能讓你聽見更多資訊，比如：「你可以解釋一下好讓我更清楚嗎？」或「你那樣說是什麼意思？」至於有固定答案的封閉式問題，則是用來確認你所聽見的資訊。

為了打斷固有思維，你可以針對信使和訊息本身量身打造問題，如下表所示。

打斷同事、患者、投資人或消費者之後，就會有更多的時間反思。當然，除非他們先打斷你！另外，決策摩擦力也會大幅提升髮夾彎的機率。

接納髮夾彎

美國賓州大學華頓商學院的亞當・格蘭特（Adam Grant）教授主張，精明的人會重新思考現有的想法——他說得沒錯[18]。而這

接收者（你）	訊息	信使（其他人）
這個資訊憑直覺來說合理嗎？我需要幫忙嗎？我明天還會認同嗎？	這是事實、意見、斷言、推論、假設還是聲稱？	他做決定時身處什麼情境？他是處於放鬆狀態嗎？他承受著時間、社會或財務壓力嗎？
哪些圍牆陷阱與現在的情況最有關聯？	這個論點是否前後一致、合理、得到驗證？	你喜歡、讚賞、嫉妒或尊敬這個傳遞消息的人嗎？他對你來說是可信、熟悉或相似嗎？
哪些偏誤最有可能促使我做出負面回應？	有什麼未知的風險和結果？有什麼是我不知道的？	他可能會產生什麼偏誤？他在你的內團體還是外團體？

通常表示他與群眾背道而馳，也有可能是與自己背道而馳。這看似是顯而易見的策略，但事實上我們不總是會做顯而易見的事情。試想，如果英國鐵路公司和美國汽車工人聯合會（United Auto Workers）傾聽員工的聲音，或好萊塢聽進編劇的擔憂，就可以避免罷工熱潮。

事實上，格蘭特主張我們應該改變對「轉變想法」的理解。**我們不應該指責轉變立場這件事，反而應該為重新思考鼓掌喝采。**格蘭特建議我們建立質疑者網絡，也就是「一群與我們意見不同但我們很信任的人，才能指出我們的盲點」。對某些人而言，伴侶、丈夫或妻子就是這樣的角色；「他們會給出我們或許不想聽，但必須聽進去的重要回饋。」他們的角色是提出質疑，就像扳動柔軟的迴紋針那樣扭轉你的信念。

花點時間想一下。寫下兩、三個經驗豐富的領導者的名字，請他們加入質疑者小組，成為你的盟友。

採用第三隻耳

奧地利心理學家佛洛伊德（Freud）的弟子狄奧多・芮克（Theodor Reik）主張，

我們要用第三隻耳朵傾聽——當然，這是譬喻[19]。意思是，與其將偶像、上司或專家的聲音奉為絕對真理，你可以用三個字提出開放式問題：「真的嗎？」

僅僅用這三個字，就能表達出你感到好奇但並未被說服；同時，這三個字一點也不咄咄逼人，所以能引出他們不知道與知道的事情。

WeWork、FTX、富國銀行、蘇格蘭皇家銀行和療診公司的員工，都可以採用這個提升判斷力的方法，可惜他們許多人都沒有選擇好好運用。這三個簡單的字是聆聽新資訊的邀請，同時尊重其他人的立場，亦能防止滿懷敵意的回應。

以上這幾個與打斷思緒有關的策略，可以為決策大師奠定基礎，過濾和重新調整對情勢、陌生人、故事和策略的判斷。

C：校準對情勢、陌生人與策略的判斷

如何在這個充滿雜訊的世界中接收到正確的訊息？你可以使用三個行為科學工具來重新校準你的聽覺判斷，分別是：圍牆偏誤檢查清單、解讀習慣（interpretation habit）和執行意圖（implementation intentions）。

圍牆偏誤檢查清單

思考很累人，所以運用現成的圍牆偏誤檢查清單，可以在你最脆弱的時刻替你簡化決策過程。各位可以至我的網站（www.nualagwalsh.com，此為英文網站）找到這份檢查清單，以及本書提到的超過七十五種偏誤、謬誤和效應。這是適用於任何情況的參考資料，同時可以幫助你預設為錯。

為了讓打斷你思考的「SONIC」策略更完善，你可以問問自己：哪一類的圍牆陷阱及其相關的偏誤會引導你選擇性傾聽——是良心、批評還是群眾；是希望、炒作還是歷史？又或者是偶像、吹牛大王或專家？還記得聽見與忽略之聲的光譜嗎？

在流程重複或分為多個階段的複雜環境，非常適合使用檢查清單。另外，由於必須與其他人合作建立這分清單，因此也會建立出共同的責任感。美國知名投資控股公司董事長查理・蒙格（Charlie Munger）相信，檢查清單能保障收益、當責和產量。

> 我堅定地相信，檢查清單可以解決棘手的問題。你必須列出所有可能和不可能的答案，否則很容易遺漏了重要的事情[20]。

人類行為非常複雜，無法用簡單或單一的方式解決。檢查清單非常有價值，然而，一旦人們不按照清單檢查的話就會出錯，比如：濟布魯治港沉船事件、田尼利夫島飛機相撞事件、車諾比事件和發生在許多工廠的意外。**比起堅不可摧的保障，檢查清單的作用更像是降低風險**。因此，對胸懷大志，想要維護名聲、避免犯錯和提升表現的決策大師而言，這是非常明智的習慣。

解讀習慣

身處高風險的處境時，可以靠著簡單的「猶豫習慣」來增加決策摩擦力。這是一種心理的減速丘。關於習慣，暢銷書《原子習慣》（*Atomic Habits*）的作者詹姆斯・克利爾（James Clear）指出，任何微小的習慣改變都可以產生驚人的成果[21]。

為了將做決定的效果發揮到極致，首先，我們應該練習暫停、探究、反思或事實查證。新冠肺炎疫情讓我們瞭解到新習慣的養成有多麼快速。回想看看疫情期間推動的購物消費模式、身體狀態追蹤裝置、串流服務和遠距離工作，就會明白了。從線上購物到帳戶自動扣款，我們已經很熟悉這些自動化的習慣，知道這些習慣可以簡化生活中許多事情。

對此，你也可以幫自己訂一些規則，比如：「我每次都會參考這份清單」，並標注適用的情況。像是在以下某些特定情況下，就會拿出清單來檢查一遍：

- 「這個決定會影響我的財務狀況。」
- 「這個決定會影響到另一個人的幸福或快樂。」
- 「這關乎我或我所屬組織的名聲。」
- 「我遭受內心或外在壓力、感到恐慌或不確定該做什麼的時候。」

當然，你可以自行決定使用規則和條件。無論如何，當偏誤檢查和解讀情勢成為一種習慣後，不注意失聰和犯錯的風險就會消失殆盡，如此一來，你將更有機會用自己的方式，重新定義這場你死我活的競爭。

另外，時機也很重要。在《零阻力改變》（*How to Change*）一書中，作者凱蒂・米爾克曼（Katy Milkman）建議要善用人生中的重大時刻，譬如出生、死亡、周年紀念或新季節。重新心理建設會促使我們養成激勵自己的新習慣，比如新年新希望。對此，她稱之為**新起點效應**（fresh start effect）[22]。

一旦下定決心成為決策大師、像第十二名陪審員那樣思考之後，並將養成新習慣的過程拆分成一小塊一小塊，再搭配具體的計畫，就能讓「改變」感覺上比較可行、也不那麼令人卻步。你會更有自信，覺得一切都在自己的掌控中。

執行意圖

欲躲避判斷力殺手的最後一項利器是執行意圖，這是一種用來克服意志力低落的心理學技巧。運用「如果……就……」句型的技巧，就能解決難搞的「行為與意圖差距」（behaviour-intention gaps），比如，總讓人提不起勁的減肥和清掃工作。我知道你希望當個成功的決策大師，但你卻和大多數人一樣忙到沒空開始。

美國心理學教授彼得・戈維哲（Peter Gollwitzer）和帕斯卡・席倫（Paschal Sheeran）發現，某些技巧能將目標化為實際行動，從守約到投票都適用[23]。投票不僅是公民義務和慣例，也與習慣息息相關。詢問選民是否打算投票時，倘若不是問「你會投票嗎？」，而是問「你何時去投票？」將會提升百分之二十五的投票機率[24]。二〇〇八年美國總統大選期間，鼓勵選民規劃投票行程，讓投票的可能性提升了百分之四點一[25]。

根據研究顯示，預先規劃有助於戒菸、健身、回收和守約[26]。預先承諾之所以有效，是因為這會使我們產生一致性偏誤，如此一來也能避開使用明確指示，因為明確指示經常造成非必要的心理抗拒。

我們可以透過四個步驟，將執行意圖運用在偏誤檢查上。首先，清楚表達你想養成偏誤檢查習慣或成為決策大師的意圖；接著，擬定什麼、何時、哪裡以及如何的計畫：

- **什麼**（確認你的意圖）：「在高風險的情況下，運用圍牆偏誤檢查清單。」
- **何時**：「當我對某個決定感到不確定時。」
- **哪裡**：「在我的辦公室、花園或車上。」
- **如何**：「我會把我最喜歡的章節印下來並貼著當參考。」

加分觀點！如果你在計畫中加上「因為」兩個字，會讓承諾更加穩固[27]。

- **為什麼**：「因為我想過最棒的人生，不想要後悔。」

對於暈頭轉向和心煩意亂的決策者而言，只提醒他們反思的重要性還不夠。加上執行意圖的思考，可以讓行動感覺上非常真實，彷彿馬上就會發生一樣。同時，這能減少心理壓力，讓未來更靠近，解決現時偏誤和維持現狀偏誤。我就是靠這招，才終於清理了工具間！

所有的SONIC重新校準策略，都假設我們會做出審慎思考和防止可預期錯誤的承諾，而履行承諾就表示——你已轉變成決策大師了。

提高你的傾聽商數

神經可塑性，或者說大腦神經功能重組的能力可以帶給我們希望。期望是可以自我實現的——這對決策大師而言是大好消息！換言之，**假如你期望得到了不起的成果，就會增加這件事發生的可能性**。

在《心念的力量》（*The Expectation Effect*）一書中，作者大衛．羅布森（David Robson）大力強調「期望」的力量，他說：「我們根本沒有理由對自我轉化的能力感到悲觀。[28]」

如果你可以讓自己思考得更好，就能讓其他人做得更好。如果你不斷告訴自己，你是個聰明的傾聽者、解讀者、問題解決者或看人很準，在暗示的力量與重複效應的作用下，你就會對此深信不疑，然後成為那個樣子！

如果你告訴自己，你就像第十二名陪審員一樣，你會感覺自己肩負更多社會與道德責任，所以必須放慢腳步，以免自己做出不成熟的倉促判斷。

選擇性傾聽，表示你收聽的是最息息相關的廣播電臺。你不能同時聽見所有聲音，所以有意圖地傾聽和解讀溝通內容，是二十一世紀的必備技能。每個SONIC策略都可以配合情況所需，單獨使用或一次採用多種策略。

萬靈丹或完美的判斷不存在，但總會有更好的決定。即便只付出一點點努力也會有所收穫，提升你的「聽商」，訣竅就是從小事情開始；即使只是改變百分之一，也能節省時間、精力和金錢。

本書提到的許多人物都必須在高風險的情況下做出判斷。這就好比長距離跑者必須在壓力下做出至關重要的判斷——何時成為領跑者、競賽中的關鍵時刻，以及如何加速超越對手。奧運金牌和銅牌之間只有百分之幾秒的差距。

商業領導者、外科醫師、治療師、律師、將軍、兒童保護單位、警察、機師和太空人都必須應對危急時刻，以做出正確的判斷。

在雙子星十號任務中，麥可．柯林斯和組員在太空艙裡面臨從未遇過的挑戰。柯林斯難以確切分辨地球的邊界。為了安全返回地球，必須知道精確的地理座標。他的決定不僅人命關天，也會影響未來的太空旅行計畫。那時的副駕駛約翰・楊恩（John Young）只說了一句：「盡力就對了。」

這就是我們嘗試改變時能做的事，不只是為了我們自己，也是為了我們關心的人。這樣就夠了。

第 15 章
接收正確之聲：
成爲決策大師

知彼知己，百戰不殆；不知彼而知己，一勝一負；不知彼，不知己，每戰必敗。

中國古代軍事專家　孫子

幾年前，愛爾蘭電視臺推出一部名為《安柏》（*Amber*）的迷你劇集，講述一名女學生失蹤的故事。那一天，安柏從都柏林的鄧德拉姆（Dundrum）前往鄧萊里（Dun Laoghaire），沿路都是十分熟悉的街道，但她再也沒回家。傷心欲絕的安柏父母被自責和懊惱的情緒淹沒。他們本來可以做什麼改變？到底發生什麼事？

影集的最後一幕是安柏一個人走在路上，身後尾隨一輛白色廂型車。觀眾心想，終於要揭曉答案了。不，這就是結局。

氣急敗壞的觀眾，在社群媒體上掀起熱烈議論。錯愕的觀眾等不到回答，但我認為結局的設計可說是絕妙無比。每一個尋求解釋的觀眾都能對安柏父母的痛苦感同身受。在那個當下，我們都是失蹤兒童案中內心煎熬的家長、親戚和備感挫折的案件調查員，不論是史蒂芬．史泰納、潔西．李．杜加還是瑪德琳．麥坎的案件。

究竟發生了什麼事？

每一天，政策制定者、政治人物、囚犯、水電工和家長，都在為**生活中的「決定」和「意料之外」的事件尋求解釋**。我們想看到幸福快樂的結局。這就是為什麼漫畫、運動場上和電影中會將失而復得、東山再起的孩子添上浪漫傳奇的色彩；這就是我們為克服逆境的「飛鷹」艾迪喝彩的原因。

我們想看見泰曼．希克斯順利就讀耶魯大學，看見伊莉莎白．坎德爾找到正常的戀愛對象，看見愛迪．達斯勒在哥哥魯道夫臨終前與他重修舊好。我們想成為改變人生的第十二名陪審員。而現在，你有機會了。希望這本書已經讓你明白該怎麼做了。

本書中的案例提醒了我們，並非所有決定都能得到極為正面樂觀的結局。有些結果至今無人知曉，比如：安柏、瓊貝妮特・藍西和馬航三七〇班機的真相；有時候出發點良善的父母會接收錯誤的聲音，比如：史泰納夫婦、費莉希蒂・霍夫曼和胡安・羅德里格茲；有些人會墮落到極致，比如：約瑟夫・門格勒和傑瑞・山達斯基。

我們知道無辜的孩子會因此付出代價，比如：潔西・李・杜加、史蒂芬・史泰納和荷莉・拉蒙納。另外，卡瑞・史泰納、泰德・邦迪、約翰・韋恩・蓋西、吉米・薩維爾和吉姆・瓊斯的受害者也是如此。

環境驅使一些孩子從忍氣吞聲走向邪惡——梅內德斯兄弟殺害他們有錢的父母；傑倫・佛萊柏格在午餐時間槍殺同學；兩名英國青少年將兩歲的詹姆斯・波格（James Bulger）留在鐵軌上等死。我只是用這些異常的例子說明我的論點。我相信，大多數的家長顯然會做出健康的決定，養育出身心正常的孩子。

一心想躋身上流的野心家安娜・索羅金和流氓交易員傑宏・柯維耶，在會放大錯誤聲音的有害環境中做出選擇。其實，這些陷阱每天都出現在我們身邊。

伴侶吃醋時通常會生悶氣，但有些人則選擇血腥的復仇，比如OJ辛普森和貝蒂・布羅德里克。即便是貓王艾維斯・普里斯萊和麥可・傑克森這樣的天王巨星，也會在重要時刻忽視了現實的聲音。好萊塢演員跟數千萬的平凡人一樣厭惡風險，因此為發生機率極低的風險支付了過多的保費。

為什麼？發生圍牆效應時，「情境」與「認知」的結合可能會產生致命後果。

當政策制定者沒有接收正確的聲音時，人為錯誤就會產生大規模的謬誤與破壞。億而富、法國興業銀行、蘇格蘭皇家銀行、WeWork、英國石油公司和雅虎高層決策引發的長期惡果，就是大規模裁員、可支配收入減少和永久心理層面所造成的影響。別忘了格蘭菲塔大樓、療診公司、英國郵政、天主教會、馬多夫、普度製藥公司、FTX和許多事件的受害者。

以國家層級來說，德國、北愛爾蘭、盧安達和許多地方的經濟都曾受到重創；中東、中國和俄羅斯至今仍然沒有接收重要的聲音。儘管很難受，**我們還是得先瞭解忽視重要聲音所帶來的毀滅性影響，才能珍視接收正確聲音的力量。**

傳遞幸福的第十二名陪審員

如果沒有妥善應對，錯誤三部曲可能會成為恐怖三部曲。每一個未妥善應對的圍牆陷阱，都會讓決策者走上錯誤的不歸路。

雖然我們再也聽不見德瑞克・班利、亞歷山大・柯恩斯和科比・布萊恩的聲音，以及勇敢的吹哨者和弗瑞德・克雷、茱莉亞・瑞雅等冤獄受害者的聲音，還有許多人的聲音，但他們仍然能帶給我們啟發。除此之外，我們還能從這些例子得到收穫。

現在來回顧一下，圍牆陷阱是如何充斥在冤獄受害者的故事中。

他們每一個人都站在**掌握大權**的司法體制的對立面，他們的**自我**粉碎殆盡，面對死刑判決的**風險**。他們被自私自利的犯錯者那有違**道德**的行為所害，背負了罪犯的**身分**，所有殘酷的**記憶**歷歷在目。他們花好幾年的**時間**服刑，每一個人都學會耐心、管理衝動的**情緒**，接受了源自於群眾的不公義和受到破壞的**人際關係**。這些受害者說出他們的**故事**。差別在於，現在有人聽見他們的聲音了。

為了生存，有些人接收宗教、正義女神或自己的聲音。他們現在要活出美好人生的方式，就是把握每一分每一秒。在有毒的環境中，他們選擇堅定心志而非尋仇報復。

曾受冤獄蒙害的茱莉亞・瑞雅說得很有道理：

> 我被單獨監禁時，即使看起來像一束海芋的小小三葉草都能令我著迷不已。我這才明白，感激，對快樂而言有多重要。我不只一次失去一切。

我現在擁有微小且寧靜的快樂所給予我的力量。在現今的文化中，我們很需要——這是我十分珍惜的恩賜[1]。

從歷史中記取教訓可以防止錯誤。德意志帝國首任宰相奧圖·馮·俾斯麥（Otto Von Bismarck）曾說：「只有傻瓜才會從自己的錯誤中學習。智者是從其他人的錯誤中學習。」投資家華倫·巴菲特也認同這一點。他列了一份記錄著其他人過錯的清單，而現在他的身價超過一千零六十二億美元。這就是學習！

美國物理學家理查·費曼（Richard Feynman）說：「你一直學習、一直學習，很快就會學到沒人學過的事情。」

在這個嘈雜的世界，我們可以透過有意識的努力和一些謹慎的思考，察覺帶有偏誤的判斷。更敏銳地重新解讀別人所說的話，就是區別掌權者與其他人的關鍵。

你甚至能向大自然學習。雖然我們與整個動物王國一起經歷演化，但每個物種溝通的頻率都有所不同，許多動物的聽力都比人類更好。舉例而言，家貓可以偵測到高達六萬四千赫茲的聲音，人耳則只能聽見二十到兩萬赫茲，而蝙蝠的聽力比我們強十倍！當然，人類的才智足以轉換我們的能力！

除此之外，聽覺技術的科技革命也開始幫助我們升級聽力技巧。降噪耳機是這場革命的起點，這真的能將日常生活中的噪音隔絕在外。主打語音的社交媒體 Clubhouse 在疫情期間一炮而紅，每個星期都有一千萬名聽眾上線，在在反映出人們對於被聽見的渴望。用於聆聽的裝置和智慧音箱，例如：Alexa、Siri、有聲書、Apple HomePod 和 Spotify 都融入了我們的日常生活，成為數千萬元產業的代表。另外，Podcast 更成為生活必備品。現代人收聽超過一百種語言的兩百多萬個 Podcast 節目，且百分之六十八的聽眾會聽完一整集。這是提升專注力與連結的媒介，而大多數人都是選擇性收聽，目的就是學習。

股東覺得愈來愈少被聽見，抗議運動愈來愈興盛，政府、媒體和企業的信任度愈來愈低，這並不是巧合。但是透過良好判斷並結合聽商與情商，我們還是有機會成為超級幸福傳遞者。

接收正確的聲音：成功之聲

接收正確聲音的好處毋庸置疑。本書列舉的一些例子能帶給人們啟發，其他則是警世的故事。

雖然薇若妮卡．格琳、凱西．史克魯格斯和賈邁．哈紹吉等記者錯估了他們做決定的情境，但約翰．韋爾、約翰．凱瑞魯和查爾斯．杜希格成功挖掘出深埋的假象，揭露真相；雖然執法人員沒有聽見喬治．佛洛伊德的呼救，但艾莉．雅各斯聽見了質疑的聲音，解救了被綁架和監禁十八年的孩子；雖然亞拉．左巴揚和雅各．范贊頓機長沒有正確聽見或傳達指示，但切斯利．薩利柏格憑藉經驗之聲，挽救了一百五十五條人命。

儘管大衛．寇特、東尼．海華德、莉茲．特拉斯、東尼．布萊爾和艾倫．葛林斯潘等商業和政治領導者，在至關重要的時刻忽視不願面對的真相，其他人卻選擇了相反的作法。詹姆斯．柯米、馬可斯．拉許福特、鮑伯．蓋朵夫和爾文．史陶布接收了良心之聲，改善數千萬名弱勢者的生活。

賴瑞．芬克、王薇薇和約翰．馬克安諾接收他們自己內心的聲音，進而改造人生，創造更美好的未來。

與自我緘默的陪審員形成對比的，是那些在重要時刻勇敢發聲的吹哨者，如：哈利．馬可波羅、泰勒．舒茲、羅傑．波哲雷、艾德．皮爾森和彭帥。

我們見證任志強、西勒・佐伯法官和辛妮・歐康諾嘗試運用自己的聲音修正錯誤。伊莉莎白・坎德爾、安・魯爾和崔佛・柏德索則做了內心煎熬的決定，向警方舉發他們的朋友和親人。

雖然聯邦調查局探員錯失了大衛教慘案、九一一事件和多起校園槍擊案的警訊，但仍有克里斯・佛斯這樣的談判專家勸阻挾持人質的罪犯做傻事。傑佛瑞・瑞內克奉獻他的職業生涯尋找謀殺受害者，以及像史蒂芬・史泰納、潔西・李・杜加和虛構角色安柏這樣的失蹤孩童。他們拯救過與救不了之人的回音，永遠不會散去。

許多人運用他們的聲音改善手上的牌。處境究竟是好是壞？塞翁認為這很難說！人類總會找到出路。

誠如美國網球選手馬克安諾所言，人生就像網球賽，有贏必有輸。

> 盡力去做，繼續尋找踏上球場的勇氣……你必須回答的問題是「我有成為愈來愈好的人嗎？」以及「我正在做的事情是否帶給我和我身邊的人幸福？」這兩個問題的答案會讓你明白，自己是否真的獲得勝利[2]。

你可以改變自己的思維，活出最好的人生。我們之所以向那些接收正確聲音的人學習，就是為了捨棄不正確的聲音以扭轉局勢。奧斯卡·辛德勒原本是唯利是圖的商人，而後拯救數百人免於被送進毒氣室；提姆·史托恩原本聽進了瓊斯給予的承諾，之後才開始重新評估一切；蒂娜·透娜原本對虐待她的丈夫言聽計從，之後才找到自己的力量；而普莉西拉·普里斯萊也離開了自己的丈夫。

但是，並非所有人都獲得勝利。

歌手辛妮·歐康諾被困在飽受虐待的過往之中，終其一生都渴望被聽見。她曾經推出一首十分辛酸的歌曲，名為〈謝謝你聽見我〉（Thank you for hearing me.）。她現在與我的祖母在同一座墓園裡長眠，而我的祖母正是我生命中一個影響深遠的聲音。

別忘了專注傾聽與金·匹克無人能敵的記憶力一樣有多美妙；為聽見受困礦工而成功救人的智利救援人員喝彩。

那些在職業生涯中脫穎而出的人，都是運用對人類行為的洞察，做出出類拔萃的判斷。聰明的決策者對自己的瞭解，勝過對產品、病患、客戶或市場的瞭解。

大多數人都想做對的事、避免犯錯，如此才能回報他們在乎和照顧的人。瞭解錯誤資訊如何成為判斷力殺手，就能減少這個風險。

在明白這個道理之前，你就已經是會徹底改變別人人生的第十二名陪審員了。你每天都已在潛意識中預防可預期的錯誤。而現在要做的，就是「有意識地」預防。

我們很容易就成為那隻被放在溫水裡煮、絲毫沒察覺情勢愈來愈危險的青蛙。

如果你在快車道上闖紅燈，就不太可能做出良好的判斷。最優秀的駕駛只會在綠燈亮時通行，且在高速行駛時不失警覺心，一邊偵測危險情況，一邊時時留意卡車、喇叭和暴雨的聲音。他們知道SONIC策略就是心靈的減速丘。

好消息是，只要提升探尋線索、意圖解讀和智慧傾聽的能力，就能得到良好決策的獎賞。

如果你養成思考時採納「決策摩擦力」的習慣，就能獲得額外的反思時間來選擇正確的聲音，而不是接收最先聽見的聲音、最響亮的聲音、最方便、資深、知名或熟悉的聲音。另外，也可以抵消判斷力殺手，從而不會引起災難，耗費時間、金錢和生命。你更有可能將個人和專業上的影響力發揮到極致，更有可能做出更明智的選擇，進而成為幸福的超級傳遞者。

只要你接收正確的聲音，你就會贏。除此之外，接收正確的聲音表示你會脫穎而出，不會遺漏、吃虧或脫節。

最後幾句話：圍牆觀點

阿波羅十一號的組員很幸運能夠體驗到真正的橫向觀點。與地球相隔二十四萬英里，他們獲得了人類所能擁有的最寬廣視野。但是他們的視覺，仍然有可能受到月球公轉和太陽陰影的影響而失真。

在月球上，他們的聽覺在寂靜的環境中變得格外敏銳。他們知道可能會出現錯覺和假象，因此仰賴科學知識和自己的感官；他們仰仗自己所見、自己所聞和自己所說的話。他們解讀和理解休士頓總部指令的能力可說是首屈一指。為了安全回到家，他們不只仰賴自己的判斷，更仰賴數十萬英里之外同事的聲音。

太空人阿姆斯壯啟發了好幾世代的人，不只是因為登月壯舉，更是因為他謙遜地感激眾志成城的力量——他們受到數千人的幫助。

有無數的創舉都是因為理解人類行為而成真。在這條路上小小的一步，可以轉化成又高又遠的一躍，進而改善個人、組織和社會的生活。

在月球上的太空人，可以看見和反思地球上發生的所有事情，包括從瓊斯鎮所在的叢林到貓王雅園的大門。

如果住在雅園裡的人多看看月亮幾眼呢？如果他們放寬眼界，超越自己內心的圍牆呢？結果會有所不同嗎？我認為會。貓王艾維斯．普里斯萊啟發了數千萬人，卻誤了自己的一生。希望你每次聽見貓王縈繞不去的聲音時，都會記得我們所做和沒做的決定會帶來怎樣的風險，以及收穫、後悔與釋懷。

身為決策大師，在你的個人與職業生涯中，你都有權寫下你自己的故事，並盡可能建構出最美好的結局。這些都是免費的，只是有時需要多花幾秒鐘的時間。

只要聽聽別人的聲音，那些掌握權力與影響力的人便有機會治癒四分五裂的世界、平息紛爭，緩解毫無意義的暴力行為。那些有意識、有策略地接收正確聲音的人，真的可以讓世界變得更美好。

希望你們讀了本書之後，世界觀的圍牆可以再拓寬一點點。我希望你接下來可以接收到重要的資訊、聽見其他人沒聽見的聲音。最重要的是，我希望其他人聽見你的聲音，希望你做到自己認為最重要的事。

謝謝你接收了我的聲音。

謝辭

寫作是單打獨鬥的運動，而我能寫成這本書，歸功於許多人寶貴的支持與鼓勵。

我由衷感激我丈夫的細心傾聽，他給我的讚賞多不勝數，在此無法一一贅述。我的鬥士母親也陪伴著我，一步一步走完這趟旅程以及其他旅程；希望她能以我為榮。我摯愛的祖父母的聲音雖已沉寂，但他們的回音仍時時縈繞。感謝賈桂琳・沃許（Jacqueline Walsh）、露易絲・歐萊利（Louise O'Reilly）、瓊安・費茲派翠克（Joan Fitzpatrick）和艾瑪・辛契（Emma Hinchey），我們的聲音不同，但總是同調。感謝你們付出的一切。

在這個充滿競爭的產業，我兩位才華洋溢的編輯克雷格・皮爾斯（Craig Pearce）與尼克・弗萊徹（Nick Fletcher）是難能可貴且十分好相處的專業人士，同時，也感謝 Harriman House 出版社傑出的團隊，尤其是艾蓮娜・瓊斯（Elena Jones）和克里斯・帕克（Chris Parker）。永遠沒有太麻煩的事，就算是大麻煩也一樣！

耶利哥作家協會（Jericho Writers）的雪倫・津克（Sharon Zink）和黛安娜・柯利斯（Diana Collis）為我的初稿提供了無比寶貴的評論和鼓勵。

我對所有支持我完成這本書的人，獻上無盡的感激。所有成為這本書一分子的人都將名垂千古，包括：羅伯特・席爾迪尼博士、賽巴斯欽・柯伊爵士、丹尼爾・克羅斯比博士（Daniel Crosby）、崔西・戴維森（Tracy Davidson）、維多利亞・戴塔（Victoria Degtar）、亞當・格蘭特、黛比・休伊特、達利歐・克潘博士（Dario Krpan）、史蒂芬・馬丁、保羅・麥金利、梅莉娜・帕默、傑佛瑞・瑞內克、羅賓娜・沙哈（Dame Robina Shah DBE）、艾麗森・史都華—艾倫和羅里・薩特蘭。

另外，美國哈佛大學的珍妮佛・勒納教授（Jennifer Lerner），以及英國倫敦政治經濟學院著名的心理學和行為科學學院的研究，奠定了本書的基礎。我無比感激所有人，尤其是二〇二〇年的畢業班。除此之外，我萬分感激本書提及的五百多位專家的畢生研究心血。

感謝本書中我們探討過其判斷的所有人物，沒有人可以站在道德制高點，因為我們都有可能（甚至很有可能）犯一樣的錯——你們的故事很重要。

數十年來，我在PA管理顧問公司、美林證券、貝萊德和標準人壽公司，與前同事和朋友一同累積的專業經驗，對本書也是貢獻不菲。目前在MindEquity的客戶，以及英國與愛爾蘭雄獅橄欖球隊、英格蘭足球總會、全球應用行為科學協會（GAABS）、世界田徑總會、無罪計畫、愛爾蘭籃球隊、英國特許證券與投資協會（CISI）、Diversifi 行為科學組織、聯合國婦女署和愛爾蘭哈佛大學校友會的董事會成員與同仁，謝謝你們提醒了我哪些決定是重要的，以及做出決定的人擁有的權力。

感謝那些在人生的轉捩點接收重要聲音的人，包括：昆汀・普萊斯（Quentin Price）、柯琳・威特夏爾（Corinne Wiltshire）、保羅・艾略特（Paul Elliott）、威廉・德凡（William Devine）、勞夫・伊根（Ralph Egan）、傑拉德・多伊爾（Gerard Doyle）、威利和艾瑪・歐康諾（Willie and Emma O'Connor），以及瑪格麗特・麥唐諾男爵夫人（Baroness Margaret McDonogh）。

傑爾、菲利普、尚恩、菲爾、布瑞夫尼、尼姆、奈特、安、羅伯、瑪莉、寶拉和馬丁——你們的聲音迴盪得長久深遠，遠超出你們的想像。

感謝戴爾、奇蘭、蘿倫、夏儂、麥爾斯、葛瑞絲、奈爾、艾蜜莉、漢娜、艾凡、羅利、費歐娜和席亞拉，請將這本書視為我送給你們每一個人最珍貴的資產。如果你們沒聽見我的聲音，現在可以用讀的了！給所有年輕人，希望這本書指引你們的道路。

給麗莎・葛林（Lisa Greene），感謝你數十年來的友誼。艾蓮・康諾利（Elaine Connolly）、艾登・庫克（Aedin Cooke）、布萊恩・伊根（Brian Egan）、賈斯汀・艾吉

（Justin Edge）和凡妮莎・葛里芬（Vanessa Griffin），感謝你們在重要時刻的觀點之聲。

在這個過程中，我瞭解到當一位作家並不容易，讓我從此對所有作家抱持著最深的敬意。致問我該如何定義成功的姊姊，答案很簡單。第一，是寫出一本書訴說那些打動我的故事，但其實我明白有些故事本身就值得寫成一整本書。第二，是接受沒有事情是盡善盡美的，但你可以盡己所能做到完美——這樣就夠了。第三，是希望我身邊最親近的人能避開這些可預期的錯誤。

我還要特別感謝各位讀者。何謂精明可靠的判斷，不是一個人說了算的。我非常想聽見各位的聲音，你們可以透過 nuala.g.walsh@gmail.com 聯絡我。書中所有錯誤都是我一個人的問題，請不吝提出指教以利再版。如果你們有興趣瞭解更多有關這個主題的資源，請上 www. nualagwalsh.com，在網站（此為英文網站）上可以：

- 下載圍牆偏誤檢查清單和其他工具。
- 進行「圍牆陷阱」測驗。
- 找到超過一百篇由我撰寫的文章。

謝謝你接收我的聲音。

注釋

序言

1 Hemingway, E. (1998). *Across the River and Into the Trees* (Vol. 2425). Simon and Schuster.

前言

1 Clarke Keogh, P. (2004). *Elvis Presley: The Man, the Life, the Legend.* Simon & Schuster.
2 同上。
3 All Top Everything (2019). "The Best-Selling Solo Music Artists of All Time."
4 Guralnick, P. (2014). *Careless Love: The Unmaking of Elvis Presley.* Little, Brown and Company.
5 Connolly, R. (2017). *Being Elvis: A Lonely Life.* Liveright Publishing.
6 Elvis Presley News. Quotes from Elvis Presley. www.elvispresleynews.com/quotes-from-elvis/
7 Connolly, R. (2017). *Being Elvis: A Lonely Life.* Liveright Publishing.
8 Clarke Keogh, P. (2004). *Elvis Presley: The Man, the Life, the Legend.* Simon & Schuster.
9 同上。
10 *Elvis by the Presleys.* (2005). Edited by David Ritz, Random House.
11 O'Connor, S. (2021). *Rememberings.* Houghton Mifflin.
12 McEnroe, J. (2023). Stanford Commencement Speech, www.youtube.com/watch?v=wzhsT3ojyzo
13 同上。
14 Union Avenue 706 (2012). "Elvis Is Everywhere: Springsteen's Darkness on the Edge of Town and The Promise." 12 August, unionavenue706.com/2012/08/12/springsteens-darkness-and-the-promise-elvis-everywhere
15 Schilling, J. & Crisafulli, C. (2007). *Me and a Guy Named Elvis: My Lifelong Friendship with Elvis Presley.* Penguin.

16 同上。

17 National Highway Traffic Safety Administration (2015). "Critical Reasons for Crashes Investigated in the National Motor Vehicle Crash Causation Survey," US Data, February, crashstats.nhtsa.dot.gov/Api/Public/ViewPublication/812115

18 Rankin, W. (2007). "MEDA Investigation Process." Boeing.com magazine, Issue Q2, www.boeing.com/commercial/aeromagazine/articles/qtr_2_07/AERO_Q207_article3.pdf

19 Mortality in the US (2021). www.cdc.gov/nchs/products/databriefs/db456.htm

20 McKinsey (2019). "Decision making in the age of urgency." 30 April.

21 Botelho, E. L., Powell, K. R., Kincaid, S. & Wang, D. (2017). "What sets successful CEOs apart." *Harvard Business Review*, 95(3), 70–77.

第 1 章　錯誤傾聽、錯誤資訊和錯誤判斷

1 Cited in Conan Doyle, A. (2020). *The Boscombe Valley Mystery.* Lindhardt og Ringhof.

2 Association of Certified Fraud Examiners (2022). "Occupational Fraud 2022: A Report to the Nations," legacy.acfe.com/report-to-the-nations/2022.

3 Lynch, D. (2023). "In 2005 I woke to a $urry of texts from Sinéad asking me to follow her to Jamaica… What followed was part odyssey, part superfan lottery win." *Irish Independent*, 30 July.

4 Carluccio, J., Eizenman, O. & Rothschild, P. (2021). "Next in loyalty: Eight levers to turn customers into fans." McKinsey, 12 October.

5 Fitzgerald, M. (2021). "Robinhood sued by family of 20-year-old trader who killed himself after believing he racked up huge losses." CNBC.com, 8 February.

6 Klebnikov, S. (2020). "20-year-old Robinhood Customer Dies by Suicide After Seeing a $730,000 Negative Balance." *Forbes*, 17 June.

7 Farnham Street (2023). "The OODA Loop: How Fighter Pilots Make Fast and Accurate Decisions." www.fs.blog.com

8 Botelho, E. L., Powell, K. R., Kincaid, S. & Wang, D. (2017). "What sets successful CEOs apart." *Harvard Business Review*, 95(3), 70–77.

9 Kahneman, D. (2011). *Thinking, Fast and Slow.* Macmillan.

10 Lee, D., Barak, A. & Uhlemann, M. (1999). Forming clinical impressions during the first five minutes of the counselling interview. *Psychological Reports*, 85(3), 835–844.

11 Myers, S. (2014). "The Shortening of Movies." *Medium*, 14 October.

12 Wordsrated (2022). "Bestselling books have never been shorter." 20 June.

13 Davies, N. (1981). "The Wasted Suspicions of Sutcliffe's Friends." *The Guardian*, 8 May.

14 Evans, R. & Campbell, D. (2006). "Ripper Guilty of Additional Crimes, Says Secret Report." *The Guardian*, 2 June.

15 The Byford Report (1981). www.gov.uk/government/publications/sir-lawrence-byford-report-into-the-police-handling-of-the-yorkshire-ripper-case

16 Microsoft (2023). "Work Trend Index Annual Report. Will AI Fix Work?" 9 May, www.microsoft.com/en-us/worklab/work-trend-index/will-ai-fix-work

17 Sullivan, B. & Thompson, H. (2013). "Brain, Interrupted." *New York Times*, 3 May.

18 Silver, N. (2012). *The Signal and The Noise: The Art and Science of Prediction.* Penguin.

19 Slovic, P. (1973). Behavioral problems of adhering to a decision policy. Paper presented at the Institute for Quantitative Research in Finance, Napa, California, 1 May.

20 Tsai, C, Klayman, J. & Hastie, R. (2008). Effects of amount of information on judgment accuracy and confidence. *Organizational Behavior and Human Decision Processes*, 107(2), 97–105.

21 Kato, H., Jena, A. B. & Tsugawa, Y. (2020). Patient mortality after surgery on the surgeon's birthday: observational study, *BMJ*, 371(m4381).

22 Yousif, N. & Halpert, M. (2023). "Alec Baldwin Charged with Involuntary Manslaughter in Rust Shooting." BBC News, 31 January.

23 King's College London (2022). "Do we have your attention? How people focus and live in the modern information

environment." The Policy Institute, February Issue.
24 Lehmann, S. (2017). The dynamics of attention networks in social media. *Journal of Complex Networks*, 5(1), 96–123.
25 Hunt, E. (2023). "Is Modern Life Ruing Our Powers of Concentration." *The Guardian*, 1 January.
26 同上。
27 Hari, J. (2022). *Stolen Focus: Why You Can't Pay Attention.* Bloomsbury Publishing.
28 Weingarten, G. (2007). "Pearls Before Breakfast: Can one of the nation's great musicians cut through the fog of a D.C. rush hour? Let's find out." *Washington Post*, 8 April.
29 Vedantam, S. & Mesler, B. (2021). *Useful Delusions: The Power and Paradox of the Self-Deceiving Brain.* Norton & Company.
30 Keller, E. & Fay, B. (2012). *The Face-to-Face Book: Why Real Relationships Rule in a Digital Marketplace.* Simon and Schuster. 更多詳盡討論，可見"Comparing Online and Offline Word of Mouth."
31 Harford, T. (2013). "Lies, Damned Lies and Greek Statistics." *Financial Times*, 25 January.
32 Aggarwal, P., Brandon, A., Goldszmidt, A., Holz, J., List, J. A., Muir, I., Sun, G. & Yu, T. (2022). High-frequency location data shows that race affects the likelihood of being stopped and fined for speeding. University of Chicago, Becker Friedman Institute for Economics Working Paper.
33 Collins, M. (2001). *Carrying the Fire: An Astronaut's Journey.* Rowman & Littlefield.
34 Levie, W. H. & Lentz, R. (1982). Effects of text illustrations: A review of research. *ECTJ*, 30(4), 195–232.
35 Potter, M. (2014). Detecting and remembering briefly presented pictures. In K. Kveraga & M. Bar (Eds.), *Scene Vision* (pp. 177–197). MIT Press, Cambridge, MA.
36 CBS News (2022). "Liz Truss gives "rst speech as Britain's prime minister." 6 September, www.youtube.com/watch?v=_KlyCeVIlYw
37 Taylor, H. (2022). "Kwasi Kwarteng says he and Liz Truss 'got carried away' writing mini-budget and 'blew it'." *Irish Times*, 12 October.
38 Parker, G., Payne, S. & Hughes, L. (2022), "The Inside Story of Liz Truss's Disastrous 44 Days in Office." *Financial*

Times, 9 December.
39 Hunt, E. (2023). "Is Modern Life Ruining Our Powers of Concentration." *The Guardian*, 1 January.
40 Shotton, R. (2014). "Fast and Slow Lessons." *The Guardian*, 7 April.
41 Wilson, T. D., Reinhard, D. A., Westgate, E. C., Gilbert, D. T., Ellerbeck, N., Hahn, C., Brown, C. & Shaked, A. (2014). Just think: The challenges of the disengaged mind. *Science*, 345(6192), 75–77.
42 Killingsworth, M. & Gilbert, D. (2010). A wandering mind is an unhappy mind. *Science*, 330(6006), 932–932.
43 Husman, R. C., Lahiff, J. M. & Penrose, J. M. (1988). *Business Communication: Strategies and Skills.* Dryden Press, Chicago.
44 Rowe, M. B. (1986). Wait time: Slowing down may be a way of speeding up! *Journal of Teacher Education*, 37(1), 43–50.

第2章　判斷力殺手：盲點、聾點和啞點

1 Markopolos Testimony (2009). Public Documents. *Wall Street Journal*, 3 February. www.wsj.com/public/resources/documents/MarkopolosTestimony20090203.pdf
2 Clark, A. (2010). "The Man Who Blew the Whistle on Bernard Madoff." *The Guardian*, 24 March.
3 Lovitt, B. (2006). "Beyond Gypsy Blancharde: When Mothers Harm Their Kids for Attention." *Rolling Stone*, 25 February.
4 Markopolos Testimony (2009). Public Documents. *Wall Street Journal*, 3 February. www.wsj.com/public/resources/documents/MarkopolosTestimony20090203.pdf
5 Pernar, M. (2019). "Lecture: Ethics: mine, ours, theirs." *Group Analytic Contexts*, Winter Issue.
6 Finn, N (2019). "Inside the Short, Tragic Life of Nicole Brown Simpson and Her Hopeful Final Days." ENews, 12 June, https://www.eonline.com/news/1048564/inside-the-short-tragic-life-of-nicole-brown-simpson-and-her-hopeful-"nal-days
7 Frammolino, R. & Newton, J. (1995). "Details Emerge of Close LAPD Ties to Simpson." *Los Angeles Times*, 2 February.
8 American Psychological Association (2023). Dictionary, dictionary.apa.org/blind-spot
9 Shepherd, K. (2020). "Philadelphia police shot a man and accused him of rape. After 19 years in prison, he's been found

innocent." *Washington Post*, 17 December.

10 Pronin, E. (2008). How we see ourselves and how we see others. Science, 320(5880): 1177–1180.

11 Thaler, R. H. (2015). *Misbehaving: The Making of Behavioural Economics.* Norton & Company.

12 Pronin, E., Lin, D. Y. & Ross, L. (2002). The bias blind spot: Perceptions of bias in self versus others. *Personality and Social Psychology Bulletin*, 28(3), 369–381.

13 Kukucka, J., Kassin, S. M., Zapf, P. A. & Dror, I. E. (2017). Cognitive bias and blindness: A global survey of forensic science examiners. *Journal of Applied Research in Memory and Cognition*, 6(4), 452.

14 Marriage, M. (2021). "KPMG UK Chairman Told Staff to 'Stop Moaning' About Work Conditions." *Financial Times*, 9 February.

15 Kahneman, D. (2011). *Thinking, Fast and Slow.* Macmillan.

16 Simons, D. & Chabris, C. (1999). Gorillas in our midst: Sustained inattentional blindness for dynamic events. Perception, 28(9), 1059–1074.

17 Kaponya, P. (1991). *The Human Resource Professional: Tactics and Strategies for Career Success.* Greenwood Publishing Group.

18 Merckelbach, H. & van de Ven, V. (2001). Another White Christmas: fantasy proneness and reports of 'hallucinatory experiences' in undergraduate students. *Journal of Behaviour Therapy and Experimental Psychiatry*, 32(3), 137–144.

19 Scheer M., Bülthoff H. & Chuang L. (2018). Auditory task irrelevance: a basis for inattentional deafness. *Human Factors*, 60(3), 428–440.

20 University College London (2015). "Why focusing on a visual task will make us deaf to our surroundings."9 December, www.ucl.ac.uk/news/2015/dec/why-focusing-visual-task-will-make-us-deaf-our-surroundings

21 Singleton, G. (2016). "Akrasia: Why Do We Act Against Our Better Judgement?" *Philosophy Now*.

22 Dobbs, M. (1984). "Publication of French Scandal Report Grips Nation." *Washington Post*, 7 January.

23 Ariely, D. & Jones, S. (2012). *The Honest Truth About Dishonesty*, New York: Harper Collins.

24 Cohn, S. (2009). "Madoff: All SEC Did Before 2006 a 'Waste of Time'." CNBC, 2 November.

25 Restle, H. & Smith, J. (2015). "17 successful executives who have lied on their résumés." *Business Insider*, 15 July.

26 Rodrigues, J. (2016). "The 'Fake Sheikh's' top scoops: from Sophie Wessex to Sven's sexploits." *The Guardian*, 5 October.

27 Sawchuck, S. (2019). "Most School Shooters Showed Many Warning Signs, Secret Service Report Finds." *Education Week*, 7 November.

28 Kutner, M. (2015). "What Led Jaylen Fryberg to Commit the Deadliest High School Shooting in a Decade?" Newsweek, 16 September.

29 John Wayne Gacy: Devil in Disguise. (2021). A televised documentary.

30 Bond, C. & DePaulo, B. (2006). Accuracy of deception judgments. *Personality and Social Psychology Review*, 10(3), 214–234.

31 Death on The Staircase. (2004). A televised documentary.

32 Pietrantoni, G. (2017). Jury Deliberation. *The Review: A Journal of Undergraduate Student Research*, 18(1), 7.

33 Maloney, A. & Zeltmann, B. (2022). "Deep Regrets." *The Irish Sun*, 9 January.

34 Chen, L. (2016). "Mayer's role in Yahoo's decline." CEIBS, 10 October.

35 Mason R., Asthana A. & Stewart, H. (2006). "Tony Blair: 'I Express More Sorrow, Regret and Apology !an You Can Ever Believe.'" *The Guardian*, 6 July.

36 Hari, J. (2022). *Stolen Focus: Why You Can't Pay Attention.* Bloomsbury Publishing.

37 Evans, G. (2022). "Alex Jones Told to Pay $965m Damages to Sandy Hook Victims' Families." BBC News, 13 October.

38 Kramer, R. (1997). Leading by listening: An empirical test of Carl Rogers's theory of human relationship using interpersonal assessments of leaders by followers. Doctoral dissertation, George Washington University.

39 Dowd, M. (2013). "Why Did Pope Benedict XVI Resign?" BBC News, 28 November, www.bbc.com/news/magazine-25121121

40 McCarthy, C. (2023). "Lily Allen blasts 'spineless' tributes to Sinead O'Connor in furious social media posts." *Irish Mirror*, 31 July.

41 Walsh, N. (2021). "How to Encourage Employees to Speak Up When They See Wrongdoing." *Harvard Business Review*.

42 Moberly, R. E. (2007). Unfulfilled expectations: An empirical analysis of why Sarbanes-Oxley whistleblowers rarely win. *William & Mary Law Review*, 49(1).

43 Sinzdak, G. (2008). An analysis of current whistleblower laws: Defending a more flexible approach to reporting requirements. *California Law Review*, 96(6), 1633.

44 Witz, B. (2019). "Judge Overturns Conviction of Ex-Penn State President in Sandusky Case." *New York Times*, 30 April.

45 Douglass, F. (2019). "Frederick Douglass plea for freedom-of-speech in Boston." *Law & Liberty*, 21 August.

46 Mitchell, T. (2020). "Xi Jinping Critic Sentenced to 18 Years in Prison." *Financial Times*, 22 September.

47 Blake, H. (2023). "The Fugitive Princesses of Dubai." *The New Yorker*, 8 May.

48 Marsh, R. & Wallace, G. (2019). "Whistleblower testifies that Boeing ignored pleas to shut down 737 MAX production." CNN Politics, 11 December, https://edition.cnn.com/2019/12/11/politics/fatally-$awed-737-max-had-signi"cantly-higher-crash-risk-faa-concluded/index.html

49 Varol, O. (2023). *Awaken Your Genius: Escape Conformity, Ignite Creativity, and Become Extraordinary.* PublicAffairs.

50 Williams, J. (2017). "Harvey Weinstein Accusers: Over 80 Women Now Claim Producer Sexually Assaulted or Harassed Them." *Newsweek*, 2 November.

51 BBC News. (2012). "Savile Abuse Part of Operation Yewtree Probe 'Complete'." 11 December.

第3章 你不能盡信自己聽見的一切

1 Bogue, T. (2013). "'I want to go with you but they won't let me': Memories of My Friend Brian Davis." 14 November, https://jonestown.sdsu.edu/?page_id=34231

2 Bellefountaine, M. (2014). "Christine Miller: A Voice of Independence." 12 March, jonestown.sdsu.edu/?page_id=32381

3 Cited in Stoen, T. O. (2016). *Love Them to Death: At War with the Devil at Jonestown*.

4 Lord, C. G., Ross, L. & Lepper, M. R. (1979). Biased assimilation and attitude polarization: The effects of prior theories on subsequently considered evidence. *Journal of Personality and Social Psychology*, 37(11), 2098.

5 First appeared in Olson, M. (1965). *The Logic of Collective Action.* Harvard University Press.

6 Kunda, Z. (1990). The case for motivated reasoning. *Psychological Bulletin*, 108(3), 480.

7 Civelek, M. E., Aşçı, M. S. & Çemberci, M. (2015). Identifying silence climate in organizations in the framework of contemporary management approaches. *International Journal of Research in Business and Social Science*, 4(4).

8 Wiedeman, R. (2019). "The I in We." *New York Magazine*, Intelligencer, 10 June.

9 同上。

10 Brown, E. (2019). "How Adam Neumann's Over-the-Top Style Built WeWork. 'This Is Not the Way Everybody Behaves'." *Wall Street Journal*, 18 September.

11 Duhigg, C. (2020). "How Venture Capitalists are Deforming Capitalism." *The New Yorker*, 23 November.

12 Edgecliffe-Johnson, A. (2022). "WeWork's Adam Neumann on Investing, Startups, Surfing and Masayoshi Son." *Financial Times*, 10 March.

13 Feiner, L. (2020). "SoftBank values WeWork at $2.9 billion, down from $47 billion a year ago." CNBC, 18 May.

14 Reuters (2019). "SoftBank CEO Son says his judgment on WeWork was poor in many ways." 6 November.

15 The VC Factory. "I don't look for companies. I look for Founders." Masayoshi Son.

16 Cited in Robson, D. (2022). *The Expectation Effect: How Your Mindset Can Transform Your Life.* Canongate Books. p. 147.

17 Joseph, S. (2011). "Is Shell Shock the Same as PTSD?" *Psychology Today*, 20 November.

18 BBC Newsbeat (2019). "Simples, whatevs and Jedi added to Oxford English Dictionary." 15 October.

19 Motoring Reporter (2022). "New advert clarifies pronunciation of Hyundai name." 28 December.

20 Stewart-Allen, A. & Denslow, L. (2019). *Working with Americans: How to Build Profitable Business Relationships.* Routledge.

21 Naimushin, B. (2021). "Hiroshima, Mokusatsu and Alleged Mistranslations." *English Studies at NBU*, 7(1): 87–96.

22 Bazerman, M., Loewenstein G. & Moore, D. (2002). "Why Good Accountants Do Bad Audits." *Harvard Business Review*, November.

23 Mak, T. (2017). "Inside the CIA's Sadistic Dungeon." *The Daily Beast*, 12 July.

24 Ross, B. & Esposito, R. (2005). "CIA's Harsh Interrogation Techniques Described: Sources Say Agency's Tactics Lead to Questionable Confessions, Sometimes to Death." ABC News, 18 November.

25 Liptak, A. (2007). "Suspected Leader of 9/11 Is Said to Confess." *New York Times*, 15 March.

26 Megaw, N. (2023). "Investors use AI to glean the truth behind executives soothing words." *Financial Times*, 14 November.

27 Brown, G. & Peterson, R. S. (2022). *Disaster in the Boardroom.* Springer Books.

28 Long, C. (2022). "5 of the biggest product recalls." Yahoo Finance, 14 March.

29 Hall, J. R. (2016). "Review Essay: Tim Stoen, Peoples Temple, the Concerned Relatives, and Jonestown." 22 September, jonestown.sdsu.edu/?page_id=67307

第 4 章　權力陷阱‧‧全速前進

1 The Asset (2020). "We Must Do Away with Pawnshop Mentality." The Asset.com, 13 November.

2 Yang, J. (2023) "Jack Ma Cedes Control of Fintech Giant Ant Group." *Wall Street Journal*, 7 January.

3 Gardner, J. W. (1993). *On Leadership.* New York Free Press.

4 McGee, S. (2016). "Wells Fargo's Toxic Culture Reveals Big Banks' Eight Deadly Sins." *The Guardian*, 22 September.

5 Henry, M. (2018). "Attorney General Shapiro Announces $575 Million 50-State Settlement with Wells Fargo Bank for Opening Unauthorized Accounts and Charging Consumers for Unnecessary Auto Insurance, Mortgage Fees." 28 December.

6 Prentice, C. & Lang, H. (2022). "Wells Fargo to pay $3.7 billion for illegal conduct that harmed customers." *Reuters*, 20 December.

7 SwissInfo (2016). "Documentary sheds light on Zurich CFO suicide." www.swissinfo.ch/eng/business/pierre-wauthier_documentary-sheds-light-on-zurich-cfo-suicide/42558070

8 Hofling, C., Brotzman, E., Dalrymple, S., Graves, N. & Pierce, C. M. (1966). An experimental study in nurse-physician relationships. *The Journal of Nervous and Mental Disease*, 143(2), 171–180.

9 Zimbardo, P. (2011). "The Lucifer Effect." *The Encyclopedia of Peace Psychology.*

10 Talbert, M. & Wolfendale, J. (2018). *War Crimes: Causes, Excuses, and Blame.* Oxford University Press.

11 Osiel, M. (2002). *Obeying Orders: Atrocity, War Crimes, and the Law of War.* Routledge.

12 Glenza, J. (2015). "Abuse of Teen Inmate at Rikers Island Prison Caught on Surveillance Cameras." The Guardian, 24 April.

13 Grant, A. (2021). *Think Again: The Power of Knowing What You Don't Know.* Penguin.

14 O'Connor, S. (2021). *Rememberings.* Houghton Mifflin.

15 Pew Research (1998.) "Popular Policies and Unpopular Press Lift Clinton Ratings." 6 February.

16 Preslaw (1981). Extracts, Complaint Filed by the Presley Estate Against Colonel Tom Parker.

17 Simpson, P. (2022). "!e truth behind the mismanagement of Elvis." *Management Today*, 24 August.

18 Tetlock, P. (2005). *Expert Political Judgment: How Good Is It? How Can We Know?* (pp. 1-31). Princeton University Press.

19 Feller, E. (2019). "Why do doctors overprescribe antibiotics?" *Rhode Island Medical Journal*, 102(1), 9–10.

20 Kiser, R., Asher, M. & McShane, B. (2008). Let's Not Make a Deal: An Empirical Study of Decision Making in Unsuccessful Settlement Negotiations. *Journal of Empirical Legal Studies*, 551.

21 O'Neil, M. (2023). "Beware of Wealth Managers Quoting Data." *Financial Times*, 17 August.

22 Banai, I., Banai, B. & Bovan, K. (2017). Vocal characteristics of presidential candidates can predict the outcome of actual elections. *Evolution and Human Behaviour*, 38(3), 309–314.

23 Tigue, C., Borak, D., O'Connor, J., Schandl, C. & Feinberg, D. (2012). Voice pitch influences voting behavior. *Evolution and Human Behaviour*, 33(3), 210–216.

24 Tiedens, L. (2001). Anger and advancement versus sadness and subjugation: the effect of negative emotion expressions on social status conferral. *Journal of Personality and Social Psychology*, 80(1), 86.

25 Gavett, G. (2013). "What It's Like to Work for Jeff Bezos (Hint: He'll Probably Call You Stupid)." *Harvard Business Review*, October.

26 Grind, K. & Sayre. K. (2022). "The Rise and Fall of the Management Visionary Behind Zappos." *Wall Street Journal*, 12

March.
27 Iwata, E. (1988). "NationsBank struck with brutal, military precision." *SFGate*, 25 October.
28 Brooks, R., Jaffe, G. & Brannigan, M. (1988). "Merger Has Rocky Start, With Bicoastal Friction." *Wall Street Journal*, 23 October.
29 Clifford, C. (2019). "Mark Zuckerberg: If I didn't have complete control of Facebook, I would have been "red." CNBC, 3 October. www.cnbc.com/2019/10/03/zuckerberg-if-i-didnt-have-control-of-facebook-i-wouldve-been-"red.html
30 Honig, E. (2023). *Untouchable: How Powerful People Get Away with It*. Harper Publishing.
31 Pfeffer, J. (2022). *7 Rules of Power: Surprising – But True – Advice on How to Get Things Done and Advance Your Career.* BenBella Books.
32 Eliason, M. & Storrie, D. (2009). Does job loss shorten life? *Journal of Human Resources*, 44(2), 277–302.
33 McEnroe, J. & Kaplan, J. (2002). *You Cannot Be Serious.* Penguin.
34 Pfeffer, J. (2010). *Power: Why Some People Have It—And Others Don't*. Harper Collins.
35 Wigglesworth, R. (2021). "The Ten Trillion-Dollar Man: How Larry Fink Became King of Wall St." *Financial Times*, 17 October.
36 Bloomberg (2023). "Larry Fink says ESG narrative has become ugly, personal." *Pensions and Investments*, 17 January.
37 Williamson, C. (2019). "BlackRock's BGI acquisition 10 years ago fuels rapid growth." *Pensions and Investments*, 11 June.
38 同上。
39 Javetski, B. (2012). "Leading in the 21 st century: An interview with Larry Fink." McKinsey, 1 September.
40 Housel, M. (2020). *The Psychology of Money: Timeless Lessons on Wealth, Greed, and Happiness.* Harriman House Limited.
41 Address to Queens University, 25 th Anniversary of the Good Friday Agreement, April 2023.
42 Ellick, A. B., Kessel, J. M. & Kristof, N. (2023). "In This Story, George W. Bush Is the Hero." *New York Times*, 21 March.

第5章 自我陷阱‥沒有什麼比得上我

1 Katte, S. (2022). "Texas to probe FTX endorsements by Tom Brady, Stephen Curry and other celebs." *Coin Telegraph*, December.

2 Osipovich, A. (2022). "FTX Founder Sam Bankman-Fried Says He Can't Account for Billions Sent to Alameda." *Wall Street Journal*, 3 December.

3 Kahneman, D. (2011). *Thinking, Fast and Slow.* Macmillan.

4 Snyder, B. (2010). "Tony Hayward's Greatest Hits." Fortune, June 10.

5 Krauss, C. (2010). "Oil Spill's Blow to BP's Image May Eclipse Costs." *New York Times*, 29 April.

6 Lakhani, N. (2020). "'We've Been Abandoned': A Decade Later, Deepwater Horizon Still Haunts Mexico." *The Guardian,* 19 April.

7 Collinson, D. (2020). "Donald Trump, Boris Johnson and the dangers of excessive positivity." *Medium*, 5 October.

8 Kahneman, D. (2011). *Thinking, Fast and Slow.* Macmillan.

9 Jacobson, J., Dobbs-Marsh, J., Liberman, V. & Minson, J. A. (2011). Predicting civil jury verdicts: How attorneys use (and misuse) a second opinion. *Journal of Empirical Legal Studies*, 8, 99–119.

10 Evans, B. (2021). "10 Reasons Why Salesforce Buying Slack Is the Deal of the Decade." 30 August, accelerationeconomy.com/cloud/10-reasons-why-salesforce-buying-slack-is-the-deal-of-the-decade/

11 Gara, A. & Aliaj, O. (2023). "Carl Icahn Admits Mistake With Bearish Bet !at Cost $9bn." *Financial Times*, 18 May.

12 Oprah (2011). "What Oprah Knows for Sure About Trusting Her Intuition," Oprah.com Magazine, August 11 Issue. https://www.oprah.com/spirit/oprah-on-trusting-her-intuition-oprahs-advice-on-trusting-your-gut

13 Quote from Playboy interview (1980). quotepark.com/quotes/1408293-john-lennon-part-of-me-suspects-that-im-a-loser-and-the-other/

14 Haney, W. V. (1979). *Communication and Interpersonal Relations.* Irwin, Homewood, IL.

15 Accenture (2015). "Accenture Research Finds Listening More Difficult in Today's Digital Workplace." 26 February.

16 PGA Tour Vault (2008). "Rocco Mediate reflects on 2008 U.S. Open playoff with Tiger Woods." www.pgatour.com/video/features/6329565841112/rocco-mediate-re$ects-on-2008-u.s-open-playoff-with-tiger-woods

17 Ben-David, I., Graham, J. R. & Harvey, C. R. (2013). Managerial miscalibration. *The Quarterly Journal of Economics*, 128(4), 1547–1584.

18 Hirshleifer, D. A., Myers, J. N., Myers, L. A. & Teoh, S. H. (2008). Do individual investors cause post-earnings announcement drift? Direct evidence from personal trades. *The Accounting Review*, 83(6), 1521–1550.

19 Schrand, C. M. & Zechman, S. L. (2012). Executive overconfidence and the slippery slope to financial misreporting. *Journal of Accounting and Economics*, 53(1–2), 311–329.

20 Barber, B. M. & Odean, T. (2001). Boys will be boys: Gender, overconfidence, and common stock investment. *The Quarterly Journal of Economics*, 116(1), 261–292.

21 Malmendier, U. & Tate, G. (2008). Who makes acquisitions? CEO overconfidence and the market's reaction. *Journal of Financial Economics*, 89(1), 20–43.

22 Brown, J., Muldowney, K. & Effron, L. (2017). "What OJ Simpson juror thinks of Simpson now, two decades after criminal trial." ABCNews, 20 July.

23 McFarland, J. (2001). "Laidlaw was a victim of CEO's overambition." *The Globe and Mail*, 30 June.

24 Bowers, S. & Treanor, J. (2011). "RBS 'gamble' on ABN Amro Deal: FSA." *The Guardian*, 12 December.

25 Wilson, H. & Aldrick, P. (2011). "RBS Investigation: Chapter 2 – The ABN Amro Takeover." *The Telegraph*, 11 December.

26 Sunderland, R. (2007). "Barclays Boss: RBS Overpaid for ABN Amro." *The Guardian*, 7 October.

27 UK Parliament Publications (2009). "Banking Crisis: dealing with the failure of the UK banks – Treasury." publications.parliament.uk/pa/cm200809/cmselect/cmtreasy/416/416we01.htm

28 Graham, J. R., Harvey, C. R. & Puri, M. (2015). Capital allocation and delegation of decision-making authority within "rms. *Journal of Financial Economics*, 115(3), 449–470.

29 Newton, E. (1990). "The rocky road from actions to intentions." Stanford University ProQuest.

30 Rozenblit, L. & Keil, F. (2002). !e misunderstood limits of folk science: An illusion of explanatory depth. *Cognitive*

Science, 26(5), 521–562.
31 PA (2022). “Boris Becker sentenced to two and a half years in jail after conviction in bankruptcy case.” *Sky Sports*, 30 April.
32 Reuters (2011). “Steve Jobs refused cancer treatment too long – biographer.” 21 October.
33 同上。
34 Turley, G. (1996). “25 Years After Veronica Guerin.” EUSTORY History Campus, historycampus.org/2020/25-years-after-veronica-guerin-drug-addiction-in-ireland/
35 Collins, L. (2016). “Graham Turley: ‘To Have Been Veronica’s Husband Was a Great Privilege’.” *The Independent*, 1 May.
36 Vanity Fair (2020). “‘Ghislaine, Is !at You?’: Inside Ghislaine Maxwell’s Life on the Lam.” July.
37 Benoit, D. & Safdar, K. (2023). “JPMorgan Sues Former Executive Jes Staley Over Jeffrey Epstein Ties.” *Wall Street Journal*, 9 March.
38 BBC News (2021). “Jamal Khashoggi: All You Need to Know About Saudi Journalist’s Death.” 24 February.
39 Nicholson, C. (2014). “Q&A: Why 40% of us think we’re in the top 5%.” ZDNet, 4 April, www.zdnet.com/article/qa-why-40-of-us-think-were-in-the-top-5/
40 PwC (2020). “Revealing leaders’ blind spots.” Strategy & Business, PwC publication, Autumn 2020, Issue 100, www.strategy-business.com/article/Revealing-leaders-blind-spots
41 Deloitte Insights (2022). “The C-suite’s role in well-being.” 22 June.
42 Morris, E. (2010).!e Anosognosic’s Dilemma: Something’s Wrong but You’ll Never Know What It Is (Part 1).” *New York Times*, 20 June.
43 Munger, K. & Harris, S. J. (1989). Effects of an observer on handwashing in a public restroom. *Perceptual and Motor Skills*, 69(3–1), 733–734.
44 Ariel, B., Sutherland, A., Henstock, D., Young, J., Drover, P., Sykes, J., Megicks, S. & Henderson, R. (2016). Report: Increases in police use of force in the presence of body-worn cameras are driven by officer discretion: A protocol-based subgroup analysis of ten randomized experiments. *Journal of Experimental Criminology*, 12, 453–463.

45 Ariel, B., Sutherland, A., Henstock, D., Young, J., Drover, P., Sykes, J., Megicks, S. & Henderson, R. (2017). “Contagious accountability” a global multisite randomized controlled trial on the effect of police body-worn cameras on citizens’ complaints against the police. *Criminal Justice and Behaviour*, 44(2), 293–316.

46 Cohen, B. (2022). “The NASA Engineer Who Made the James Webb Space Telescope Work.” *Wall Street Journal,* 8 July.

第6章 風險陷阱‧‧決策的輪盤

1 Brueck, H. & Collman, A (2022). “Dead bodies litter Mount Everest because it’s so dangerous and expensive to get them down.” *Insider,* 24 December.

2 Gigerenzer, G. (2015). *Risk Savvy: How to Make Good Decisions.* Penguin.

3 Collins, M. (2001). *Carrying the Fire: An Astronaut’s Journey.* Rowman & Littlefield.

4 Yerushalmy, J. & Kassam, A. (2023). “Titanic Submersible: Documents Reveal Multiple Concerns Raised Over Safety of Vessel.” *The Guardian*, 21 June.

5 Sky News (2023). “Titanic sub implosion latest: New mission to debris site ‘under way’; passengers had ‘concerns’ before trip; messages sent by Titanic sub chief revealed.” 23 June.

6 Taub, B. (2023). “The Titan Submersible Was ‘an accident waiting to happen’.” *The New Yorker*, 1 July.

7 Oxfam International (2022). “Pandemic creates new billionaire every 30 hours now million people could fall.” 23 May.

8 Davis, M. (2022). “The Impact of 9/11 on Business.” Investopedia, 24 August.

9 Gigerenzer, G. (2015). *Risk Savvy: How to Make Good Decisions.* Penguin.

10 Russo, J. & Schoemaker, P. (1992). Managing overconfidence. *Sloan Management Review*, 33(2), 7–17.

11 Gigerenzer, G. (2004). Dread risk, September 11, and fatal traffic accidents. *Psychological Science*, 15(4), 286–287.

12 DW (2021). “Kremlin critic Alexei Navalny sentenced to prison.” dw.com, *Law and Justice*, 2 February.

13 BBC News (2017). “Benazir Bhutto assassination: How Pakistan covered up killing.” 27 September.

14 Miller, P (2022). www.linkedin.com/feed/update/urn:li:activity: 6968879123012177920/

15 Schad, T. (2021). "Kobe Bryant crash caused by pilot's poor decision-making, disorientation, NTSB says." *USA Today,* 2 September.

16 Collins, M. (2001). *Carrying the Fire: An Astronaut's Journey.* Rowman & Littlefield.

17 Associated Press (2017). "Caesars releases casino losses of Celine Dion's husband, Rene Angelil." *Tahoe Daily Tribune*, 1 February.

18 Kahneman, D. & Tversky, A. (2013). Prospect theory: An analysis of decision under risk. In *Handbook of the Fundamentals of Financial Decision Making: Part I* (pp. 99–127) World Scientific Publishing, Hackensack, NJ.

19 Gächter, S., Johnson, E. J. & Herrmann, A. (2022). Individual-level loss aversion in riskless and risky choices. *Theory and Decision*, 92(3–4), 599–624.

20 Duhigg, C. (2022). "How Venture Capitalists Are Deforming Capitalism." *The New Yorker*, 23 November.

21 Plan Radar (2019). "5 Ways to boost construction productivity." 18 October.

22 de Barros Teixeira, A., Koller, T. & Lovallo, D. (2019). "Bias Busters: Knowing when to kill a project." *McKinsey Quarterly*, 18 July.

23 Krakauer, J. (2016). "When You Reach the Summit of Everest, You Are Only Halfway There." *Medium*, 24 May.

24 Voss, C. (2016). *Never Split the Diffierence: Negotiating as If Your Life Depended on It.* Random House.

25 Enough, B. & Mussweiler, T. (2001). Sentencing under uncertainty: Anchoring effects in the Courtroom. *Journal of Applied Social Psychology*, 31(7), 1535–1551.

26 Poundstone, W. (2010). *Priceless: The Myth of Fair Value (and How to Take Advantage of It).* Hill & Wang.

27 Galinsky, A. D., Ku, G. & Mussweiler, T. (2009). To start low or to start high? The case of auctions versus negotiations. *Current Directions in Psychological Science*, 18(6), 357–361.

28 Karnitschnig, M. & Eder, F. (2015). "Why Merkel changed her mind." Politico, 15 September.

29 Aon (2021). "Aon and Willis Towers Watson Mutually Agree to Terminate Combination Agreement." 26 July.

30 Blinder, A. (2023). "PGA Tour and LIV Golf Agree to Alliance, Ending Golf 's Bitter Fight." *New York Times*, 6 June.

31 Schulberg, J., twitter.com/jessicaschulb/status/1335265711581614080/ photo/1

32 Reinl, J. (2023). "California's doctor-assisted deaths surged 63% to 853 last year." *Daily Mail*, 15 August.

33 Petrou, M. (2010). "Chilean miners: Voices from the underground." Macleans, 5 October, macleans.ca/news/world/voices-from-the-underground/

34 McLaren, S. (2019). "A Top FBI Negotiator Shares 5 Tactics for Getting the Outcome You Want." www.linkedin.com/business/talent/blog/talent-connect/negotiation-tactics-to-get-ahead-from-former-fbi-negotiator-chris-voss, 24 October.

35 Rowell, G. (1997). "Climbing to Disaster." *Wall Street Journal*, 29 May.

第7章　身分陷阱‧‧修圖過的人生

1 Worrall, S. (2016). "Buzz Aldrin Hates Being Called the Second Man on the Moon." *National Geographic*, 18 April.

2 Whitehouse, D. (2019). "Apollo 11: The Fight for The First Footprint on The Moon." *The Guardian*, 25 May.

3 Collins, M. (2001). *Carrying the Fire: An Astronaut's Journey.* Rowman & Littlefield.

4 Aldrin, B. & Abraham, K. (2010). *Magnificent Desolation: The Long Journey Home from The Moon.* Three Rivers Press (CA).

5 Medvec, V. H., Madey, S. F. & Gilovich, T. (1995). When less is more: counterfactual thinking and satisfaction among Olympic medallists. *Journal of Personality and Social Psychology*, 69(4), 603–10.

6 Matsumoto, D. & Willingham, B. (2006). The thrill of victory and the agony of defeat: spontaneous expressions of medal winners of the 2004 Athens Olympic Games. *Journal of Personality and Social Psychology*, 91(3), 568–81

7 Medvec, V. H., Madey, S. F. & Gilovich, T. (1995). When less is more: counterfactual thinking and satisfaction among Olympic medalists. *Journal of Personality and Social Psychology*, 69(4), 603–10.

8 Veblen, T. (2005). *Conspicuous Consumption* (Vol. 38). Penguin UK.

9 Rhimes, S. (2022). "Inventing Anna." A Netflix Series. www.netflix.com/ie/title/81008305

10 Bazerman, M. H. & Tenbrunsel, A. E. (2012). *Blind Spots: Why We Fail to Do What's Right and What to Do About It.* Princeton University Press.

11 Arcidiacono, P., Kinsler, J. & Ransom, T. (2022). Legacy and athlete preferences at Harvard. *Journal of Labor Economics*, 40(1), 133–156.

12 Walsh, N. (2022). “How to Overcome Indecision.” TEDx, www.youtube.com/watch?v=xLSAkVxPOk0

13 Whipp, G. (2020). “Reese Witherspoon’s phone stopped ringing. Now she’s making the calls.” *Los Angeles Times*, 9 June.

14 Varol, O. (2023). *Awaken Your Genius: Escape Conformity, Ignite Creativity, and Become Extraordinary.* PublicAffairs.

15 Briquelet, K. (2013). “‘Harry Potter’ author JK Rowling admits she’s the scribe behind critically acclaimed detective novel ‘Cuckoo’s Calling’.” *New York Post*, 14 July.

16 Aldrin, B. & Abraham, K. (2010). *Magnificent Desolation: The Long Journey Home from The Moon.* Three Rivers Press (CA).

17 Malone-Kircher, M. (2016). “James Dyson on 5,126 Vacuums That Didn’t Work—and the One That Finally Did.” *New York Magazine*, 22 November.

18 Connolly, R. (2017). *Being Elvis: A Lonely Life.* Liveright Publishing.

19 Martin, A. (2016). “Priscilla Presley: I lost myself during marriage to Elvis.” *UPI Entertainment News,* 18 November.

20 Mayoras, D. & Mayoras, A. (2019). “Lisa Marie Presley & The Rise and Fall of the Elvis Estate.” *Forbes*, 27 March.

21 Posner, G. & Ware, J. (1986). *Mengele, The Complete Story. Cooper Square Press*, New York

22 同上。

23 Bossert, W. (1985). Central Television London interview, HBO’s “The Search for Mengele,” August.

24 同上。

25 Martin, S. & Marks, J. (2019). *Messengers: Who We Listen To, Who We Don’t, and Why.* Random House.

26 Kogut, T. & Ritov, I. (2007). “One of us”: Outstanding willingness to help save a single identified compatriot. *Organizational Behavior and Human Decision Processes*, 104(2), 150–157.

27 Centers for Disease Control and Prevention. “The Untreated Syphilis Study at Tuskegee Timeline.” www.cdc.gov/tuskegee/timeline.htm

28 Somers, M. (2019). “Your acquired hires are leaving. Here’s why.” *MIT Sloan Review*, 8 January.

29 Baker & MacKenzie (2014). “People matters. Accounting for culture in mergers and acquisitions.”

30 Innocence Project Network (2022). "Freed & Exonerated Women Speak Out." 4 October, www.youtube.com/watch?v=ioDTadqj22g
31 Obama, B. (2020). *A Promised Land.* Penguin, New York.
32 en.wikipedia.org/wiki/List_of_nicknames_used_by_Donald_Trump
33 Gross, T. (2018). "Muhammad Ali Biography Reveals a Flawed Rebel Who Loved Attention." NPR, 21 September.
34 Goh, Z. K. (2021). "Vera Wang talks about her Olympics ambitions." Olympic Channel, 19 April.
35 UNDP (2020). "Innovative ringtone messages positively impact knowledge, perceptions and behaviours related to COVID-19 in Pakistan." 24 July, www.undp.org/pakistan/blog/innovative-ringtone-messages-positively-impacts-knowledge-perceptions-and-behaviours-related-covid-19-pakistan
36 Bond, R. M., Fariss, C. J., Jones, J. J., Kramer, A. D. I., Marlow, C., Settle, J. E. & Fowler, J. H. (2013). A 61-million-person experiment in social influence and political mobilization. *NIH Public Access Author Manuscript*, 489(7415), 3–9.
37 BBC Archive. "1980: Change of Direction: Buzz Aldrin on depression." www.facebook.com/watch/?v=630964334647868
38 Bernard Mannes Baruch. en.wikiquote.org/wiki/Bernard_Baruch

第8章 記憶陷阱··回憶的輪盤

1 Whittingham, R. B. (2004). *The Blame Machine: Why Human Error Causes Accidents.* Oxford: Elsevier Butterworth-Heinemann.
2 LA Times Archives (1987). "Judge Blames 'Sloppiness' in Ferry Wreck." *Los Angeles Times*, 24 July.
3 The Maritime Executive (2017). "Remembering the Herald of Free Enterprise." 6 March.
4 Department of Transport (1987). mv Herald of Free Enterprise, Crown report. assets.publishing.service.gov.uk/media/54c1704ce5274a15b 6000 025/FormalInvestigation_HeraldofFreeEnterprise-MSA1894.pdf
5 RTE (2021). Colm Tóibín: On Memory's Shore – inside the new documentary.
6 Ebbinghaus, H. (1885). "Memory: A Contribution to Experimental Psychology." Teachers College, Columbia University, New York.

7 Aftermath (2022). “2021 Accidental Gun Death Statistics in the US.” February, www.aftermath.com/content/accidental-shooting-deaths-statistics/

8 Lagasse, J. (2016). “Damages from left-behind surgical tools top billions as systems seek end to gruesome errors.” *Healthcare Finance*, 6 May.

9 Hales, B. M. & Pronovost, P. J. (2006). The checklist—a tool for error management and performance improvement. *Journal of Critical Care*, 21(3), 231–235.

10 Lieber, M. (2018). “Surgical sponges left inside woman for at least 6 years.” CNN.

11 Runciman, W., Kluger, M. T., Morris, R. W., Paix, A., Watterson, L. & Webb, R. (2005). Crisis management during anaesthesia: development of an anaesthetic crisis management manual. *BMJ Quality & Safety*, 14(3), e1.

12 de Vries, E. N., Hollmann, M. W., Smorenburg, S. M., Gouma, D. J., Boermeester, M. A. & STS Task Force, the Netherlands Association of Anaesthesiologists, and the Dutch Society of Surgery. (2010). Development and validation of the Surgical Patient Safety System (SURPASS) checklist. *Quality and Safety in Health Care*, 19(6), e36.

13 Kirabo, J. C. & Schneider, H. S. (2015). Checklists and Worker Behavior: A Field Experiment. *American Economic Journal: Applied Economics*, 7(4): 136–68.

14 McKie, R. (2009). “How Michael Collins Became the Forgotten Astronaut of Apollo 11.” *The Guardian*, 19 July.

15 Hoare, C. (2020). “‘I Have Some Regrets’ Michael Collins’ Candid Moon Landing Confession 50 Years on Revealed.” *The Express*, 9 May.

16 Wood, T. (2020). Original documentary series, “Ted Bundy: Falling for a Killer,” Amazon Reviews.

17 Daniel, K. (2017). *Thinking, Fast and Slow*. Penguin.

18 Amar, M., Ariely, D., Bar-Hillel, M., Carmon, Z. & Ofir, C. (2011). Brand names act like marketing placebos. !e Hebrew University of Jerusalem. Center for the Study of Rationality. Discussion Paper, 566, 1–8.

19 Loftus, E. F. (2005). Planting misinformation in the human mind: A 30-year investigation of the malleability of memory. *Learning & memory*, 12(4), 361–366.

20 Loftus, E. F. & Pickrell, J. E. (1995). The formation of false memories. *Psychiatric Annals*, 25(12), 720–725.

21 Loftus, E. F. (2005). Planting misinformation in the human mind: A 30-year investigation of the malleability of memory. *Learning & Memory*, 12(4), 361–366.

22 East Kent Mercury Reporter (2017). “Zeebrugge ferry disaster: Seaman blamed for causing tragedy.” 6 March. www.kentonline.co.uk/dover/news/seaman-haunted-by-ferry-disaster-121619/

23 同上。

24 Associate Press (2009). “Garrido’s Odd Behaviour on Berkeley Campus Would Unravel Dugard Case.” *Reno Gazette Journal*, 29 August.

25 Echterhoff, G., Hirst, W. & Hussy, W. (2005). How eye-witnesses resist misinformation: Social post- warnings and the monitoring of memory characteristics. *Memory & Cognition*, 33(5), 770–782.

26 Hirst, W., Phelps, E. A., Buckner, R. L., Budson, A. E., Cuc, A., Gabrieli, J. D., Johnson, M. K., Lustig, C., Lyle, K. B., Mather, M. & Meksin, R. (2009). Long-term memory for the terrorist attack of September 11: flashbulb memories, event memories, and the factors that influence their retention. *Journal of Experimental Psychology: General*, 138(2), 161.

27 Byfield, C. (2022). “Sir Alex Ferguson’s Five Most Frightening Hairdryer Treatments: ‘Tears In My Eyes’.” *The Daily Express*, 1 January.

28 Twitter, twitter.com/SkySportsPL/status/1584947713975750657

29 Gibbs, S. & Hanrahan, J. (2018). “How Life Was Different In 1970s Australia.” *Daily Mail Australia*, 20 December.

30 Ebbinghaus, H. (1885). “Memory: A Contribution to Experimental Psychology.” Teachers College, Columbia University, New York.

31 Asch, S. (1946). Forming impressions of personality. *Journal of Abnormal and Social Psychology*. 41(3), 258–290.

32 Strack, F., Martin, L. & Schwarz, N. (1988). Priming and communication: Social determinants of information use in judgments of life satisfaction. *European Journal of Social Psychology*, October–November, 18(5), 429–42.

33 Zajonc, R. B. & Rajecki, D. W. (1969). Exposure and affect: A field experiment. *Psychonomic Science*, 17(4), 216–217.

34 Pennycook, G., Cannon, T. D. & Rand, D. G. (2018). Prior exposure increases perceived accuracy of fake news. *Journal of Experimental Psychology: General*, 147(12), 1865.

35 Pennycook, G., McPhetres, J., Zhang, Y., Lu, J. G. & Rand, D. G. (2020). Fighting COVID-19 misinformation on social media: Experimental evidence for a scalable accuracy-nudge intervention. *Psychological Science*, 31(7), 770–780.

36 Jacques, J. (2013). "Your Memory: More Powerful Than You Realize!" *Philadelphia, The Trumpet*, January.

37 Associated Press (2004). "NASA studying 'Rain Man's' brain." NBC News, 8 November.

38 Dresler, M., Shirer, W. R., Konrad, B. N., Müller, N. C., Wagner, I. C., Fernández, G., Czisch, M. & Greicius, M. D. (2017). Mnemonic training reshapes brain networks to support superior memory. *Neuron*, 93(5), 1227–1235.

39 Pennycook, G. & Rand, D. G. (2022). Nudging social media toward accuracy. *The ANNALS of the American Academy of Political and Social Science*, 700(1), 152–164.

第9章 道德陷阱··良心之亂

1 Steig, C. (2019). "What Exactly Was the Theranos Edison Machine Supposed to Do?" Refinery 29, 12 March.

2 Leuty, R. (2018). "'Ultimately, Elizabeth made the decisions': A look inside Theranos's ineffective board." www.Bizjournals.com, 8 August.

3 McKay, R. (2015). "Former peanut company CEO sentenced to 28 years for salmonella outbreak." *Reuters*, 22 September.

4 Sifferlin, A. (2015). "When Tainted Peanuts Could Mean Life in Prison." *TIME*, 17 September.

5 McGreal, C. (2022). "McKinsey Denies Illegally Hiding Work for Opioid-Maker Purdue Pharma While Advising FDA." *The Guardian*, 27 April.

6 Jordan, D. (2019). "Is This America's Most Hated Family?" BBC News, 22 March.

7 Hoffman, J. (2022). "CVS and Walgreens Near $10 Billion Deal to Settle Opioid Cases." *New York Times*, 2 November.

8 Forsythe, M. & Bogdanich, W. (2021). "McKinsey Settles for Nearly $600 Million Over Role in Opioid Crisis." *New York Times*, 3 February.

9 Bogdanich, W. & Forsythe, M. (2020). McKinsey Issues a Rare Apology for Its Role in OxyContin Sales." *New York Times*, 8 December.

10 Dash, M. (2012). "Colonel Parker Managed Elvis' Career, but Was He a Killer on the Lam?" *Smithsonian Magazine*, 24 February.

11 Comey, J. (2018). *A Higher Loyalty: Truth, Lies, and Leadership.* Pan Macmillan.

12 PBS Frontline (2000). "Jefferson's Blood, Is It True?" www.pbs.org/wgbh/pages/frontline/shows/je#erson/true/

13 Vohs, K. D. (2015). Money priming can change people's thoughts, feelings, motivations, and behaviours: An update on 10 years of experiments. *Journal of Experimental Psychology: General*, 144(4), e86.

14 Stothard, M. (2016). "Jérôme Kerviel's SocGen Damages Slashed to €1m." *Financial Times*, 23 September.

15 AA.com (2022). "149 medals revoked due to doping violations in Olympic history." www.aa.com.tr/en/sports/149-medals-revoked-due-to-doping-violations-in-olympic-history/2503085

16 Majendie, M. (2015). "Doping Scandal: Russian Athletes Suspended after IAAF and Sebastian Coe Get Tough." *The Independent*, 13 November.

17 Phillips, M. (2016). "Athletics: Coe lauds 'landmark changes'." Yahoo Sports, 11 August.

18 Bamberger, M. & Yaeger, D. (1997). Over the edge. *Sports Illustrated*, 14, 62–70.

19 Associated Press (2017). "Nazi doctor Josef Mengele's Bones used in Brazil Forensic Medicine Courses." *The Guardian,* 11 January.

20 Zhong, C.-B., Liljenquist, K. & Cain, D. M. (2009). Moral self-regulation: Licensing and compensation. In D. De Cremer (Ed.), *Psychological Perspectives on Ethical Behavior and Decision Making* (p. 75–89). Information Age Publishing, Inc.

21 Monin, B. & Miller, D. T. (2001). Moral credentials and the expression of prejudice. *Journal of Personality and Social Psychology*, 81(1), 33.

22 IMDb (2021). "Savile: Portrait of a Predator." Documentary, www.imdb.com/title/tt15581190/

23 Kassirer, S., Jordan, J. J. & Kouchaki, M. (2023). Giving-by-proxy triggers subsequent charitable behavior. *Journal of Experimental Social Psychology*, 105, 104438.

24 Bazerman, M. H. & Tenbrunsel, A. E. (2012). *Blind Spots: Why We Fail to Do What's Right and What to Do About It.* Princeton University Press.

25 Viewpoints unplugged (2019). "What is Ethical Fading?" November, viewpointsunplugged.com/2019/11/26/what-is-ethical-fading/

26 Global Prison Trends (2023), www.penalreform.org

27 Benner, K. & Dewan, S. (2019). "Alabama's Gruesome Prisons: Report Finds Rape and Murder at All Hours." *New York Times,* 3 April.

28 Tenbrunsel, A. E. & Messick, D. M. (2004). Ethical fading: The role of self-deception in unethical behavior. *Social Justice Research*, 17, 223–236.

29 CBS News (2011). "Sandusky on horsing around in the shower: 'That was just me'." www.cbsnews.com/news/sandusky-on-horsing-around-in-the-shower-that-was-just-me, 5 December.

30 Yad Vashem, "Oskar and Emilie Schindler." www.yadvashem.org/righteous/stories/schindler.html

31 Brockell, G. (2021). "'A Japanese Schindler': The remarkable diplomat who saved thousands of Jews during WWII." *Washington Post*, 27 January.

32 Awad, E., Dsouza, S., Kim, R., Schulz, J., Henrich, J., Shariff, A., Bonnefon, J-F. & Rahwan, I. (2018). The moral machine experiment. *Nature*, 563(7729), 59–64.

第10章 時間陷阱：今天在，明天呢？

1 ASN Accident Description (2011). Aviation Safety Network, May 11.

2 BBC News (2019). "Grenfell Tower: What Happened." 29 October.

3 Mortimer, J. (2020). "Grenfell Tower Inquiry: The 6 key findings for anyone who hasn't followed the investigation." MyLondon, 14 June.

4 Knapton, S. & Dixon, H. (2017). "Eight Failures That Left People of Grenfell Tower at Mercy of the Inferno." *The Telegraph*, 16 June.

5 Gladwell, M. (2006). *Blink: The Power of Thinking Without Thinking*. Penguin.

6 Mischel, W. & Ebbesen, E. (1970). Attention in delay of gratification. *Journal of Personality and Social Psychology*, 16(2), 329.

7 Whitmer, M. " Factory Workers and Asbestos." www.asbestos.com/occupations/factory-workers

8 Watts, H. G. (2009). The consequences for children of explosive remnants of war: land mines, unexploded ordnance, improvised explosive devices, and cluster bombs. *Journal of Paediatric Rehabilitation Medicine*, 2(3), 217–227.

9 Taylor, H. (2022). "Kwasi Kwarteng says he and Liz Truss 'got carried away' writing mini-budget and 'blew it'." *The Irish Times*, 10 December.

10 Shendruk, A. (2021). "As the US Supreme Court revisits Roe v. Wade, let's revisit its history of overturned rulings." *Quartz*, 4 December.

11 Forest History Society. "Mann Gulch Fire, 1949." foresthistory.org/research-explore/us-forest-service-history/policy-and-law/"re-u-s-forest-service/famous-"res/mann-gulch-"re-1949/

12 Nobel, C. (2016). "Bernie Madoff Explains Himself." Harvard Business School, Working Knowledge, 24 October.

13 Dixit, P. (2023). "'Buying Netflix at $4 billion would've been better instead of…': Former Yahoo CEO Marissa Mayer." *Business Today*, 8 May, https://www.businesstoday.in/technology/news/story/buying-net$ix-at-4-billion-wouldve-been-better-instead-of-former-yahoo-ceo-marissa-mayer-380349-2023-05-07

14 Mellers, B. A. & McGraw, A. P. (2001). Anticipated emotions as guides to choice. *Current Directions in Psychological Science*, 10(6), 210–214.

15 The Beatles (2000). *The Beatles Anthology. Chronicle Books*, San Francisco.

16 Salthouse, T. A. (1994). The aging of working memory. *Neuropsychology*, 8(4), 535.

17 Financial Conduct Authority (2017). "The Ageing Population: Ageing Mind. Literature Review Report." Commissioned to the Big Window Consulting.

18 Campbell, R. (1969). *Seneca: Letters from a Stoic*. Penguin.

19 Woodzicka, J. & LaFrance, M. (2001). Real versus imagined gender harassment. *Journal of Social Issues*, 57(1), 15–30.

20 Kahneman, D., Sibony, O. & Sunstein, C. R. (2021). *Noise: A Flaw in Human Judgment*. Hachette UK.

21 Grimstad, S. & Jørgensen, M. (2007). Inconsistency of expert judgment-based estimates of software development effort. *Journal of Systems and Software*, 80(11), 1770–1777.

22 Einhorn, H. J. (1974). Expert judgment: Some necessary conditions and an example. *Journal of Applied Psychology*, 59(5), 562–571.

23 Rowe, M. B. (1986). Wait time: Slowing down may be a way of speeding up! *Journal of Teacher Education*, 37(1), 43–50.

24 Cited in Robson, D. (2019). *The Intelligence Trap: Revolutionise Your Thinking and Make Wiser Decisions.* Hachette UK.

25 Charles Schwab (2020). "Judge the Judges: With Guests Daniel Kahneman, James Hutchinson & G.M. Pucilowski." Choiceology with Katy Milkman, 15 March.

26 Agnew, P. (2023). "Mr. Beast: How to Capture the Attention of Billions." NudgePodcast.com, 1 January.

第11章 情緒陷阱・・雲霄飛車推論

1 Rinek, J. & Strong, M. (2018). *In the Name of the Children: An FBI Agent's Relentless Pursuit of the Nation's Worst Predators.* BenBella Books.

2 同上。

3 Indursky, M. (2012). "In Search of Happiness." *Huffington Post*, 3 July.

4 Lerner, J. S., Li, Y., Valdesolo, P. & Kassam, K. S. (2015). Emotion and decision making. *Annual Review of Psychology*, 66, 799–823.

5 Herbert, I. (2020). "!e day Kevin Keegan QUIT in the loos." *The Daily Mail*, 6 October.

6 Loewenstein, G., Nagin, D. & Paternoster, R. (1997). The effect of sexual arousal on expectations of sexual forcefulness. *Journal of Research in Crime and Delinquency*, 34(4), 443–473.

7 UN Women (2019). "UN Women Statement: Confronting femicide—the reality of intimate partner violence." 13 November.

8 Mail Foreign Service (2020). "The 60-year-old feud that got the boot: Adidas and Puma finally bury the hatchet." *The Daily Mail*, 18 September.

9 Schwar, H. (2018). “Puma and Adidas’ rivalry has divided a small German town for 70 years — here’s what it looks like now.” *Insider*, 1 October.

10 Talaska, C. A., Fiske, S. T. & Chaiken, S. (2008). Legitimating racial discrimination: Emotions, not beliefs, best predict discrimination in a meta-analysis. *Social Justice Research*, 21(3), 263–296.

11 Botti, S. (2004). The psychological pleasure and pain of choosing: when people prefer choosing at the cost of subsequent outcome satisfaction. *Journal of Personality and Social Psychology*, 87(3), 312.

12 Simonson, I. (1992). The influence of anticipating regret and responsibility on purchase decisions. *Journal of Consumer Research*, 19(1), 105–118.

13 P&I Investments (2013). “Blackstone’s Schwarzman regrets selling BlackRock in 1994.” 30 September.

14 Schwarzman, S. (2019). “Why There are No Brave Old People in Finance.” *Forbes*, 16 September.

15 Mehrotra. K. (2022). “Where Are Cary and Steven Stayner’s Parents Now?” *The Cinemaholic*, April.

16 Steiner, S. (2012). “Top Five Regrets of The Dying.” *The Guardian*, 1 February.

17 Brainy Quotes. www.brainyquote.com/authors/neil-armstrong- quotes

18 Vedantam, S. (2020). “The Influence You Have: Why We Fail To See Our Power Over Others.” Hidden Brain, 24 February, www.npr.org/transcripts/807758704

19 Ethan Allen HR Services (2018). “Revenge in the Workplace: Top 10 Ways Employees Get Back at Each Other,” Employee Relations, 18 May.

20 Kolhatkar, S. (2023). “Inside Sam Bankman-Fried’s Family Bubble.” *The New Yorker*, 25 September.

21 Gielan, M. (2016). “You Can Deliver Bad News to Your Team Without Crushing Them.” *Harvard Business Review*, 21 March.

22 Karlsson, N., Seppi, D. & Loewenstein, G. (2005). The ‘ostrich effect’: Selective attention to information about investments (Working Paper Series). Social Science Research Network.

23 Aversa, J. (2005). “Alan Greenspan Enjoys Rock Star Renown.” *Houston Chronicle*, 5 March.

24 Stewart, H. (2005). “After Greenspan, the Deluge?” *The Guardian*, 30 October.

25 Pierce, A (2002). "The Queen Asks Why No One Saw the Credit Crunch Coming." *The Guardian*, 5 November.
26 Sky News (2012). "Queen Asks Bank Bosses About Financial Crisis." 13 December. news.sky.com/story/queen-asks-bank-bosses-about-"nancial-crisis-10460821
27 Huet. E. (2022). "There Are Now 1,000 Unicorn Startups Worth $1 Billion or More." *Bloomberg Law*, Feb 9.
28 Sharot, T. (2017). *The Influential Mind: What the Brain Reveals About Our Power to Change Others.* Henri Holt and Co.
29 Sutherland, R. (2019). *Alchemy: The Surprising Power of Ideas That Don't Make Sense.* Random House.
30 根據 usaforafrica.org 網站上的報告。
31 Ferdinand, D. (2005). "Interview: Deirdre Fernand meets Claire Bertschinger." *The Times*, 3 July.
32 Carucci, J. (2020). "35 years after Live Aid, Bob Geldof assesses personal toll." *Washington Post*, 10 July.

第12章　人際關係陷阱・・群衆感染力

1 "Post Office and Horizon – Compensation: interim report." House of Commons, 8 February 2022, committees.parliament.uk/publications/8879/documents/95841/default
2 Hetherington, M., Anderson, A., Norton, G. & Newson, L. (2006). Situational effects on meal intake: A comparison of eating alone and eating with others. *Physiology & Behavior*, 88(4–5), 498–505.
3 De Castro, J. M. (2000). Eating behavior: lessons from the real world of humans. *Nutrition*, 16(10), 800–813.
4 Shimizu, M., Johnson, K. & Wansink, B. (2014). In good company. The effect of an eating companion's appearance on foodintake. *Appetite*, 83, 263–268.
5 Wansink, B. & Van Ittersum, K. (2012). Fast food restaurant lighting and music can reduce calorie intake and increase satisfaction. *Psychological Reports*, 111(1), 228–232.
6 Nevill, A. M., Balmer, N. J. & Williams, A. M. (2002). The influence of crowd noise and experience upon refereeing decisions in football. *Psychology of Sport and Exercise*, 3(4), 261–272.
7 Mitchell, J. P., Banaji, M. R. & MacRae, C. N. (2005). The link between social cognition and self-referential thought in the

medial prefrontal cortex. *Journal of Cognitive Neuroscience*, 17(8), 1306–1315.

8 White, J. B., Langer, E. J., Yariv, L. et al. (2006). Frequent Social Comparisons and Destructive Emotions and Behaviors: The Dark Side of Social Comparisons. *Journal of Adult Development*, 13, 36–44.

9 Kuhn, P., Kooreman, P., Soetevent, A. & Kapteyn, A. (2011). The effects of lottery prizes on winners and their neighbors: Evidence from the Dutch postcode lottery. *American Economic Review*, 101(5), 2226–2247.

10 Surowiecki, J. (2005). *The Wisdom of Crowds*. Anchor.

11 Nadeau, R., Cloutier, E. & Guay, J. H. (1993). New evidence about the existence of a bandwagon effect in the opinion formation process. *International Political Science Review*, 14(2), 203–213.

12 Kiss, Á. & Simonovits, G. (2013). Identifying the bandwagon effect in two-round elections. *Public Choice*. 160(3–4), 327–344.

13 Baggs, M. (2019). "Fyre Festival: Inside the World's Biggest Festival Flop." BBC Newsbeat, 18 January.

14 Huddleston, T. (2019). "Fyre Festival: How 25-year-old scammed investors out of $26 million." CNBC Make It, 18 August.

15 Mackay, C. (1841). *Extraordinary Popular Delusions and the Madness of Crowds*, The Tulipomania, Chapter 3.

16 Moehring, C. (2021). "Season 3, Episode 2: Eugene Soltes, Harvard Professor With an Inside Look to the Mind of White Collar Criminals." University of Arkansas, Walton College, 28 January, walton.uark.edu/business-integrity/blog/eugene-soltes.php

17 Higginbotham, A. (2002). "Doctor Feelgood." *The Guardian*, 11 August.

18 Hodge, N. (2020). "KPMG faces $306m negligence claim over Carillion audit." *Compliance Week*, 13 May.

19 Timmins, B. (2022). "Bain consultancy banned from government work over 'misconduct'." BBC News, 3 August, www.bbc.com/news/business-62408116

20 Waters, N. L. & Hans, V. P. (2009). A jury of one: Opinion formation, conformity, and dissent on juries. *Journal of Empirical Legal Studies*, 6(3), 513–540.

21 Kuran, T. (1997). *Private Truths, Public Lies: The Social Consequences of Preference Falsification.* Harvard University Press.

22 Associated Press (2023). "Months after Adidas cut ties with Kanye West, Yeezy shoes are back on sale." NBC News, 31 May.

23 Irish Independent (2018). "Coca-Cola launches 'Designated Driver' campaign to help save lives on Irish roads this Christmas." 5 December.

第13章 故事陷阱：頭頭是道的解釋

1 Power, S. (2001). "Bystanders to Genocide." *The Atlantic,* September Issue.

2 Vedantam, S. (2020). "Romeo & Juliet In Rwanda: How a Soap Opera Sought to Change a Nation." Hidden Brain, 13 July, www.npr.org/transcripts/890539487

3 Staub, E., Pearlman, L. A., Gubin, A. & Hagengimana, A. (2005). Healing, reconciliation, forgiving and the prevention of violence after genocide or mass killing: An intervention and its experimental evaluation in Rwanda. *Journal of Social and Clinical Psychology*, 24, 297–334.

4 Vedantam, S. (2020). "Romeo & Juliet In Rwanda: How a Soap Opera Sought to Change a Nation." Hidden Brain, 13 July, www.npr.org/transcripts/890539487

5 Shead, S. (2021). "Elon Musk's tweets are moving markets — and some investors are worried." CNBC.com, 29 January.

6 Martin, S. & Marks, J. (2019). *Messengers: Who We Listen To, Who We Don't, and Why.* Random House.

7 Durantini, M. R., Albarracin, D., Mitchell, A. L., Earl, A. N. & Gillette, J. C. (2006). Conceptualizing the influence of social agents of behavior change: A meta-analysis of the effectiveness of HIV-prevention interventionists for different groups. *Psychological Bulletin*, 132(2), 212.

8 Karlan, D. & Appel, J. (2011). *More Than Good Intentions.* Dutton, New York.

9 Morisky, D. E., Nguyen, C., Ang, A. & Tiglao, T. V. (2005). HIV/AIDS prevention among the male population: results of a peer education program for taxicab and tricycle drivers in the Philippines. *Health Education & Behavior*, 32(1), 57–68.

10 Hartford, T. (2016). "The Dubious Power of Power Poses." *Financial Times*, 10 June.

11 Landy, D. & Sigall, H. (1974). Beauty is talent: Task evaluation as a function of the performer's physical attractiveness. *Journal of Personality and Social Psychology*, 29(3), 299.

12 Manavis, S. (2021). "How the internet dehumanised Chris Whitty." *The New Statesman*, 29 June.

13 Lee, S., Pitesa, M., Pillutla, M. & Thau, S. (2015). When beauty helps and when it hurts: An organizational context model of attractiveness discrimination in selection decisions. *Organizational Behavior and Human Decision Processes*, 128, 15–28.

14 Shahani, C., Dipboye, R. L. & Gehrlein, T. M. (1993). Attractiveness bias in the interview: Exploring the boundaries of an effect. *Basic and Applied Social Psychology*, 14(3), 317–328.

15 Duhigg, C. (2020). "How Venture Capitalists are Deforming Capitalism." *The New Yorker*, 23 November.

16 Staunton, C. (2019). "Wicked, shockingly evil and despicably vile… so why are we so fascinated by serial killers?" *The Journal*, 2 February.

17 Antonakis, J. & Dalgas, O. (2009). Predicting elections: Child's play! *Science*, 323(5918), 1183–1183.

18 Etcoff, N. (2011). *Survival of the Prettiest: The Science of Beauty.* Anchor.

19 Moreland, R. L. & Beach, S. R. (1992). Exposure effects in the classroom: The development of affinity among students. *Journal of Experimental Social Psychology*, 28(3), 255–276.

20 Stewart, J. E. (1985). Appearance and punishment: The attraction-leniency effect in the courtroom. *The Journal of Social Psychology*, 125(3), 373–378.

21 Thornton, J. I. (1996). A Review of Hung Jury: The Diary of a Menendez Juror. *Journal of Forensic Sciences*, 41(5), 899–899.

22 Goldstein, N. J., Cialdini, R. B. & Griskevicius, V. (2011). The influence of social norms on compliance: The role of context and strength of norm. *Social Influence*, 6(4), 215–226.

23 Forrest, A. (2018). "Jair Bolsonaro: the worst quotes from Brazil's far-right presidential frontrunner." *Independent*, 8 October.

24 Brenner, M. (1997). "American Nightmare: The Ballad of Richard Jewell." *Vanity Fair*, February.

25 同上。
26 Postman, L. J. & Allport, G. W. (1965). *The Psychology of Rumour.* Russell & Russell, New York.
27 Told to Daily News in 2016.
28 Duhigg, C. (2020). "How Venture Capitalists are Deforming Capitalism." *The New Yorker*, 23 November.
29 Tinsley, C., Dillon. R. & Madsen, P. (2011). How to Avoid Catastrophe. *Harvard Business Review*, April.
30 Rahim, S. (2016). "The People vs OJ Simpson: to win the argument, tell a story." Prospect, 18 April.
31 Cantrell, L. (2020). "Where Are They Now: The OJ Simpson Trial." *Town & Country*, 3 October.

第14章 聽見重要的聲音：SON-C策略

1 Sutherland, R. (2019). *Alchemy: The Surprising Power of Ideas That Don't Make Sense.* Random House.
2 Cummings, J. (2023). "Sometimes silence says a lot." Center for Effective School Operations, 26 April, www.theceso.com
3 Koriat, A., Lichtenstein, S. & Fischhoff, B. (1980). Reasons for confidence. *Journal of Experimental Psychology: Human Learning and Memory*, 6(2), 107.
4 Markman, K. D., Gavanski, I., Sherman, S. J., & McMullen, M. N. (1993). The mental simulation of better and worse possible worlds. *Journal of Experimental Social Psychology*, 29, 87–109.
5 Altpeter, T., Luckhardt, K., Lewis, J., Harken, A. & Polk Jr, H. (2007). Expanded surgical time out: a key to real-time data collection and quality improvement. *Journal of the American College of Surgeons*, 204(4), 527–532.
6 Haynes, A. B., Weiser, T. G., Berry, W. R., Lipsitz, S. R., Breizat, A. H., Dellinger, E. P., Gawande, A. A. et al. (2009). A surgical safety checklist to reduce morbidity and mortality in a global population. *New England Journal of Medicine,* 360(5), 491–499.
7 Lee, J. Y., Donkers, J., Jarodzka, H., Sellenraad, G. & van Merriënboer, J. (2020). Different e#ects of pausing on cognitive load in a medical simulation game. *Computers in Human Behavior*, 106385.
8 Gabaix, X. (2019). Behavioural inattention. In *Handbook of Behavioural Economics: Applications and Foundations 1* (Vol.

2, pp. 261–343). North-Holland.

9 Harvard Business Review Analytic Services (2019). "The CEO's Innovation Playbook."

10 Gallup (2006). "Too Many Interruptions at Work?" Interview with Gloria Mark, *Business Journal*, June 8.

11 Asprey, D. (2021). "7 Ways to Influence People – Robert Cialdini, Ph.D." Interview #821, Bulletproof Radio, May, www.daveasprey.com

12 Bazerman, M. H. & Neale, M. A. (1982). Improving negotiation effectiveness under final offer arbitration: The role of selection and training. *Journal of Applied Psychology*, 67(5), 543.

13 Heath, C. & Heath, D. (2013). *Decisive: How to Make Better Choices in Life and Work.* Random House.

14 同上。

15 Colvile, R. (2017). *The Great Acceleration: How the World Is Getting Faster, Faster.* Bloomsbury Publishing.

16 Thaler, R. H. & Sunstein, C. R. (2009). *Nudge: Improving Decisions About Health, Wealth, and Happiness.* Penguin.

17 Palmer, M. (2022). "NUDGES and Choice Architecture: Introducing Nobel-Winning Concepts." Interview with Cass Sunstein, The Brainy Business Podcast #35.

18 Grant, A. (2021). *Think Again: The Power of Knowing What You Don't Know.* Penguin.

19 Safran, J. D. (2011). Theodor Reik's listening with the third ear and the role of self-analysis in contemporary psychoanalytic thinking. *The Psychoanalytic Review*, 98(2), 205–216.

20 Munger, C. "My mental models' checklist." www.mymentalmodels.info/Mental-Models-Checklist.pdf

21 Clear, J. (2018). *Atomic Habits: An Easy & Proven Way to Build Good Habits & Break Bad Ones.* Penguin.

22 Milkman, K. (2021). *How to Change: The Science of Getting from Where You Are to Where You Want to Be.* Penguin.

23 Gollwitzer, P. M. & Sheeran, P. (2006). Implementation intentions and goal achievement: A meta-analysis of effects and processes. *Advances in Experimental Social Psychology*, 38, 69–119.

24 Greenwald, A. G., Carnot, C. G., Beach, R. & Young, B. (1987). Increasing voting behaviour by asking people if they expect to vote. *Journal of Applied Psychology*, 72(2), 315.

25 Nickerson, D. W. & Rogers, T. (2016). Do you have a voting plan? Implementation intention, voter turnout, and organic

plan making. *Psychological Science*, 21(2), 194–199.

26 Rogers, T., Milkman, K. L., John, L. K. & Norton, M. I. (2015). Beyond good intentions: Prompting people to make plans improves follow-through on important tasks. *Behavioral Science & Policy*, 1(2), 33–41.

27 Goldstein, N. J., Martin, S. J. & Cialdini, R. (2008). Yes! *50 Scientifically Proven Ways to Be Persuasive.* Simon and Schuster.

28 Robson, D. (2023). *The Expectation Effect: How Your Mindset Can Transform Your Life*. Canongate.

第15章　接收正確之聲‥成爲決策大師

1 Innocence Network (2022). “Freed and Exonerated Women Speak Out.” 4 October, www.youtube.com/watch?v=ioDTadqj22g

2 McEnroe, J. (2023). Stanford Commencement Speech, www.youtube.com/watch?v=wzhsT3ojyzo